U0257808

公众灾害行为

孙　磊——著

知识谱系与学术进路

Public Disaster Behavior

Knowledge Genealogy and
Academic Approach

复旦大學出版社

总序

公共管理学科是改革开放以来我国发展得最迅速的一门学科，因为它顺应了国家治理现代化的需要，学科自身因而也随着国家治理的进步而得以成长。复旦大学从 1983 年开始公共行政学的教学和研究，1988 年设立行政管理本科专业，经过多年发展形成了包括本科生、硕士研究生、博士研究生和博士后流动站在内的完整的公共管理教育和人才培养体系。

2000 年复旦大学建立了国际关系与公共事务学院，同时组建了公共行政系。公共行政系建立后不久，首任系主任竺乾威教授及同人就构想了出版三个不同系列的书籍。一是教材系列。在 20 世纪 90 年代出版了几本有影响的公共行政学的教材后，进入 21 世纪后出版了一套由 20 多本教材构成的 MPA 系列丛书。二是国外专著翻译系列。在 20 世纪 80 年代就开始了这项工作，比如林德布洛姆的《决策过程》等著作就是在那时翻译出版的，后来又陆续翻译出版了多本国外公共管理等方面的专著。三是专著系列，主要由公共行政系教师撰写，涉及国家治理和政府创新、城市治理、公共管理和公共政策等方面的内容。前两个系列是为专业教学和学科研究提供基础和资源的，而后一个系列则是研究的心得和成果。相比较之下，专著系列需要花更多的时间，因为它需要长期的积累。本系列，也即"复旦公共管理研究丛书"，是在前述基础上的继续推进。

自 20 世纪 80 年代我国重建公共管理学科以来，公共管理本身以及公共管理的研究都发生了巨大的变化。从西方国家实践来看,公共管理发生了一个从传统公共行政到新公共管理再到治理的模式(尽管有争议)的转变,这一转变也产生了大量的研究成果。在这些成果中,有的引领了公共管理模式的转变,有的是对新模式的批判,有的是对未来模式的展望,这些林林总总的研究成果不仅助推了公共管理实践的进程,也促进了公共管理学科本身的成长。这种巨大的变化同样发生在我国。在过去的几十年里,中国公共管理的形态就发生了一个从原来的国家一统天下到国家社会市场协作模式的变化,这一变化从根本上影响了中国公共管理的各个方面的发展。一个突出的表现就是:在理念上,从以政府为中心走向了以人民为中心;在实践上,从管理走向了治理。当然,更不必说随着信息技术的推广和运用,公共管理的手段也变得越来越现代化。与这一发展同步进行的是我国的公共管理研究,从最初的模仿、借鉴发展到今天的融合和创新。这些研究成果为我国公共管理实践以及公共管理改革提供了智力上的支持,同时也使公共管理学科获得了极大的发展。

回顾过去,展望未来。从公共管理研究的角度讲,我们还面临着巨大的挑战。首先是因为国家治理的现代化还没有完成,在走向国家治理现代化的征途中,还有一系列的问题需要解决,比如体制问题、组织问题、运作问题、价值问题,等等。所有这些问题都需要从理论上予以回答。其次是公共管理研究本身仍有诸多重大问题尚未解决,比如学术研究的环境问题、对重大体制的关注问题、对外来学说理论的借鉴问题、对新技术新方法的接受问题,等等。所有这些问题也都需要有新的探索。

公共管理研究与国家治理相关,而国家治理则影响着整个社会的进步。正是在这一意义上,国家治理体系和治理能力现代化何其重要,公共管理的研究也何其有价值。自公共管理学科建立以来,我国学者有关公共管理的研究成果众多、成绩突出,公共管理研究展现的舞台也不断增加,各具特色的研究风格正在形成。"复旦公共管理研究丛书"力图打造一个平台,聚集有复旦情缘的学者和研究人员,勠力同心贡献智慧,逐步形成有复旦风格的公共管理研究成果,为繁荣我国公共管理的研究贡献我们的微薄力量。

李瑞昌

2022 年 8 月

序言

我国是世界上自然灾害最为严重的国家之一。灾害种类多、分布地域广、发生频率高、造成损失重是基本的国情。近年来，面对各类灾害多发频发的态势，应急管理研究学者越发认识到，单纯依靠常规的科层制行政管理模式已难以应对具有高度不确定性与复杂性的各类灾害。建立多方参与、协同共治的灾害治理模式，是推进应急管理体系和能力现代化的重要途径。

社会是灾害多元协同共治的重要主体。然而，我国基层应急能力薄弱，社会公众风险防范意识和自救互救能力不足、参与防灾减灾救灾氛围不够浓厚等问题比较突出。提升社会公众的风险防范意识与自救互救能力，是筑牢基层应对各类灾害事件"第一道防线"的基础性工作，也是新时代应急管理体系和能力补弱固强的重要着力点。

在这样的现实背景下，《公众灾害行为：知识谱系与学术进路》一书将"行为科学"与"灾害研究"相结合，聚焦公众"灾害行为"，彰显了对应急管理实践需求的深刻关怀。书中对于"灾害行为的类型学划分""灾害行为中的文化表征或影响因素""公众灾害行为的认知变量"等若干议题的探讨，一方面有助于更深入地了解公众在灾害情景下的行为特征和规律以及社会文化心理影响因素，另一方面也增进了学界对于灾害成因社会根源和社会影响机制的认识。正如本书所言，在深入了解公众灾害意识和响应行为特征的基础上，应急管理实务部门可以基于公众灾害"认知—行为"规律制定相关的风险沟通、灾害教育、应急科普和防灾减灾救灾社会动员策略，从而更好地实现"提升公众的风险防范意识和自救互救能力"等政策和实践目标，助力打通防灾减灾"最后一公里"。

2020年4月，国务院学位办发布《关于推动部分学位授予单位加强应急管理学科建设的通知》（学位办〔2020〕4号），决定在公共管理一级学科下推进部分学位授予单位自主设置应急管理二级学科，开展相关学科建设和人才培养试点工作。2023年5月，国务院学位委员会公共管理学学科评议组公布《公共管理学下属二级学科指导性目录》，应急管理正式成为公共管理的二级学科。在学科建设的背景下，很多学者都希望夯实学科基础，强化理论研究。同时，大家也都认识到应急管理理论研究面临着一系列挑战，包括复杂规律难挖掘、学科交叉难融合、实证研究难进行、复杂行为难抽象，等等。

本书可看作是作者回应这些研究挑战的一次尝试。公众灾害行为是开展相关理论研究值得关注的切入点，因为"行为"本身就是一个交叉学科议题，很容易成为公共管理、心理学、社会学和经济学等不同学科之间理论对话的桥梁，也契合应急管理多科学交叉的特征。我曾在《公共管理自主知识体系建构：分析与思考》一文中提到，自主知识体系来源于科技"自主创新"概念的启发，自主创新存在"原始性创新""引进消化、吸收和再创新""集成创新"三种模式。孙磊在本书中，立足于跨学科研究视角，"引进、消化和吸收"了若干既有认识，"集成"了不同学科领域的研究成果，从"灾害行为"概念界定和学术史梳理作为起点，继而从灾害行为研究对象、研究理论、研究方法、研究田野和伦理、经典议题等多方位建构有关公众灾害行为这一研究领域的知识谱系和学术研究进路。与此同时，本书结合中国灾害情景或案例，提出了灾害生成机理维度下的灾害行为类型学划分方式、信仰文化与灾害韧性关系等有益见解，展示了前两种自主知识建构创新模式下的努力。

序　言

应急管理是一门综合性、交叉性和实践性很强的新兴学科,相应的人才培养和学科建设需要有完善的知识体系做支撑。当前,学术界已围绕应急管理理论与实践,有力推进了高质量教材体系建设;众多学者也围绕着各自研究方向、著书立说、共建学术共同体。然而,当下国内学界鲜有关于公众灾害行为的专著或教材出版。本书是孙磊长期专注于公众灾害行为研究凝结而成的成果,其语言平实、言之有据、研学咸宜、雅俗共赏。作为其博士后合作导师,我很高兴见到这本专著的完成,相信本书不但可以为应急管理学术研究和人才培养作出贡献,也可以为应急管理领域的实践者提供有益的启示。

清华大学文科资深教授
清华大学苏世民书院院长
清华大学公共管理学院学术委员会主任

目录

绪　论

　　长久以来,灾害研究者为区分致灾因子(hazards)和灾害(disasters)作出了极大的学术努力,前者通常指那些能够给人类生产生活造成破坏的事件、能量、物质或者人类活动,比如地震、洪水、设备故障、人为破坏等,而后者多被界定为一种破坏或者损失已然的社会现象。无论是把"灾害"看作是一种危险致灾因子和脆弱社会系统相互作用的产物,还是把其理论化为一种由致灾因子诱发,但实质内生于社会系统的事件或者过程,很多灾害研究学者都存在一个基本的理论主张:致灾因子的发生或许很难被阻止或控制,但是灾害风险却是可以减轻的。而灾害风险是如何产生的,灾害损失如何减轻,灾害如何治理均与人类行为本身密切相关。

　　本书把公众面对灾害风险或者受到灾害影响而采取的行为称为灾害行为(disaster behavior)。大体而言,两大传统统摄了这一领域的研究。其一,聚焦人们通过采取怎样的行为去防御(prevent)、减缓(mitigate)、准备(prepare)或适应(adapt)地震、洪水、台风等各种各样致灾因子的威胁,亦即如何调整人地关系来减轻灾害风险或者降低损失。其二,重点关注个体、家庭或者社区在灾时或者灾后是如何应对(respond)灾害的,他们关注在社会功能遭到破坏的情境下公众作何反应,比如是惊慌失措、行为失范,还是积极进行自救互救,抑或是井然有序沿袭常态下的行为模式进行生产生活。在致灾因子/灾害的二分框架下，前者可以看作是公众对致灾因子的响应行为，后者则作为人们对灾害的响应行为；在灾害风险-灾害损失的概念体系中，前者是公众在灾害风险情境下发生的行为，后者是公众在灾害损失情境下发生的行为。

灾害风险意味着情境压力，灾害损失意味着社会功能受损或者中断，这为观察和研究人类行为提供了天然的实验场。实际上，长久以来，研究人类行为(human behavior)特征和规律一直是众多科学工作者的重要研究使命和研究关切，只是不同学科背景、不同研究兴趣的学者所关注的人类行为类型不同，切入视角不同。比如，人类学家往往对田野中人们的仪式行为和风俗习惯表现出浓厚的研究兴趣，他们致力对各种仪式行为进行深描，并试图理解和解释人们赋予相应行为的文化意义；经济学家则愿意花费精力去解读消费者行为、股市投资行为，他们挖掘各种经济行为背后的驱动因素以便更好地去预测经济行为，为经济决策服务；地理学家一直想探知生活在一个地方(place)的人们是如何去适应周遭环境，又是如何产生地方依恋(place attachment)的，或者各种地理环境制约条件下人们行为的时空分异；而政治学家显然会更加关心人们的投票、选举和游行示威等含有政治诉求的活动。

同样地，在灾害研究(disaster study)和应急管理(emergency management)研究领域①，一些学者会把描述、阐释和预测公众的灾害行为作为研究兴趣和研究目标。在具体研究问题的选择上，灾害

① 关于灾害研究和应急管理研究的区别和联系，国内学者各有观点，莫衷一是。国内应急管理学者童星和张海波认为两者研究对象相同，为同一研究领域，认为"应急管理研究以特定的灾害事件——自然的和人为的——为研究对象，因此也称为'灾害研究'或'灾害与应急管理研究'"。参见张海波、童星：《中国应急管理结构变化及其理论概化》，《中国社会科学》2015年第3期。也有学者认为"灾害研究"更多是指针对自然灾害的研究，而非广义上的包含自然灾害、事故灾难、公共卫生和社会安全等所有突发公共事件的研究。

行为研究者通常会对这样的一些问题感兴趣:比如公众会不会针对灾害风险去做一些准备工作? 公众会对什么样的灾害风险进行响应? 公众是如何感知灾害风险的? 风险感知与准备行为、撤离行为之间是什么样的关系? 什么样的灾害预警信息能够引起潜在受灾者重视? 为什么有些人会拒绝政府关于"紧急转移、躲避灾害"的倡议? 直面灾害时,人们会惊慌失措还是会理性应对? 他们的自救互救水平如何? 灾民们是如何从灾害中恢复的? 不一而足。从宽泛的意义层面上讲,灾害行为就是灾害情景下的行为,当然这个灾害情景既包含了灾前的风险情景,也包含了灾时、灾后的损失情景和恢复情景。尽管仔细检视既有研究后发现,具有社会学、地理学和公共管理学学科背景的学者对公众灾害行为研究做了相对较多的工作,但是整体而言,"灾害行为"几乎是所有社会科学研究者共享的研究议题。

　　在理论意义层面,灾害行为研究者往往会以这样的理据来说明相关研究的学术正当性或者合法性:灾害风险代表着一种"不确定"的情境,而灾害损失则意味着社会的"无序"状态,由于灾害事件通常会造成社会功能的中断,灾害提供了一个研究人类行为的天然实验场,而在灾害情景和日常情景的对比观察下,学者可以加深对人类行为特征与规律的认识。第一,在灾害情景下,人们的行为方式可能会与平时有所不同,既有的社会规范可能会一如既往地发挥规制行为的作用,也有可能会失效,因为公众需要适应新的环境和应对非常态情况。这种行为的改变可能涉及个人的应急响应、与他人或者其他组织的合作与协作、社会网络重塑、资源分配和生计恢复等各方面。第二,通过灾害情景和日常情景的对比观察视角,能够更好地理解人类在非常态、不确定性情境下的行为模式和动力,为建立更加韧性、安全和可持续的社会提供有益的见解。第三,灾害行为研究可能还会揭示出人类行为的一些普遍特征。比如面对不确定性和无序状态,人们更倾向于表现出相互合作和互助的行为还是反社会行为。

第四，灾害情景会暴露出人们的灾害脆弱性，同时也展现了人类的适应能力和抗压能力。

从实践意义角度看，开展公众灾害行为研究工作将为具体的防灾减灾救灾实践以及相应的应急管理工作提供助力。这似乎是不言自明的主张，因为时至今日，无论是灾害研究者、灾害管理政策制定者还是防灾减灾实务工作者都认识到了公众作为灾害治理的主体地位及其在防灾减灾中的重要作用。第一，灾害风险防范和应对需要社会公众的密切配合，在学界疾呼"灾害管理"模式要向"灾害治理"模式转变的今天，公众的基础地位已被进一步强调。公众是防灾减灾和应急管理的重要主体。这一点我们也可以从以下一组关于地震灾害救援统计数字中获得直观的感受。2008 年汶川地震所有获救人员中(87 000 余人)，有将近 90％是靠当地基层社会和公众间的自救互救途径而生还的，只有 10％左右是由专业救援队和军队所救出①；1995 年日本阪神地震和 1980 年意大利伊尔皮亚地震中的获救人员统计，也与此大体相当②。第二，灾害教育、应急科普、风险沟通等诸多政策或具体实践是以影响和改变公众的认知和行为为目标。比如，无论是校园内承担灾害教育任务的老师，还是社会防灾减灾科普工作者，都希望能够设计有效的宣传教育内容，提高公众的灾害意识和防灾减灾能力水平；政府或者专业机构中的风险沟通者们希望通过恰当的风险沟通策略，弥合政策制定者、风险专家和普通大众之间的风险感知差异，从而使得公众能够对一些没有必要大惊小怪的灾害风险处之坦然，而对一些有必要采取应对措施的灾害风险

---

① 曲国胜、黄建发、宁宝坤等：《汶川特大地震灾害救援与我国救援体系建设的思考》，《四川行政学院学报》2010 年第 3 期。

② Marla Petal et al., "Teaching Structural Hazards Awareness for Preparedness and Community Response", *Bulletin of Earthquake Engineering*, 2004, 2(2), pp.155-171；李平：《从九江地震谈减灾应对》，《城市与减灾》2006 年第 2 期。

及时响应。显而易见的是,开展公众灾害行为研究可以为设计这样的政策或者实践方案,提供理论支持和启示。

风险社会时代,突发公共事件频发,如何规避风险、防患于未然已成为重要的时代命题。2019 年后,为响应国家需求和回应时代关切,国内多所高校开始试点建立应急管理二级学科,建立中国特色的应急管理学科理论体系,夯实应急管理学科领域的知识基础则成为新一代应急管理学人亟须承担的学术使命,而有关公众灾害行为的知识应该成为应急管理学科知识体系中不可或缺的一部分。其实,学者早有呼吁应把公众认知与决策行为相关研究作为应急管理研究中的重要科学问题①。但是相较于灾害成灾机理、风险和能力评估、应急管理体制机制等其他研究领域而言,突发公共事件认知与行为相关研究还很薄弱,尚未形成体系,在这样一个大的背景下,本书拟结合作者多年来的学习体会和研究经验,整合不同范式下的研究,聚焦公众灾害行为这一议题,希望能为学界开展应急管理和灾害研究教学与科研相关工作提供一点参考。

本书主要以“灾害行为”为关键词,整合灾害社会学、地理学、公共管理、心理学、人类学等不同学科相关研究基础。本书首先从灾害行为的概念和研究学术史写起,因为概念讨论是学术研究的重要逻辑起点,而学术史梳理则有助于我们深入了解某一议题学术发展脉络和历程。厘清研究边界、建构研究理论和找到研究方法是探索和发展一个研究领域的基本内容,因此在界定了概念和梳理了学术史之后,本书继而分三章对灾害行为的类型学划分、研究路径和理论、研究伦理和方法进行讨论。通过四章内容展现了公众灾害行为研究

---

① 曹杰、杨晓光、汪寿阳:《突发公共事件应急管理研究中的重要科学问题》,《公共管理学报》2007 年第 2 期;张海波:《体系下延与个体能力:应急关联机制探索——基于江苏省 1 252 位农村居民的实证研究》,《中国行政管理》2013 年第 8 期。

图景之后，本书主要聚焦"文化"和"认知"这两个关键词（前者是人们认识和应对灾害的重要背景，后者是解构和理解公众灾害行为的重要视角，"文化"和"认知"也代表了近些年来公众灾害行为研究两个重要转向和研究趋势）用两章分别讨论了灾害行为中的文化表征、灾害行为研究的认知视角与变量。20世纪80年代以来，"风险感知"一直是风险研究和灾害研究的重要概念。国内外众多学者对风险感知与灾害行为的关系进行了探索。本书有感于当下不同学者针对风险感知-灾害行为关系得出很多彼此相悖的结论，基于既有研究，重新审视了两者关系。本书最后一章提供了一个实证研究案例，希望能为读者开展公众灾害行为研究提供一定借鉴和参考。

综上，本书试图按照概念界定、学术史、灾害行为的类型学划分、灾害行为研究的理论基础、研究伦理、研究方法、灾害行为中的文化因素、灾害行为研究中的认知转向、经典议题再审视的大体脉络或者撰写思路，以跨学科视角构建起"灾害行为"研究的知识谱系或者知识树（如图绪论-1所示），探寻这一领域的历史脉络和研究路径，进而勾勒出"灾害行为"研究的学术进路。

图绪论-1　公众灾害行为研究的知识树

（资料来源：作者自制）

第 1 章

灾害行为的概念和研究学术史

灾害会给人类社会带来巨大的财产损失,严重的人员伤亡和持久的心理创伤。面临潜在的、具有时间压力的和不确定的负面灾害后果,人们会采取什么样的措施去降低风险,为什么会产生这样的行为,以及应该去采取什么样的行为,这些是众多灾害研究者感兴趣的研究问题。相关问题研究不仅仅能够推动行为科学研究领域的进展,相关研究发现也将会对实际的应急管理和防灾减灾工作有所助益。因为灾害风险意味着不确定性情境,揭示公众灾害行为的特征、影响因素与机制可为进一步理解公众在不确定性情境下行为决策机制提供启示。而现在很多的灾害宣传教育、应急科普以及风险沟通实践项目都希望通过改变公众的"认知-响应"模式来提供社会的灾害风险防范和抵御能力,而灾害行为科学研究将为灾害循证策略制定提供坚实基础。

本章将首先对"灾害"和"灾害行为"的概念内涵进行讨论,并对"灾害行为"给出一个适合本书讨论议题的概念界定,之后分别以"缘起""延伸""拓展""深化"为题对西方灾害行为相关议题的研究进行学术史回顾,然后大体按照灾害社会学、人类生态学和政治生态学的框架对国内与灾害行为相关研究进程进行梳理和评述。

1.1 灾害与灾害行为

1.1.1 灾害

界定"灾害行为"之前，我们首先需要了解一下什么是"灾害"。因为灾害不仅仅为后续我们将要讨论的众多行为模式提供了背景或者框架，灾害有时候也是众多行为产生的原因。但是要给出一个不会引起学术争议的灾害定义是一件十分困难的事情。回顾灾害社会科学研究的历史，灾害研究学者曾经对究竟应如何界定灾害展开过激烈的学术争论，社会学、人类学、政治学、地理学等不同学科背景的灾害学者都曾纷纷加入论战[①]，但无论是在概念的内涵还是外延上，不同学者提出的概念都存在互不兼容的地方。一定意义上，我们可以认为学术界对于"何为灾害？"（What is a disaster?）这一问题的最大共识就是没有共识。

灾害社会学学者查尔斯·福瑞茨（Charles Fritz）把灾害定义为一个具有时空特征、对社会或社会子系统造成威胁与损失，造成社会结构失序、社会成员基本生存支持系统的功能中断的事件[②]。灾害人类学学者安东尼·奥利佛-史密斯（Anthony Oliver-Smith）把灾害定义为自然和/或技术环境中的潜在破坏性因素与处于社会和技术条件产生的脆弱性环境下的人群相结合的事件或者过程[③]。迈克尔·林德尔（Michael Lindell）等认为灾害主要是指给社区带来难以承受

---

① Ronald Perry and Enrico Quarantelli, *What Is a Disaster? New Answers to Old Questions*, Xlibris, 2005.

② Charles Fritz, "Disasters", in Robert Merton and Robert Nisbet, eds., *Contemporary Social Problems*, Harcourt, Brace and World, 1961, p.657.

③ Anthony Oliver-Smith, "Anthropological Research on Hazards and Disasters", *Annual review of anthropology*, 1996, 25, pp.303-328.

的重大损失的事件,灾害情景可能由自然致灾因子、技术事故、群体间暴力冲突、重要资源短缺,以及其他有可能对人们的生命、健康、财产、福祉和日常生活造成危害的因素引起的[①]。在联合国国际减灾战略(United Nations International Strategy for Disaster Reduction, UNISDR)出版的《联合国国际减灾战略减轻灾害风险术语》中,灾害被定义为一个社区或社会功能被严重打乱,涉及广泛的人员、物资、经济或环境的损失和影响,且超出受到影响的社区或社会能够调动用自身资源去应对[②]。我国灾害研究学者马宗晋把灾害定义为危害人类生命财产的各类事件[③]。

　　每个试图给出灾害定义的学者都有或是理论层面或是实践层面的依据去支撑自己对灾害的理解,但是很多情况下一旦脱离研究者自己的理论视角、讨论框架或者研究议题后,其给出的灾害定义就会难以服众,甚至会招致批判。比如福瑞茨的灾害定义体现了明显的结构功能主义(structural functionalism)视角,其强调了社会具有结构和满足人类生产生活的功能,而灾害事件会破坏既有的社会结构和稳定状态,使得社会功能中断。但是,这种对于灾害的理解显然不能完全得到奥利佛-史密斯的拥护。因为灾害人类学家通常更容易接受政治生态学的观点,认为灾害是或者部分是社会政治经济活动的“正常”结果。也就是说,灾害源于社会结构或者社会活动,而不是独立于结构或者活动之外的事件,这与查尔斯·福瑞茨给出的灾害定义内涵不是完全兼容的。查尔斯·福瑞茨灾害定义中对于时空

---

① ［美］迈克尔·K. 林德尔、卡拉·普拉特、罗纳德·W. 佩里:《公共危机与应急管理概论》,王宏伟译,中国人民大学出版社 2016 年版,第 3 页;Michael Lindell, “Disaster Studies”, *Current Sociology*, 2013, 61(5-6), pp.797-825.

② UNISDR, UNISDR Terminology on Disaster Risk Reduction, UNISDR, 2009, p.9.

③ 原国家科委国家计委国家经贸委自然灾害综合研究组:《中国自然灾害综合研究的进展》,气象出版社 2009 年版,第 57 页。

特征的强调也容易遭到从危机视角理解灾害学者的批判。比如阿金·伯恩（Arjen Boin）认为复杂性是现代社会危机事件的本质特征，危机会跨越时空边界，传统的灾害定义没有很好地刻画现代社会这种复杂性本质[①]。而在，迈克尔·林德尔和 UNISDR 给出的灾害定义中，则凸显了一种冲击和资源之间的对应关系，即承灾对象拥有的资源或者能力不足以应对冲击的时候，灾害就会发生。这种观点对于具体的减灾实践有直观的启示，就是培育资源、增强能力是防范灾害发生的重要路径。但是当进一步仔细审视这种体现了"冲击-资源"对比关系的灾害定义后，难免会有这样的疑问：即便社区拥有足够的资源或能力去应对冲击，但在这个过程中会不可避免地消耗部分人力、物力、财力或者情感资源，这种引起资源消耗的冲击为什么不是灾害？

奥利佛-史密斯曾在《愤怒的地球：人类学视野中的灾害》一书中，简单地回溯了灾害定义相关研究之后，把学界对灾害定义的学术争辩归结为三个方面：主观性与客观性、常态与非常态、社会与环境（聚焦于社会属性还是强调自然或技术致灾因子）[②]。灾害定义多元和共识难产的原因是多方面的。首先，在日常话语体系中，灾害一词就被广泛使用，尤其是在英语语言体系中，从地震到核泄漏再到中毒等都可以称为"disaster"，其过于宽泛的概念指涉使得从学术研究角度给出一个精确的概念外延极具挑战性。其次，奥利佛-史密斯认为不同学者研究目标和学术关怀的差异也带来了灾害定义的多元性，比如聚焦行为的灾害研究者和关注社会-环境互动的研究者眼中

---

① Arjen Boin, "From Crisis to Disaster: Towards an Integrative Perspective", in R. W. Perry and E. L. Quarantelli, eds., *What Is a Disaster? New Answers to Old Questions*, Xlibris, 2005, pp.153–172.

② 转引自安东尼·奥利弗-斯密斯：《"何为灾难？"：人类学对一个持久问题的观点》，彭文斌等译，《西南民族大学学报（人文社会科学版）》2013 年第 12 期。

灾害的定义就不相同①。再者,自然科学和社会科学的分野以及跨学科研究的不足也有可能是造成灾害定义多元和缺乏共识的原因。比如聚焦地震、洪水等单灾种灾害研究的学者会较少考虑其给出的灾害定义是否能涵盖住饥荒、网络瘫痪等负面事件;而自然科学家重视自然现实和社会科学家重视社会现实的惯习使得他们在给出灾害界定的时候难以兼顾对方的研究传统。罗纳德·佩里(Ronald Perry)亦曾强调,实际上,在学术话语体系中,学者有时候不仅仅把灾害单纯作为一个概念术语来使用,也用它来代表一个具体的研究领域或者研究方向——灾害研究②。佩里认为当前纷繁复杂的灾害定义实际上可以归为三大类:经典的灾害社会学研究定义传统③、致灾因子-灾害传统和强调灾害的社会属性定义传统④。其中经典的灾害社会学定义传统首先明确提出了灾害可以看作是破坏社会的事件,此外突生规范(emergent norm)思想在这一时期的灾害定义中也有所体现,经典灾害社会学研究视角的众多灾害定义中实际上都隐含着灾害的稳定、破坏、调适特征。致灾因子-灾害定义传统更加聚焦地震、洪水和台风等致灾因子,认为灾害是致灾因子与社会系统的交互。而聚焦灾害社会属性定义传统部分继承了早期经典灾害社会

① 转引自安东尼·奥利弗-斯密斯:《"何为灾难?":人类学对一个持久问题的观点》,彭文斌等译,《西南民族大学学报(人文社会科学版)》2013年第12期。
② Ronald W. Perry, "What Is a Disaster?", in Havidán Rodríguez, Enrico L. Quarantelli, and Russell R. Dynes, eds., *Handbook of Disaster Research*, Springer, 2007, pp.1-15.
③ 有观点认为从第二次世界大战开始到1961年福瑞茨提出灾害定义的这段时间为灾害社会科学研究的经典时期(或者经典灾害社会学研究时期)。参见 Ronald W. Perry, "What Is a Disaster?", in Havidán Rodríguez, Enrico L. Quarantelli, and Russell R. Dynes, eds., *Handbook of Disaster Research*, Springer, 2007, pp.1-15.
④ Ronald W. Perry, "What Is a Disaster?", in Havidán Rodríguez, Enrico L. Quarantelli, and Russell R. Dynes, eds., *Handbook of Disaster Research*, Springer, 2007, pp.1-15.

学研究时期的思想，但是更加强调灾害应作为一种社会现象进行理解①。国内应急管理学者童星和张海波亦认为尽管自然-人为灾害二分的方式增加了传统灾害概念的张力，但是在外延层面难以涵盖群体性事件等某些社会事件②。

有趣的是，不仅在对灾害的具体定义方面，学界没有共识，甚至在对有没有必要去取得灾害定义的共识方面不同学者分歧也很大。比如灾害研究先驱，社会学家恩里克·夸兰泰利（Enrico Quarantelli）认为"……，除非我们能够阐明灾害定义的本质特征并取得最低限度的共识，否则我们将难以继续对灾害特点、生成条件和影响展开讨论"③。而奥利佛-史密斯则认为推进某一领域的研究并不一定需要对核心概念取得共识，有时争议本身也是探索新知识的重要路径，在他看来灾害不是固定的、可以被严肃界定的现象，但是不同的灾害概念都牵扯了广泛的物质、生物和社会关系交互以及社会文化建构过程，共同组成了具有家族相似性（family resemblance）的一套概念体系④。灾害地理学家苏珊·卡特（Susan Cutter）则认为学者没有必要在对如何给灾害下一个定义这一问题上，穷追不放。卡特认为灾害学界在对"何为灾害"这一问题上花费了太多的时间和智力资源，学者应该去找到这一领域其他更加重要的基本概念，学术界"与其对'何为灾害'这一问题穷追不舍，倒不如探索是什么导致了人们或者

---

① Ronald W. Perry, "What Is a Disaster?", in Havidán Rodriguez, Enrico L. Quarantelli, and Russell R. Dynes, eds., *Handbook of Disaster Research*, Springer, 2007, pp.1-15.

② 童星、张海波：《基于中国问题的灾害管理分析框架》，《中国社会科学》2010 年第1 期。

③ Enrico Quarantelli, *What Is a Disaster: Perspectives on the Question*, Taylor & Francis e-Library, 2005, p.xv.

④ 转引自安东尼·奥利弗-斯密斯：《"何为灾难?"：人类学对一个持久问题的观点》，彭文斌等译，《西南民族大学学报（人文社会科学版）》2013 年第 12 期。

'地方'对于环境威胁和意外事件变得脆弱(或富有韧性)"[1]。

　　基于以上回顾,从方便开展灾害行为研究角度而言,至少可以从以下几个方面去理解和界定灾害:灾害的发生具有社会根源;灾害是非常态的;灾害具有时空特征;灾害造成了负面影响。这样的界定和理解方式将会对本书接下来要讨论的公众灾害行为带来便利:首先,强调灾害的发生具有社会根源,则意味着不恰当、不合理的灾害行为将会成为灾害发生的重要成因;其次,将"非常态"和"具有时空特征"纳入灾害特征,同时赋予了公众灾害行为有别于日常行为、会存在时空差异的意涵,而且赋予灾害属性以时间维度则为讨论灾前(pre-impact)、灾中(trans-impact/during-impact)还是灾后(post-impact)行为提供了方便;最后,风险通常会被认为是一种未然状态,故而强调灾害会造成负面影响,则为从学理上区别灾害认知和风险感知提供理据。

　　最后需要指出的是,国内学术界对"disaster"一词未有统一译法,有的学者将其翻译为"灾害",有学者将其翻译为"灾难",也有学者称其为"灾变"。辨析中文语境下"灾害""灾难""灾变"的区别同样是一件困难的事情,容易陷入无休止的学理争辩当中[2]。比如地理学领域倾向于把"natural hazard"译为"自然致灾因子",指的是地震、洪水、台风等可能给人类社会生命财产安全带来威胁的自然力量或者事件,而"disaster"译为"灾害",指的是自然致灾因子和人类社会脆弱性相互作用的产物,是致灾因子已给人类社会生命财产安全造成了负面影响的已然状态[3]。而在人类学领域,有学者则把"natural hazard"

---

①　Susan Cutter, "Are We Asking the Right Question?", in Ronald W. Perry and E.L. Quarantelli, eds., *What Is a Disaster? New Answers to Old Questions*, Xlibris, 2005, p.48.

②　刘芳:《"灾害"、"灾难"和"灾变":人类学灾厄研究关键词辨析》,《西南民族大学学报(人文社科版)》2013年第10期。

③　史培军:《再论灾害研究的理论与实践》,《自然灾害学报》1996年第4期。

译为"自然灾害"，把"disaster"译为"灾难"以示两者区别[1]。因此，即便本书针对"灾害""灾难""灾变"各自内涵进行界定，并划出使用边界，在很大程度上这种努力极大可能无法取得学界广泛认同。此外，尽管对于灾害研究而言，辨析上述常见术语的差异是一件很有意义的工作，但是对于本书聚焦的"灾害行为"议题而言，讨论中文语境下"灾害""灾难""灾变"的联系和区别则显得不是那么必要。因此出于以上两点原因，本书中会统一使用"灾害"和"灾害行为"这一表述，英文术语分别对应为"disaster"和"disaster behavior"，不再做进一步阐释与区分。

1.1.2 灾害行为

灾害行为涉及人们面临灾害时广泛的响应，包括灾害发生前、中、后的不同阶段，也包括个体和群体不同层面。这些响应行为和决策模式包括了有关灾害风险的认知和评估、灾害信息的获取与传播、灾害适应与恢复、面临灾害风险或损失的互动和彼此协作等。受到灾害类型、自然生境、社会文化和个体环境等诸多因素的影响，公众灾害行为也呈现出多样性的特征。但是，与学界对灾害定义如火如荼讨论形成鲜明对比，面对这样一个具有充分讨论空间的概念，尽管在灾害文献中"disaster behavior""disaster-related behavior""disaster-related social behavior"[2]或者"emergent social behavior"[3]作为研究术语被使用，但是少有学者对何为"灾害行为"进行严肃界定。

---

[1] 张原、汤芸：《藏彝走廊的自然灾害与灾难应对本土实践的人类学考察》，《中国农业大学学报（社会科学版）》2011 年第 3 期。

[2] Enrico Quarantelli, "Disaster Related Social Behavior: Summary of 50 Years of Research Findings", Disaster Research Center Preliminary Paper #280, University of Delaware, 1999.

[3] Kathleen Tierney, "From the Margins to the Mainstream? Disaster Research at the Crossroads", *Annual Review of Sociology*, 2007, 33(1), pp.503–525.

在内涵层面,"灾害行为"这一概念中蕴含了两种灾害-行为关系。其一,公众针对灾害或主动或被动采取的行为,比如灾害准备(preparedness behavior)可理解为公众针对灾前风险而采取的行为,自救互救可理解为公众针对灾时灾害损失采取的防范影响扩大的行为。一定意义上,灾害或者风险可以看作行为的因。其二,灾害与行为未必存在因果关联,而灾害只是作为分析公众行为的一个具有特殊时空意义的,与常态不同的背景或者框架。比如公众在灾害情景下的偷盗、传谣等社会失范行为。

在外延层面,至于何种行为可被归属为灾害行为,从既有研究来看,存在狭义和广义两种界定方式。以公众作为行为主体,狭义上的灾害行为主要指灾害发生时或者灾后公众的行为反应,根据关注的时间尺度差异,又可具体分为灾害发生时或者发生后短时间内公众的行为(如即时自救行为、逃生行为等)以及灾害发生后一段时间内公众的行为反应(如偷盗、哄抢等社会越轨行为等)。而广义上的灾害行为除了上述描述的狭义灾害行为外,还包括了灾害风险阶段的行为,如公众针对灾害风险采取的灾害防护和准备行为等。

在一些风险相关的研究文献中,也有学者使用风险应对(risk coping)这种表述,指人们面对风险情境时所采取的行为或者活动[1]。风险应对行为主要与灾害防护和准备行为内涵相一致,外延小于灾害行为。本书主要使用广义意义上的灾害行为概念,主要将灾害行为界定为公众针对灾害本身或者在灾害情境下采取或发生的行为,也即灾害为行为的发生提供了原因或者背景。但是在部分章节结合具体上下文语境,本书中的灾害行为有可能泛指一切灾害行为,但也

---

[1]　Setha M. Low, "Symbolic Ties That Bind: Place Attachment in the Plaza", in Irwin Altman and Setha M. Low, eds., *Place Attachment*, Springer US, 1992, pp.165-186.

有可能具体针对某一类灾害行为比如灾害准备行为。

1.2　西方灾害行为研究[①]

　　鉴于公众个体的差异性、公众行为本身的复杂性以及行为发生情景的多样性等原因，解释和预测人类行为是极其困难的。前辈学者从不同角度作出了多方努力，有学者从心理过程角度探究个体是如何做出行为决策的，有学者强调自然环境对个体行为的"决定性"影响，有学者则聚焦社会、政治、经济、文化以及自然环境要素如何影响行为。之于灾害行为研究而言，当然一些源于非灾害情景下的理论可为开展相应研究提供重要的借鉴或指导，但是由于灾害情景下存在各种不确定性和情景压力，越来越多的灾害学者意识到一些基于常态情境下得出的人类行为理论或者模型对公众的灾害行为解释力有限，实践指导意义也乏善可陈，亟须开展专门的理论研究和实证研究予以突破。尽管相较于经济行为、政治行为、健康行为等研究而言，聚焦灾害行为的研究不是很多，也没有形成一个庞大的，有自我认同感的学术共同体，但是自20世纪40年代至今，在灾害社会科学研究领域，聚焦公众行为特征和形成机制的研究传统一直延续下来。社会学、地理学、公共管理学、人类学、心理学等不同领域的学者都对公众的灾害行为予以关注，在某种意义上，灾害行为研究甚至可以说是一直伴随着灾害社会科学的发展。相关研究成果对于理解灾害社会影响机制、推动灾害科学发展和社会防灾减灾工作都作出了贡献。

---

① 本节部分内容出自孙磊等人：《国外灾害行为研究：缘起、议题和发现》，《华北地震科学》2018年第3期。编入本书时有修订。

1.2.1　缘起

近代灾害社会科学研究肇始于美国[①]。著名灾害研究学者拉塞尔·戴恩斯（Russell Dynes）[②]认为，让-雅克·卢梭对灾害提供了第一个社会科学研究视角下的见解，比如：他指出城市的布局和建筑类型使得一些位于地震风险区的社区更容易遭受损失；城市的布局使其更容易遭受震后火灾影响；位于地震风险区的港口城市更容易受到海啸的侵袭；地震伤亡者的分布存在社会选择性，贵族和富人居住在城中，但是地震伤亡风险较高的地区富人较少，通常主要是社会地位较低的居民在此居住[③]。戴恩斯认为上述关于里斯本地震的观点可能是最早有关我们现代灾害科学称为"脆弱性"（vulnerability）的学术讨论[④]。

[①]　这里需要指出的是，我国历史学家们很早就开始了对历史灾害、饥荒难民等史料的梳理和研究。历史学者朱浒认为就当前可见资料，民国学者于树德 1921 年于《东方杂志》第 18 卷第 14 期和第 15 期发表的《我国古代之农荒预防策——常平仓、义仓和社仓》一文可能为我国最早的灾害史研究论文。参见朱浒：《中国灾害史研究四十年》，载张海鹏主编《中国历史学 40 年（1978—2018）》，中国社会科学出版社 2018 年版，第 353—375 页。灾害史研究也属于广义上的灾害社会科学研究，如果把我国灾害史研究开端端定位于 20 世纪 20 年代的话，那么基本与美国灾害社会科学研究的起步大体同步。缘起西方的灾害社会科学研究受社会学、地理学研究传统较多，具备更多的现实关怀，在研究方法上出现了质性和定量研究并驾齐驱的局面，而我国灾害史研究多遵循史学研究传统，多见思辨和规范研究，重质性轻定量、重历史轻当下，与这里讨论的灾害社会科学研究存在一定差异。因此，我国学者对于灾害史的研究不在本节讨论范畴。

[②]　拉塞尔·戴恩斯（1923—2019），美国灾害社会学家，1963 年与恩里克·夸兰泰利和尤金·哈斯（Eugene Haas）于俄亥俄州立大学共同创建了当今世界最知名的灾害研究中心之一——美国灾害研究中心（Disaster Research Center）。

[③]　Russell Dynes, "The Dialogue between Voltaire and Rousseau on the Lisbon Earthquake: The Emergence of a Social Science View", *International Journal of Mass Emergencies & Disasters*, 2000, 18(1), pp.97–115.

[④]　Ibid.

美国学术界基本把塞缪尔·普林斯(Samuel Prince)1920 年关于哈利法克斯爆炸的研究论文《巨灾与社会变迁:基于哈利法克斯灾难的社会学研究》[①]作为第一部从社会科学角度系统研究灾害的实证研究工作[②]。1932 年密歇根大学的洛威尔·卡尔(Lowell Carr)在《美国社会学期刊》上发表了《灾害和社会变迁的序列模式理念》一文,因此卡尔被认为是第一位提出灾害内生于社会变迁观点的学者[③]。1942 年彼特宁·索罗金(Pitirim Sorokin)出版了《灾难中的人与社会》,这部著作被西方学界认为是第一部关于灾害社会科学研究的理论著作[④]。科罗拉多大学自然灾害中心(Natural Hazards Center, NHC)[⑤]前主任凯瑟琳·蒂尔尼(Kathleen Tierney)2007 年在美国《社会学年鉴》发表了《从边缘到主流? 十字路口的灾害研究》一文,对美国灾害社会学早期研究历史进行了回溯,而国内学者亦曾撰文对美国灾害社会学早期发展和共同体演进趋势进行了较为详细介绍[⑥],本节在此不再赘述。但需要指出的是相关研究似乎模糊了地理

[①]　此论文是普林斯在哥伦比亚大学攻读社会学博士学位的博士论文,参见 Samuel Prince, *Catastrophe and Social Change: Based Upon a Sociological Study of the Halifax Disaster*, doctoral dissertation, Columbia University, 1920。

[②]　Michael Lindell, "Disaster Studies", *Current Sociology*, 2013, 61(5-6), pp.797-825; Kathleen Tierney, "From the Margins to the Mainstream? Disaster Research at the Crossroads", *Annual Review of Sociology*, 2007, 33(1), pp.503-525.

[③]　Lowell Juillard. Carr, "Disaster and the Sequence-Pattern Concept of Social Change", *American Journal of Sociology*, 1932, 38(2), pp.207-218.

[④]　Pitirim Sorokin, *Man and Society in Calamity: the Effects of War, Revolution, Famine, Pestilence upon Human Mind, Behavior, Social Organization and Cultural Life*, E. P. Dutton, 1942.

[⑤]　美国自然灾害中心由地理学家吉尔伯特·怀特于 1976 年成立,该中心依托科罗拉多大学,与美国灾害研究中心齐名,也是当今世界上灾害研究最为知名的研究机构之一。

[⑥]　韩自强、陶鹏:《美国灾害社会学:学术共同体演进及趋势》,《风险灾害危机研究》2016 年第 1 期;高恩新:《国际灾难研究的概念谱系与未来议程:百年反思》,《社会学评论》2020 年第 6 期。

学和地质学研究传统的差异,对地理学家主要"关注地壳板块运动与地质构造",不注重"灾害的本质——对人和社会的影响"①的评述失之偏颇。实际上,以理解和探索"人地关系"为学术旨趣的地理学学者从来不乏对灾害情境下"人与社会"的深切关怀。比如蒂尔尼新著《灾害:社会学研究路径》以专章形式对灾害社会学发展如何吸纳其他学科研究成果来夯实自身知识基础进行了讨论②。

公众灾害行为研究整体内嵌于上述早期的灾害社会科学研究,某种意义可以说灾害情境下人类行为研究是美国灾害社会科学早期研究的核心议题。大体上,我们可以把美国学有关灾害行为研究的滥觞期定于二战之后。有趣的是,早期美国学者关注公众灾害行为并不是单纯出于追求学术的本心,而是与当时项目资助方——美国军方的国防战略需求紧密相关。美苏冷战时期,美国面临苏联的核打击威胁,美国军方想要了解一旦核战争爆发,社会公众的响应行为反应。因此,20 世纪 40 年代末 50 年代初,在美国政府和军方的推动下,一些具有社会学研究背景的学者开始关注灾害情境下人类行为反应特点,以此来类比军事打击情形下,特别是核战争情况下的社会响应状况。受美国军方资助,芝加哥大学民意调查中心(National Opinion Research Center, NORC)开展了早期的系列灾害调查,调查涉及 1 000 多人的访谈,70 多次大大小小的灾害事件,涵盖的灾种既包括了空难等安全事故,也包含了地震、台风等自然灾害事件③。同样是受到美国军方资助,马里兰大学和俄克拉荷马大学在 20 世纪

---

① 韩自强、陶鹏:《美国灾害社会学:学术共同体演进及趋势》,《风险灾害危机研究》2016 年第 1 期。

② Kathleen Tierney, *Disasters: A Sociological Approach*, Polity Press, 2019.

③ Enrico Quarantelli, "Disaster Studies: An Analysis of the Social Historical Factors Affecting the Development of Research in the Area", *Disaster Research Center*, 1987.

50 年代早期也开展了系列灾害调查研究，与 NORC 主要关注外显行为不同，上述两所大学的灾害调查研究对个体灾民的心理响应状况进行了重点关注①。1963 年，恩里克·夸兰泰利、拉塞尔·戴恩斯和尤金·哈斯等学者于俄亥俄州立大学②成立了灾害研究中心，极大地推动了早期的灾害研究。尽管后期美国军方不再对这些研究进行资助，但是这些研究火种却保留了下来，逐渐形成了灾害研究中影响深远的灾害社会学传统。

上文提到了查尔斯·福瑞茨对"何为灾害？"给出的经典定义，亦即在早期的灾害研究中，灾害主要被看成是具有时空特征、破坏社会结构并使社会功能受损的事件③。因为在福瑞茨所处的时代，结构功能主义和系统理论（systems theory）思想盛行，该研究传统主要将社会视为一个由各子系统相互关联和依赖的系统，各子系统之间协同运作以保证整个社会系统的正常运行，对任何子系统的干扰将会影响整个社会系统功能的发挥，而灾害事件即为一种对社会系统具有破坏性的干扰④。这种源于结构功能主义和系统理论的灾害认识视角也直接影响了学界对于灾害行为的认识：灾害行为具有时空特征；灾害行为发生背景是社会结构（将要）遭到破坏、社

---

① Enrico Quarantelli, "Disaster Studies: An Analysis of the Social Historical Factors Affecting the Development of Research in the Area", *Disaster Research Center*, 1987.

② 1985 年，灾害研究中心由俄亥俄州立大学搬至特拉华大学，恩里克·夸兰泰利和拉塞尔·戴恩斯两位早期创始人也随之前往特拉华大学工作。有关这段历史参见"History in the Making", Disaster Research Center, https://www.drc.udel.edu/drc-vision-history/。

③ Charles Fritz, "Disasters", in Robert Merton and Robert Nisbet, eds., *Contemporary Social Problems*, Harcourt, Brace and World, 1961, pp.651-694.

④ Gary R. Webb, "The Popular Culture of Disaster: Exploring a New Dimension of Disaster Research", in Havidán Rodríguez, Enrico L. Quarantelli, and Russell R. Dynes, eds., *Handbook of Disaster Research*, Springer, 2007, pp.430-440.

会功能（将要）受损；灾害行为是针对破坏社会系统事件的响应行为等。

在研究内容方面，灾害研究主要包括四条进路。

（1）20世纪60年代，哈里·摩尔（Harry Moore）提出"灾害文化"（disaster culture/subculture）这一概念，指出可将灾害文化理解为灾害常发地公众为应对灾害，在社会、心理、开发利用自然界时所作出的实际或潜在的适应①。此后，有学者沿用或发展了这一概念，指出灾害文化是由社区共有的价值观、规范、信念、知识、技术等要素构成的综合体。灾害文化作为灾害多发地所有的文化意义上的安全保障策略，在灾前、灾中和灾后都会对社区和居民的行为模式和防灾减灾举措产生作用和影响②。

（2）夸兰泰利等人沿袭芝加哥社会学派符号互动主义（symbolic interactionism）、集体行为（collective behavior）研究传统，对于灾害发生时，人群是否会发生大规模的恐慌、盗窃等社会越轨行为表现出了浓厚的研究兴趣③。戴恩斯和夸兰泰利总结早期不同灾害案例中出现的公众灾害行为特点，指出灾害的发生会导致社会更加团结，盗窃、恐慌等反社会行为较少发生，互助互救等亲社会行为增多是灾后

① Harry Estill Moore, *From... and the Winds Blew. an Island Within an Island*, The University of Texas, 1964.

② Dennis Wenger and Jack Weller, "Disaster Subcultures: The Cultural Residues of Community Disasters", Disaster Research Center Preliminary Paper ♯9, University of Delaware, 1973; William Anderson, "Some Observations on a Disaster Subculture: The Organizational Response of Cincinnati, Ohio, to the 1964 Flood", Disaster Research Center Research Note ♯6, Ohio State University, 1965.

③ Enrico Quarantelli, "Disaster Related Social Behavior: Summary of 50 Years of Research Findings", Disaster Research Center Preliminary Paper ♯280, University of Delaware, 1999; Kathleen Tierney, "From the Margins to the Mainstream? Disaster Research at the Crossroads", *Annual Review of Sociology*, 2007, 33(1), pp.503-525.

社会普遍现象。这一结论被认为是经典灾害社会学研究时期的重要发现之一①。

（3）一些学者关注了公众面临灾害风险情景下的撤离行为（evacuation）。比如，托马斯·德拉贝克（Thomas Drabek）分析了科罗拉多丹佛公众在当地 1965 年洪水灾害来临前的撤离行为特点②。罗纳德·佩里总结了早期关于灾害撤离行为的研究成果③。

（4）在灾害研究兴起初期，拉尔夫·特纳（Ralph Turner）的突生规范④思想也开始逐步渗入灾害行为研究中，一些学者认为面对灾害情形，旧有的社会规范失效，难以约束和规范人们的行为，灾害行为受到一些突生规范调节支配，比如公众面对灾害威胁的撤离疏散行为⑤和抢险救灾时的志愿行为⑥等。

在早期缘起阶段，尤其是灾害社会学传统下的灾害行为研究主要关注的是灾害发生后，亦即社会功能遭到破坏、灾害损失情景下的行为，而开始关注灾害风险情景下的准备、适应等行为则在 20 世纪60—70 年代开始兴起。

---

① Russell Dynes and Enrico Quarantelli, "Helping Behavior in Large Scale Disasters: A Social Organizational Approach", *Disaster Research Center Preliminary Papers* #48, University of Delaware, 1977.

② Thomas Drabek, "Social Processes in Disaster: Family Evacuation", *Social problems*, 1969, 16(3), pp.336-349.

③ Ronald Perry, "Evacuation Decision-Making in Natural Disasters", *Mass Emergencies*, 1979, 4(1), pp.25-38.

④ Ralph Turner, "*Collective Behavior,*" in Robert E. Lee Faris, ed., *Handbook of Modern Sociology*, Chicago: Rand McNally, 1964.

⑤ Ronald Perry, "Evacuation Decision-Making in Natural Disasters", *Mass Emergencies*, 1979, 4(1), pp.25-38.

⑥ Paul O'Brien and Dennis Mileti, "Citizen Participation in Emergency Response Following the Loma Prieta Earthquake", *International Journal of Mass Emergencies and Disasters*, 1992, 10(1), pp.71-89.

1.2.2　延伸

20 世纪 60—70 年代[①]，随着一些具有地理学背景的学者不断深入灾害田野，灾害研究的地理学传统得以确立。与灾害社会学中结构功能主义导向的灾害认识不同，吉尔伯特·怀特（Gilbert White）等地理学研究者的致灾因子视角（hazards perspective）跳出了灾害社会学们通常采用的社会稳定—功能中断—社会调整的灾害描述框架[②]。尤其是一些研究发现通过一些技术减灾路径对洪水、干旱和地震等灾害进行减灾时，在消除了旧的灾害风险后又会产生一些始料未及的新风险，因此学者越发认识到洪水、地震和干旱等这些自然灾害事件应该被作为复杂的人地关系产物来对待[③]，灾害应看成是复杂环境过程（environmental process）的一部分，是自然事件和社会系统相互作用的产物[④]。之于灾害行为研究而言，地理学家更为感兴趣的议题是人们如何认知致灾因子并采取了什么样的调适行为。这被认为是灾害行为研究的另一重要传统，关注人们灾前减轻灾害风险的行为

[①]　灾害行为研究的地理学传统最早实际上可以追溯到怀特 1945 年博士论文《人类对洪水灾害的调适》（*Human Adjustment to Floods*）。在该文中，怀特提出了著名的观点：洪水是天灾，但是洪水损失很大程度上是人祸。参见 Gilbert White, "Human Adjustment to Floods", Department of Geography Research Paper No. 29, University of Chicago, 1945.

[②]　Gilbert White, *Natural Hazards, Local, National, Global*, Oxford University Press, 1974; Ronald W. Perry, "What Is a Disaster?", in Havidán Rodríguez, Enrico L. Quarantelli, and Russell R. Dynes, eds., *Handbook of Disaster Research*, Springer, 2007, pp.1–15.

[③]　Ian Burton, Robert Kates, and Gilbert White, "The Human Ecology of Extreme Geophysical Events", Natural Hazard Research Working Paper #1, Department of Geography, University of Toronto, 1968.

[④]　Ronald W. Perry, "What Is a Disaster?", in Havidán Rodríguez, Enrico L. Quarantelli, and Russell R. Dynes, eds., *Handbook of Disaster Research*, Springer, 2007, pp.1–15; Gilbert White, *Natural Hazards, Local, National, Global*, Oxford University Press, 1974.

而非人们如何对一个已发生灾害的响应行为[1]。

需要指出的是，在上述人类生态学范式下，地理学家灾害致灾因子视角与社会学家灾害研究视角的兼容性问题引起了部分其他学科背景学者的关注和批判。例如夸兰泰利指出：致灾因子视角下的灾害研究往往因过多关注致灾因子本身，而将灾害置于从属地位；而如饥荒等一些灾害社会学家看来理所当然会被归类为灾害的事件，并无显著的致灾因子[2]。

人类生态学（human ecology）研究聚焦人地交互作用，同时也意识到在人类与周遭环境因素交互作用时，尽管能够能动地采取行为，但是无论在认知和理解周围环境还是在具体行为选择上也都会存在局限性，这种局限性源于自然环境、个体特征、社会和文化要素可能对人类理性行为的限制[3]。之于灾害行为研究而言，由于受到人类生态学思想影响，其主要强调人们可以且能够通过灾害调适行为来适应灾害，而人们采取调适行为与否与人们对于灾害风险的感知、拥有的资源、掌握的技术、社会网络等都有关系[4]。致灾因子研究

---

[1] Dennis Mileti and John Sorensen, "Natural Hazards and Precautionary Behavior", in Neil D. Weinstein, ed., *Taking Care: Understanding and Encouraging Self-Protective Behavior*, Cambridge University Press, 1987, pp.189-207.

[2] Enrico Quarantelli, "A Social Science Research Agenda for the Disasters of the 21st Century: Theoretical, Methodological and Empirical Issues and Their Professional Implementation ", in Ronald W. Perry and Enrico L. Quarantelli, eds., *What Is a Disaster? New Answers to Old Questions*, Xlibris, 2005, pp.325-396.

[3] Ian Burton, Robert Kates, and Gilbert White, "The Human Ecology of Extreme Geophysical Events", Natural Hazard Research Working Paper #1, Department of Geography, University of Toronto, 1968.

[4] Ian Burton, Robert Kates, and Gilbert White, "The Human Ecology of Extreme Geophysical Events", Natural Hazard Research Working Paper #1, Department of Geography, University of Toronto, 1968; Gilbert White, *Natural Hazards, Local, National, Global*, Oxford University Press, 1974.

传统为通过调整人地关系来适应灾害的减灾实践做法进行了理论背书。而后来迈克尔·林德尔等学者对于灾害调适行为研究已具有明显的社会心理学取向,其热衷于探讨公众采取灾害调适行为与否的行为逻辑和预测变量等,其提出的保护行为动机模型(protective action decision model)已经成为灾害行为研究领域影响深远的理论模型之一[1]。

1.2.3　拓展

20 世纪八九十年代至今,受到政治经济学、社会冲突学等理论视角影响,灾害社会生产(social production)的观点开始在不同的灾害研究中得以体现[2]。与结构功能视角下把灾害看成是一种扰动社会系统结构的事件不同,灾害社会生产视角的灾害为社会结构或者社会活动的产物。尽管飓风、洪水和地震是灾害的触发因素(trigger),但是灾害本身却是根植于社会环境本身和社会发展过程,如森林退化、环境恶化、社会不平等、公众的低自救能力等[3]。奥利佛-史密斯则指出,尽管灾害发生的自然触发因素可能不同,但是经济发展优先于社会问题和环境问题解决的发展模式却是很多国家或地

---

[1]　Michael Lindell and Ronald Perry, "The Protective Action Decision Model: Theoretical Modifications and Additional Evidence", *Risk Analysis*, 2012, 32 (4), pp.616-632.

[2]　Kathleen Tierney, "Improving Theory and Research on Hazard Mitigation: Political Economy and Organizational Perspectives", *International Journal of Mass Emergencies and Disasters*, 1989, 7(3), pp.367-396; Kathleen Tierney, "From the Margins to the Mainstream? Disaster Research at the Crossroads", *Annual Review of Sociology*, 2007, 33(1), pp.503-525; Lei Sun and A. J. Faas, "Social Production of Disasters and Disaster Social Constructs: An Exercise in Disambiguation and Reframing", *Disaster Prevention and Management: An International Journal*, 2018, 27(5), pp.623-635.

[3]　Ben Wisner et al., *At Risk: Natural Hazards, People's Vulnerability and Disasters*, 2nd edition, Routledge, 2004.

区存在灾害风险的共同原因①。灾害社会生产视角指出：虽然早期灾害研究中已意识到了灾害的社会属性，但是其把灾害当成一种遵循开始、发生和结束时间序列过程的事件观点往往会忽略灾害内生于社会系统的特点②。在此认识视角下，灾害的发生可能是社会内部政治经济力量作用的结果。之于灾害行为而言，个体或者社会是否会采取某项减灾策略同样受到了政治经济力量的支配。而 20 世纪80 年代美国第二次女权主义运动的持续发展以及环境正义运动的兴起也促使灾害研究者思考资源和权利的可获得性差异如何造成了不同性别、种族/民族、阶级人群的灾害行为差异③。

1.2.4 深化

21 世 纪 以 来，2004 年印度洋海啸、2005 年卡特琳娜飓风、2011 年日本"3·11"大地震等几次大的自然灾害使得公众灾害行为研究得以拓展。

---

① Anthony Oliver-Smith, et al., "The Social Construction of Disaster Risk: Seeking Root Causes", *International Journal of Disaster Risk Reduction*, 2017, 22, pp. 469–474.

② Kathleen Tierney, "From the Margins to the Mainstream? Disaster Research at the Crossroads", *Annual Review of Sociology*, 2007, 33(1), pp. 503–525; Ronald W. Perry, "What Is a Disaster?", in Havidán Rodríguez, Enrico L. Quarantelli, and Russell R. Dynes, eds., *Handbook of Disaster Research*, Springer, 2007, pp.1–15.

③ Kathleen Tierney, "From the Margins to the Mainstream? Disaster Research at the Crossroads", *Annual Review of Sociology*, 2007, 33(1), pp. 503–525; Michele Gamburd and Dennis McGilvray, "Sri Lanka's Post-Tsunami Recovery: Cultural Traditions, Social Structures and Power Struggles", *Anthropology News*, 2010, 51(7), pp.9–11; James Elliott and Jeremy Pais, "Race, Class, and Hurricane Katrina: Social Differences in Human Responses to Disaster", *Social Science Research*, 2006, 35(2), pp.295–321; Alice Fothergill, Enrique Maestas, and JoAnne Darlington, "Race, Ethnicity and Disasters in the United States: A Review of the Literature", *Disasters*, 1999, 23(2), pp.156–173.

第一，文化因素对于公众灾害认知与响应行为的影响作用得到不同学者的进一步关注。在斯里兰卡，女性照顾（甚至营救）小孩责任的家庭规范，曾使 2004 年印度洋海啸灾害中的不少斯里兰卡女性错失或延误了迅速逃生的机会[1]；2007 年所罗门群岛海啸时，岛内原住民正因为拥有关于当地环境的地方性知识，而可以迅速找到有效的逃生路线和避难地点[2]；等等。

第二，对灾害行为的亲社会-反社会特点与形成机制研究进一步深化。危险情景下的恐慌行为研究发现：只有人们在有限的空间内感知到了灾害危险、逃生路线会被立即堵住、逃跑是唯一的救生策略以及没有任何人可以求助的情况下，恐慌行为才有可能发生，而现实生活中同时满足这四种条件的灾害情景很少[3]。针对日本"3·11"大地震灾区公众响应行为研究指出：灾区偷盗、抢劫等社会不友好行为尽管会发生，但往往也是个别现象，且很多震时震后出现偷盗、抢劫行为并不具有社会危害性[4]。

第三，灾害行为区域与文化差异对比研究日益引起学界兴趣。比如道格拉斯·佩顿（Douglas Paton）等就日本和新西兰两国社区备灾意愿的比较研究显示，对备灾措施有效性的认识、对社区应对灾害能力的估计、邻里关系及对政府的信任等是影响两国社区公众备灾

[1] Michele Gamburd and Dennis McGilvray, "Sri Lanka's Post-Tsunami Recovery: Cultural Traditions, Social Structures and Power Struggles", *Anthropology News*, 2010, 51(7), pp.9–11.

[2] Brian McAdoo, Andrew Moore, and Jennifer Baumwoll, "Indigenous Knowledge and the near Field Population Response During the 2007 Solomon Islands Tsunami", *Natural Hazards*, 2009, 48(1), pp.73–82.

[3] Tatsuya Nogami and Fujio Yoshida, "Disaster Myths after the Great East Japan Disaster and the Effects of Information Sources on Belief in Such Myths," *Disasters*, 2014, 38(s2), pp.S190–S205.

[4] Tsuneyuki Abe, Juthatip Wiwattanapantuwong, and Akio Honda, "Dark, Cold and Hungry, but Full of Mutual Trust: Manners among the 2011 Great East Japan Earthquake Victims", *Psychology in Russia: State of the Art*, 2014, 7 (1), pp.4–13.

意愿的共同因素。但是，这些因素的具体影响方式和程度在两国社区间却存在显著的差异：较之于新西兰，邻里关系的影响在日本更大，且邻里互动有利于日本公众恰当估计社区应对灾害的能力和增强对于政府的信任，进而有助于增强日本公众的社区备灾意愿；而在新西兰社区，这样的影响方式和影响过程不存在。[①]

第四，跨学科合作研究日益增多。比如 2004 年印度洋海啸之后，由美国国家科学基金会人类与社会动力学计划（Human and Social Dynamics Program）资助并组织了一支包含了政治学、人口学和文化人类学等不同学科背景学者的队伍，就斯里兰卡公众海啸灾害响应和恢复问题展开研究[②]。再如，地理学学者大卫·切斯特（David Chester）、地质学学者安格斯·邓肯（Angus Duncan）和风险管理学者哈姆丹·丹哈尼（Hamdan Dhanhani）对伊斯兰国家公众的地震灾害和火山喷发认知进行合作研究，强调了在伊斯兰国家进行减灾项目需要与当地公众的宗教信仰紧密结合[③]。

第五，公众灾后的自救互救行为重要性得到进一步强调。比如地震灾害发生之后的 24 小时被称为地震救援的黄金时间（golden day），震后 80% 的幸存者是在黄金时间被救出，在专业的救援队伍到达灾区之前，大部分公众靠的是邻里家人间的自救互救[④]。目前在

---

① Douglas Paton et al., "Predicting Community Earthquake Preparedness: A Cross-Cultural Comparison of Japan and New Zealand", *Natural Hazards*, 2010, 54(3), pp.765–781.

② Michele Gamburd and Dennis McGilvray, "Sri Lanka's Post-Tsunami Recovery: Cultural Traditions, Social Structures and Power Struggles", *Anthropology News*, 2010, 51(7), pp.9–11.

③ David Chester, Angus Duncan, and Hamdan Al Ghasyah Dhanhani, "Volcanic Eruptions, Earthquakes and Islam", *Disaster Prevention and Management*, 2013, 22(3), pp.278–292.

④ Marla Petal et al., "Teaching Structural Hazards Awareness for Preparedness and Community Response", *Bulletin of Earthquake Engineering*, 2004, 2(2), pp. 155–171.

很多发达国家中,灾害管理者在应急救援过程中往往过度依靠专业的救援队伍和隶属于政府的志愿者,而低估普通公众的自救互救活动的重要性①。

1.3　国内灾害行为研究掠影

对于国内灾害研究而言,"灾害行为"还是一个十分小众的议题,研究分散,难以窥探全貌。而且与早期美国灾害行为研究不同,尽管美国灾害行为也呈现出明显的跨学科特征,但是诸如特拉华大学灾害研究中心、科罗拉多大学自然灾害中心和德州农机大学减灾与恢复中心(Hazard Reduction and Recovery Center)②等研究机构内部本身就是由跨学科团队组成,因此在相关机构推进的调查项目中,社会学、地理学、人类学、心理学等不同学科背景学者本身就在合作与交流之间,推进研究和学科发展。又加之,美国的灾害研究学术共同体不是很大,因此美国有关灾害行为的研究会呈现出相对整体的演进脉络。而我国涉及灾害行为相关的调查和研究工作,则呈现出相对碎片化、零散化的特点。不同学科和团队之间缺乏广泛深入的合作和对话,不同学科的灾害行为研究大都呈现出独立挺进姿态。就灾害行为议题而言,本书将相关研究归类为灾害社会学、人类生态学和政治生态学三个大的研究传统或者研究范式。整体而言,各个研究传统下的灾害行为研究,既受到我国灾害研究整体发展趋势的影响,

---

① Joshua Whittaker, Blythe Mclennan, and John Handmer, "A Review of Informal Volunteerism in Emergencies and Disasters: Definition, Opportunities and Challenges", *International Journal of Disaster Risk Reduction*, 2015, 13, pp.358–368.

② 德州农机大学减灾与恢复中心是一个跨学科灾害研究机构,由菲利普·贝克(Philip Berke)1988年成立。至今仍活跃于学界的灾害和应急管理研究知名学者迈克尔·林德尔曾于1997—2003年担任该中心的第三任主任。

但其各自又拥有既相对独立的缘起背景和学术沿承。

1.3.1 灾害社会学

我国早期的灾害社会学研究主要体现在地震社会学研究[①]。我国是一个地震多发国家，地震灾害分布广、强度大、灾情重是基本国情。我国学者围绕着地震灾害开展的诸多研究工作别树一帜，很多方面在国内灾害研究领域都起到了示范甚至引领作用。鉴于地震事件本身具有强烈的自然属性，因此地震灾害研究者在地质学、地球物理学等领域别开生面具有一定应然性，但是针对很多人文社会科学领域的研究议题，地震灾害研究者，尤其具有自然科学知识背景的学者依然卓有建树，却是我国灾害研究发展历程中一个十分有趣的现象。当然，这种研究现象（即由"自然科学"研究背景学者主导研究具有"自然科学和人文社会科学"双重属性的研究领域）对于推动学科发展的局限性也是明显的。灾害史学家夏明方曾对我国灾害史研究发展现状有言："历史学家的长期缺场以及由此造成的灾害史研究的自然科学取向乃至某种/非人文化倾向，已经严重制约了中国灾害史乃至环境史研究的进一步发展。"[②]

就公众灾害行为的调查和研究而言，早在 1976 年唐山大地震之后，王子平就已开展针对震后救援与重建、地震社会经济影响等问题的相关调查与研究，涉及部分震时震后灾民的社会行为议题[③]。1979 年国际地震预报讨论会后，国家地震局地球物理所[④]（简称地球

---

① 与学院派研究不同，我国大部分地震社会学研究主要由科研院所中具有自然科学背景的学者主导展开，具有一定的特殊性，因此本节将我国的地震社会学研究单列介绍。

② 夏明方：《中国灾害史研究的非人文化倾向》，《史学月刊》2004 年第 3 期。

③ 王子平、孙东富：《地震文化与社会发展——新唐山崛起给人们的启示》，地震出版社 1996 年版。

④ 1998 年更名为"中国地震局地球物理所"。

所)成立了地震社会学专业研究室,将地震社会学定位为研究地震和地震预报社会经济影响及其对策的跨自然科学和社会科学的边缘学科,并且组织专家开展相关研究工作,其中公众地震灾害行为特征与模式研究列为地震社会学研究的基本问题和任务[①],彼时地球所成立的地震社会学相关研究室也引起了美国灾害社会学界的关注[②]。20 世纪 80 年代末 90 年代初期,邹其嘉等人开展了针对唐山地震灾区全面的调查工作,与王子平等人合作于 1997 年出版了《唐山地震灾区社会恢复与社会问题研究》一书,为 20 世纪 90 年代地震社会学领域的代表著作,其中专章讨论了公众的灾时越轨行为和灾时公众灾害心理和行为变异问题[③]。1987 年,中国社科院社会学研究所戴可景研究员在《社会学研究》上撰文介绍美国灾害社会学研究状况[④]。1992 年马成立于《社会学研究》上发表《关于开展灾害社会学研究的构想》,指出国内的灾害社会学研究刚刚处在起步阶段[⑤]。

　　1995 年,中国地震学会地震社会学专业委员会成立,来自地球所的邹其嘉任委员会主任,地震社会学研究拥有了自己独立的学术社团组织。早期地震社会学研究以王子平、邹其嘉、宋守全、郭增建、顾建华、苏驼、林乐志等为主要代表人物,除少数高校学者外,大部分专家以中国地震局地球物理所为主要研究据点,相关工作沿着两条研究进路进行:一是引介国外灾害社会学研究成果;二是聚焦地震

---

① 宋守全、陈英方:《地震社会学概述》,《国际地震动态》1985 年第 2 期;宋守全、邹其嘉等人:《地震灾害的地震社会学研究》,《灾害学》1986 年第 1 期。

② Russell Dynes and Thomas Drabek, "The Structure of Disaster Research: Its Policy and Disciplinary Implications", *International Journal of Mass Emergencies and Disasters*, 1994, 12(1), pp.5-23.

③ 邹其嘉、王子平等主编:《唐山地震灾区社会恢复与社会问题研究》,地震出版社1997 年版,第 249—286、351—380 页。

④ 戴可景:《美国的灾难社会学掠影》,《社会学研究》1987 年第 5 期。

⑤ 马成立:《开展灾害社会学研究的构想》,《社会学研究》1992 年第 8 期。

灾害的社会经济影响调查，为防震减灾政策方针制定服务[①]。某种程度上，早期学者开展的地震社会学研究对中国灾害社会科学，尤其是灾害社会学研究的起步和发展具有拓荒意义。但是，就灾害行为研究而言，尽管相关研究对公众自救互救行为、社会越轨行为等议题亦有关注，但是整体上还是以灾害行为的复盘描述为主，缺乏对公众行为模式特征、影响因素及社会动力学机制等方面的深入探讨。

多重因素可能导致了这种研究局限性。首先，早期地震灾害社会学研究主要被定位为一个应用学科，灾后社会影响、经济影响等议题相较于公众灾害行为具有更为明显的政策意义，因此公众灾害行为研究难以获取足够研究注意力。其次，与美国灾害社会学研究起步阶段不同，尽管早期的地震社会学研究中也呈现了一定的自然科学和社会学科跨学科研究局面，但是主要是由自然科学背景的学者主导，受自然科学研究传统和理论视野影响，对公众灾害行为机制的理论探索往往力不从心。2009 年，灾害研究留日学者伍国春加入地球物理所地震社会学研究团队，在灾害行为研究方面，其与合作者开展了公众地震备灾行为若干研究工作，试图对公众备灾行为影响因素和因果机制展开讨论，显示出由"应用导向"转向"理论建树和政策应用"双重关怀的努力[②]。

1.3.2 人类生态学

人类生态学研究的思想缘起和学科归属是不明确的，生态学、人类学、地理学和社会学都与其关系密切。首先明确提出"human ecology"这一术语的却是社会学家。20 世纪 20 年代，由芝加哥大学

---

① 顾建华、邹其嘉、毛国敏：《地震社会学进展综述》，《国际地震动态》2000 年第 2 期。

② 郑炜、伍国春：《影响公众地震应急准备因素分析》，《震灾防御技术》2020 年第 3 期；Guochun Wu et al., "Mapping Individuals' Earthquake Preparedness in China", *Natural Hazards Earth System Sciences*, 2018, 18(5), pp.1315-1325.

社会学家罗伯特・帕克（Robert Park）、欧内斯特・伯吉斯（Ernest Burgess）、罗德里克・麦肯齐（Roderick McKenzie）和路易斯・沃斯（Louis Wirth）等人开展城市问题研究时提出并使用。人类生态学通常以人地关系（nature-society relationship/environment-society relationship）为基本的研究出发点，探索人类如何与其他环境要素相互作用，进而适应周遭环境①。也有学者把人类生态学范式下的研究界定为：研究人类在其环境的选择力、分配力和调节力的影响下所形成的在空间和时间上联系的科学②。人类生态学研究认为调整人地关系是解决很多环境或发展问题的重要途径。尽管和环境决定论某些观念一致，人类生态学研究范式下的学者也认为人地关系之间存在确定性的科学法则，但是却没有完全继承环境决定论中认为的环境对人类行为存在根本影响的观点，人类生态学研究认为人类能够能动地调整人地关系，创造文化体系以适应环境③，这也与心理学家阿尔伯特・班杜拉（Albert Bandura）强调的人类能动性（human agency）有思想暗合之处④。这种思想对于很多禁锢在"天谴"或者"上帝行为"灾害认识论中的人们而言，极具冲击力。也正因此，灾害研究先驱吉尔伯特・怀特针对洪水灾害研究提出的"洪水的发生可能是'上帝行为'（Acts of God），但是很大程度上洪水灾害造成的损失却是人类所造成的"⑤依然具有弥足珍贵的学术史意义。国内一些

---

① Ian Burton, Robert Kates, and Gilbert White, "The Human Ecology of Extreme Geophysical Events", Natural Hazard Research Working Paper ＃1, Department of Geography, University of Toronto, 1968.

② 任文伟：《人类生态学发展及国内外研究进展》，《中国科学基金》2011年第2期。

③ 张曦：《生态人类学思想述评》，《云南民族大学学报（哲学社会科学版）》2010年第2期。

④ Albert Bandura, "Self-Efficacy Mechanism in Human Agency", *American Psychologist*, 1982, 37(2), pp.122–147.

⑤ 原文系"Floods are 'Acts of God', but flood losses are largely acts of man"。参见 Gilbert White, "Human Adjustment to Floods", Department of Geography Research Paper No.29, University of Chicago, 1945, p.2.

具有地学和人类学学科背景的学者主要是从人类生态学的视角开展灾害行为研究。

1987 年，联合国第 42 届大会通过"减轻自然灾害十年"提案。大会决定把 20 世纪最后十年定为"国际减轻自然灾害十年"，倡议世界各国采取行动，减轻自然灾害影响。在此背景下，1989 年，我国设立中国国际减灾十年委员会。联合国减灾十年计划和中国国际减灾十年委员会的成立对我国灾害研究和实践工作产生了重要推动作用。比如 1989 年，北京师范大学地理系成立了中国自然灾害监测与防治研究室，张兰生教授任主任，史培军教授担任副主任①。北京师范大学相关研究团队主要以地理学知识理论体系、方法论体系作为学科依托，致力于灾害风险科学研究。30 多年来，北京师范大学灾害风险科学研究团队蓬勃发展，为我国自然灾害研究领域培养了诸多人才②。1990 年，为回应联合国"国际减轻自然灾害十年"活动，国家科委③成立了全国重大自然灾害综合研究组④，由马宗晋担任组长，高庆华任研究组办公室主任。全国重大自然灾害综合研究组在国家十多个部门专家学者支持下，从灾害调查、风险评估，到成灾机理、灾害预防，再到减灾示范，该研究组对防灾减灾的方方面面均开展了研究工作。该研究组提出了自然灾害具有自然和社会双重属性、"灾变"与"灾害"存在科学意涵差异等学术理念观点，并将系统科学引入灾害科学研究等工作，为我国综合减灾研究起到了重要奠基和

---

① 史培军、刘连友：《北京师范大学灾害风险科学研究回顾与展望》，《北京师范大学学报（自然科学版）》2022 年第 2 期。

② 同上。

③ 即中华人民共和国国家科学技术委员会，1998 年改名为中华人民共和国科技部。

④ 全国重大自然灾害综合研究组，后来先后更名为国家科委、国家计委、国家经贸委自然灾害综合研究组，科技部、国家计委、国家经贸委自然灾害综合研究组，三部委灾害综合研究组。参见马宗晋、高庆华：《中国自然灾害综合研究 60 年的进展》，《中国人口·资源与环境》2010 年第 5 期。

推动作用①。1998 年,马宗晋院士与郑功成教授共同主编了《中国灾害研究丛书》,该套丛书融合了自然科学和社会科学,从基础理论和综合减灾两方面对我国灾害问题进行梳理和分析,该套系列的多本著作在灾害社会科学领域开创先河②。

至于灾害行为研究,在地理学领域,一些具有北师大地理学教育或师承背景的学者重点关注了普通公众的认知与响应行为,具体研究议题涉及灾害风险感知、公众自救互救行为和灾害教育等。比如苏桂武等就四川德阳普通公众的地震灾害认知水平和响应能力分析后发现:当地青年人、男性群体地震灾害认知与响应水平较高;受教育程度与公众认知和响应地震灾害水平正相关;认知水平与响应能力正相关等③。王若嘉等对云南宁洱中学生的认知与响应特点研究后得出了:当地中学生认知和响应不存在性别差异;少数民族自救互救水平高于汉族学生等有益认识④。苏筠等分析了长江流域地区公众的水灾风险感知特点和防灾减灾行为,指出防洪工程信任导致了公众洪水风险感知不足,进一步导致了公众洪水备灾水平较低⑤。周旗和郁耀闯则关注陕西山区居民的自然灾害感知及其防灾减灾行为,指出尽管当地公众灾害感知程度较强但是防灾减灾实际行动与

① 马宗晋、高庆华:《中国自然灾害综合研究 60 年的进展》,《中国人口·资源与环境》2010 年第 5 期。
② 陶诗言:《灾害性的未来警告——评"中国灾害研究丛书"》,《中国图书评论》2001 年第 11 期。
③ 苏桂武 1998 年于北京师范大学获得理学博士学位后,入职中国地震局地质研究所,加入了马宗晋院士任组长的全国重大自然灾害综合研究组。后文苏筠、王若嘉、周旗等学者均有北师大教育背景。本处引用的相关发现具体可参见苏桂武、马宗晋、王若嘉等人:《汶川地震灾区民众认知与响应地震灾害的特点及其减灾宣教意义——以四川省德阳市为例》,《地震地质》2008 年第 4 期。
④ 王若嘉等人:《云南普洱地区中学生认知与响应地震灾害特点的初步研究——以 2007 宁洱 6.4 级地震灾害为例》,《灾害学》2009 年第 1 期。
⑤ 苏筠等人:《防洪工程信任对公众水灾风险认知的影响初探——基于长江流域部分地区问卷调查的分析》,《自然灾害学报》2008 年第 01 期。

对策方面相对欠缺①。汶川地震之后，中国科学院、水利部成都山地灾害与环境研究所的地理学背景学者利用其近水楼台的优势，开始对四川地震灾区居民的地震灾害风险感知与行为开展研究②。

2008 年汶川地震发生后，国内灾害人类学研究也逐步兴起，一些以探索人地关系和谐适应为重要学术旨趣的人类学学者也开始关注了公众灾害行为研究。在人类学家看来，人们的日常生活经验和常识当中，一定会有认知和应对生活所在地常发灾害的本土知识和经验，否则人们就不可能在一个地方维持日常生产生活的持续性和稳定性③。只不过这些与灾害适应相关的本土经验和知识虽然可能以一种外显的方式被一个地方的住民传承，但很多情况下是以一种内隐或默会形式有机地内嵌于一个地方的文化体系当中。因此，一些具有人类学知识背景和田野训练的学者就地方性知识、灾害文化在公众应对灾害和本土化灾害治理过程中的作用与价值进行梳理。比如李永祥基于长期的田野调查，于 2012 年出版了《泥石流灾害的人类学研究——以云南省新平彝族傣族自治县 8.14 特大滑坡泥石流为例》一书，为我国这一时期灾害人类学领域代表作之一。李永祥指出新平当地居民关于本土环境、气候和灾害前兆识别方面的本土知识对于公众避险逃生发挥了积极作用；同时亦强调社会文化背景的差异导致不同村落灾民在应对泥石流过程存在差异④。叶宏则基

---

① 周旗、郁耀闯：《山区乡村居民的自然灾害感知研究——以陕西省太白县咀头镇上白云村为例》，《山地学报》2008 年第 5 期。

② 薛凯竟：《四川省地震重灾区农村居民灾害风险沟通、认知及行为响应关系研究》，中国科学院大学（中国科学院水利部成都山地灾害与环境研究所）博士学位论文，2022 年；陈容等人：《汶川地震极重灾区公众减灾意识调查分析》，《灾害学》2014 年第 29 期。

③ 张原、汤芸：《藏彝走廊的自然灾害与灾难应对本土实践的人类学考察》，《中国农业大学学报（社会科学版）》2011 年第 3 期。

④ 参见李永祥：《泥石流灾害的人类学研究——以云南省新平彝族傣族自治县 8.14 特大滑坡泥石流为例》，知识产权出版社 2012 年版。

于在川滇地区为期半年的田野调查和自身的社区减灾项目参与经验,梳理了凉山彝族传统文化中的涉灾内容,以减灾地方性知识为主要视角,对凉山彝族传统文化进行了再审视,据此对长久以来民族地区防灾减灾规划和管理实践工作中忽视地方性知识做法进行了批判①。张原和汤芸以藏彝走廊为灾害田野,考察当地居民应对自然灾害的本土实践,两位学者指出非常态的灾害事件已作为常态性的特征结构融入了当地居民的日常生活中,当地诸如山神会、牛王会、姐妹会等基层社会组织在当地适应灾害过程中发挥了社会动员与经济互惠功能,已成为当地适应常发灾害的一种本土资源和组织机制②。

　　除了地方性知识外,国内人类学者的另一重要贡献在于将灾害记忆这一视角引入了对公众灾害相关行为的分析当中。实际上,诸如纪念碑、灾害遗址、难民悼念等灾害景观的文化价值很早就被学者所关注。如美国地理学会前主席、行为地理学家肯尼斯·富特(Kenneth Foote)认为灾害景观可以从一个侧面反映出公众对于历史灾害事件秉持的态度,在其著作《灰色大地——美国灾难与灾害景观》中,将公众灾后出现的种种纪念活动归为四种模式:公众祭奠(sanctification)、立碑纪念(designation)、遗址利用(rectification)和记忆湮灭(obliteration)③。显然,对于具有强烈现实关怀的灾害人类学

①　叶宏:《地方性知识与民族地区的防灾减灾——人类学语境中的凉山彝族灾害文化和当代实践》,西南民族大学博士学位论文,2012年。

②　张原、汤芸:《藏彝走廊的自然灾害与灾难应对本土实践的人类学考察》,《中国农业大学学报(社会科学版)》2011年第3期。

③　Sanctification、Designation、Rectification 和 Obliteration 四个概念没有完全对应的中文词汇,不同学者有不同译法。比如 *Shadowed Ground: America's Landscapes of Violence and Tragedy* 中文版中,译者唐勇将其翻译为公众祭奠、立碑纪念、遗址利用和记忆湮灭。参见[美]肯尼斯·富特:《灰色大地——美国灾难与灾害景观》,唐勇译,四川大学出版社2016年版。王晓葵则将其引述为"圣化、选择、复旧和抹消"。参见王晓葵:《灾害文化的中日比较——以地震灾害记忆空间构建为例》,《云南师范大学学报(哲学社会科学版)》2013年第6期。本文沿用唐勇译法。

学者而言,他们更希望从总结和阐释灾害景观模式和文化意义向挖掘历史灾害景观的现代防灾减灾价值纵深。王晓葵和张曦两位灾害人类学家的灾害记忆研究就呈现出了这种关怀。尽管都是聚焦一个地方的人们应对和适应灾害的本土实践或地方性知识,但是与李永祥、叶宏、张原和汤芸等人类学者希望通过全方位民族志式的田野研究去记录和阐释一个地方居民如何适应灾害不同,王晓葵的研究则试图以灾害记忆为主要视角,分析公众如何去建构灾害记忆空间,并对历史灾害"知识"难以转化为当地灾害应对"智慧"进行反思①。在《灾害文化的中日比较——以地震灾害记忆空间构建为例》一文中,王晓葵引介了日本灾害文化研究的三重指向:第一,社会如何通过灾害景观建构灾害记忆装置;第二,灾害如何推动新的文化生成进而推动社会进步;第三,受灾地公众在灾前、灾时和灾后行为模式的分析②。同样是从灾害记忆出发,张曦亦强调了地域共同体通过灾害集体记忆会生成灾害文化,但与此同时,作为历史灾害应对灾害经验沉淀的另一面,记忆"风化"则为灾害文化的代际传承带来挑战③。

1.3.3 政治生态学

人类生态学视角的灾害行为研究局限性是明显的,因为尽管人类生态学也强调社会结构和相关因素对于人类行为的影响,但是研究者通常把灾害行为的形成机制置于人与自然的框架下讨论,而对人与超自然、人与社会、人与机器关系中的限制或者激励因素视而不

---

① 王晓葵:《灾害文化的中日比较——以地震灾害记忆空间构建为例》,《云南师范大学学报(哲学社会科学版)》2013 年第 6 期。

② 同上。

③ 张曦:《灾害记忆·时间——"记忆之场"与"场之记忆"》,《西南民族大学学报(人文社科版)》2017 年第 12 期。

见。此外,人类生态学范式的研究对行为的能动性以及心理动机等微观机制问题也往往显得力不从心。尤其是当人们越来越意识到除了自然环境因素外,政治、阶级、制度和心理等因素在人类行为模式形成中发挥的作用难以忽视时,人类生态学范式下的研究难免会成为一些学者批判的矛头。政治生态学视角下的灾害行为研究应运而生。

政治生态学(political ecology)研究是自 20 世纪 80 年代开始逐渐兴起的一个交叉科学研究领域。主要特点是借用一些政治经济学的概念和方法分析研究问题,强调政治和经济结构对生态环境变化的作用[①]。政治生态学视角与人类生态学视角不是截然区分的,政治生态学视角下的灾害行为研究尽管也十分重视人地关系,但其在考察人与环境的互动关系中,更加重视阶级、种族、性别、社会地位等因素所指征的权力关系对灾害行为的影响。人们如何进行灾害准备、如何响应、如何恢复不仅仅是一个环境促使人改变的问题,也是一个政治经济问题。政治生态学思想不仅仅对灾害行为研究议题重要,对于整个灾害研究领域都具有非凡的意义。比如时至今日,很多人都对"地震、洪水等灾害是天灾"这一观点深信不疑,不少人对"灾害也是社会政治经济运动产物"这一观点不置可否,但是一旦接受了政治生态学思想,对自然灾害去自然化也就顺理成章了。与自然科学领域灾害研究者口中"自然灾害具有自然和社会双重属性"这样相对温和的表述稍有不同[②],政治生态学观点往往会旗帜鲜明地把灾害理解为"灾害是由社会生产的"[③]。

---

① Roderick Neumann, "Political Ecology", in Rob Kitchin and Nigel Thrift, eds., *International Encyclopedia of Human Geography*, Elsevier, 2009.

② 马宗晋、高庆华:《中国自然灾害综合研究 60 年的进展》,《中国人口·资源与环境》2010 年第 5 期。

③ Lei Sun and A. J. Faas, "Social Production of Disasters and Disaster Social Constructs: An Exercise in Disambiguation and Reframing", *Disaster Prevention and Management: An International Journal*, 2018, 27(5), pp.623-635.

我国以政治学、公共管理学为代表的社会科学大规模介入灾害研究是"非典"疫情之后的事情[①]。2003 年"非典"疫情之后，为及时固化"非典"疫情抗击经验、弥补应急管理体系短板，我国开始了以"一案三制"[②]为核心的应急管理体系建设。与之相对的是，学术界有感于应急管理学术研究的匮乏和应急管理专门化人才的紧缺，各高校依托既有政治学、公共管理科研教学资源，纷纷成立应急管理相关研究中心，开展相关教学和科研活动。比如清华大学成立应急管理研究基地，南京大学成立社会风险与公共危机管理研究中心，复旦大学成立危机（应急）管理研究中心，中国人民大学成立危机管理研究中心，等等。

尽管同样都是以灾害为研究对象，但是与人类生态学范式下地理学者、人类学者倾向于在人与环境的相互作用关系框架中考察灾害及灾害行为的文化意义、生成机制、减灾价值不同，具有政治学、公共管理学背景的学者更倾向于把对灾害和灾害行为分析框架与分析单元所处的政治经济体系结构联系起来。就灾害行为研究议题而言，南京大学社会风险与公共危机管理研究中心沿袭、借鉴美国灾害社会学研究传统，引介、整理和呼吁国内学界开展公众灾害行为研究的必要性。如张海波呼吁中国应急管理研究应该切实加强对公众个体行为研究，并基于江苏农村居民的问卷调查数据探讨政府应急管理体系和公众个体应急能力之间的关系，其发现相较于教育程度和经济收入，政府体系下延（以个体自救互救知识和风险意识测度）对个体应急能力的提升作用更为明显[③]。陶鹏以美国早期灾害社会学

---

① 张海波、童星：《中国应急管理结构变化及其理论概化》，《中国社会科学》2015 年第 3 期。

② 即应急管理预案、应急管理体制、机制和法制。

③ 张海波：《体系下延与个体能力：应急关联机制探索——基于江苏省 1 252 位农村居民的实证研究》，《中国行政管理》2013 年第 8 期。

研究中的灾害文化作为研究统摄概念,指出注重灾害文化的宣传教育,进而培育个体安全文化以增强风险意识和行为转变的重要意义;同时强调了社会层面灾害文化的生成将为政府应急管理制度运行与创新提供坚实基础①。清华大学应急管理研究基地的吕孝礼则关注了公众的灾情信息沟通行为,其以互联网用户为观察样本,发现:在汶川地震期间,互联网,尤其是专业门户网站已成为公众获取和传播灾情信息的重要渠道,多数网民信任政府官方机构网站消息,并同时利用多元信息渠道去确认灾情信息②。此外,其与韩自强等学者合作,探究了政府信任对公众地震灾害风险感知和备灾行为的影响,指出高政府信任会降低公众对于地震灾害负面后果感知,进而会降低备灾意愿③。

1.4　小结

灾害是人类社会面临的共同威胁。自古至今,地震、洪水、台风、崩塌、滑坡、泥石流等灾害事件一直给人类社会的生存发展带来极大威胁,这些灾害不仅造成物理破坏,也给灾民带来严重的心理创伤。近些年来,在全球气候变化的大背景下,极端气候事件呈现逐年增多趋势。与此同时,随着全球化、城市化、工业化的持续不断推进,人口经济要素不断积聚,人类社会面临的复合型灾害风险也持续加剧。

---

① 陶鹏:《灾害文化与应急管理制度创新》,《中共四川省委省级机关党校学报》2013 年第 1 期。

② Xiaoli Lu, "Online Communication Behavior at the Onset of a Catastrophe: An Exploratory Study of the 2008 Wenchuan Earthquake in China", *Natural Hazards*, 2018, 91, pp.785-802.

③ Ziqiang Han et al., "The Effects of Trust in Government on Earthquake Survivors' Risk Perception and Preparedness in China", *Natural Hazards*, 2017, 86, pp.437-452.

如何提高全社会的灾害综合防范和应对能力已成为人类社会所难以回避的时代命题。公众是灾害事件最直接的承灾体,也是防范灾害风险和应对灾害事件的重要主体。我国地域辽阔,灾害频度高、分布广、灾情重,讨论公众灾害行为特征与规律,基于此设计灾害风险沟通、灾害教育等循证灾害治理政策,对于有效提升全社会灾害韧性有重要的理论与实际意义。

人类学家把灾害"作为社会生活的一种独特场景,它既是生活世界中各种关系的总体呈现,又是这些关系得以展开的一个过程"①。这种灾害认识给予我们从人文社会科学或者管理学角度研究灾害以充足的理论依据,亦即我们可以通过灾害这个窗口更好地认识我们的社会生活,无疑,"行为"是灾害研究的一个重要的切入点。当然,正如上文所强调的,政策制定者、减灾实务工作者也都将会从灾害行为研究中受益,灾害行为相关研究的实践意义毋庸赘言。理解公众的灾害行为特征及其背后的影响机制是众多灾害行为研究学者的理论追求。国外灾害行为研究,在结构功能主义灾害认识、致灾因子灾害认识和灾害社会生产认识的影响下不断延伸、丰富、发展和深化。然而,仔细审视当前学界对于公众灾害行为研究可以发现:我们对于公众灾害行为及其影响因素的了解主要源于对灾前调适行为以及灾后阶段(灾害发生了一段时间后)的响应行为观察,而对于针对公众即时响应行为特征的知识积累尚十分有限,对灾害即时响应行为模式、行为特征尚未形成研究共识。

无论是人类生态学还是政治生态学范式下的灾害行为研究,其实都难以对公众灾害行为,尤其是针对灾害准备、防护、撤离、自救互救等行为的微观机制提供解释。尽管从国内外研究来看,少有

---

① 张原、汤芸:《藏彝走廊的自然灾害与灾难应对本土实践的人类学考察》,《中国农业大学学报(社会科学版)》2011 年第 3 期,第 69 页。

心理学学者投身灾害行为研究,但是很多灾害行为研究都从心理学理论和概念体系中汲取知识营养。第一,心理学领域的概念和模型,比如风险感知、个体效能、集体效能、态度、意愿、动机等为研究者提供了分析和解释灾害行为的重要变量。第二,"助推"(nudge)和"行为洞见"(behavioral insights)等概念则架起了灾害行为理论研究与政策设计的重要桥梁。第三,心理学研究成果揭示了个体心理和社会互动对于灾害行为和灾后恢复的重要性,为制定有效的灾后心理干预策略提供了指导。

　　1976年,唐山大地震之后,我国学者开展的灾害调查与研究工作中或多或少地也涉及关于公众灾害行为的讨论,但是"星星之火"一直未成"燎原"之势,我国目前灾害研究中对于公众灾害行为尚缺乏系统的讨论。在研究议题方面,虽减灾备灾行为、自救互救行为等不同类型的灾害行为均有涉及,但尚不系统。在行为解释和理论构建方面,对于公众灾害行为的影响因素和社会心理学机制等问题尚缺乏深入探讨。在研究方法上,主要基于单一灾害案例。此外,就既有研究而言,灾害行为研究者从诸多学科中汲取营养,社会学、心理学、社会心理学、地理学等,但是无论从哪个科学的发展脉络来看,"灾害行为"研究者似乎都没有形成一个紧密的学术共同体。公众灾害行为研究要形成一个相对完备成熟的研究方向,任重道远。

第 2 章

灾害行为的类型学划分和行为特征

　　分类是一种几乎与人类生活本能相融合的思维方式,同时也是深入研究对象的重要方法。通过对不同类型的灾害行为进行分类,我们可以辨识不同行为之间的特征差异,同时挖掘共性规律。这有助于我们更深刻地理解人类行为的本质特征,进一步描述或揭示人类在灾害面前的行为模式。从减灾实践的角度来看,对灾害行为进行分类则有助于我们针对性地设计行为助推或者干预策略,使得相关防灾减灾或者灾害教育策略更加精准化和精细化。

　　本章首先回顾既有研究中对灾害行为的不同分类,然后给出一个灾害行为分类的框架,最后总结不同类型灾害行为的模式和相应特征。

2.1　灾害行为的类型划分维度

　　灾害是具有社会根源、非常态的、具有时空特征、造成负面影响的事件或者过程。灾害既可能成为灾害行为发生的原因,也可能为灾害行为提供背景和环境。在研究公众灾害行为时,我们常常需要考虑灾害的不同属性,比如风险特征、损失特征及时间特征等。这些属性为讨论灾害行为的类型学划分提供了重要依据。行为与灾害属性（如风险、负面影响）之间的关系，行为与社会规范之间的关系，以及行为发生时间等，是常见的对公众灾害行为进行类型学划分的维度。需要注意的是，即使在不同维度下使用相同的术语来描述行为类型，有时却可能传达不同的概念意涵。例如，撤离行为在林德尔的行为划分类型下被作为一种应急响应（response）行为看待[1]，而在夸兰泰利的行为模式总结中则将其归属为一种灾害准备（preparedness）行为[2]。

2.1.1 灾害风险维度

灾害风险维度指的是公众采取的灾害行为中所体现出的对于灾害风险所持有的拒绝、漠视或是积极响应的态度。伊恩·伯顿（Ian Burton）等人将公众的灾害行为归结为四种模式：拒绝风险模式、接受损失模式、实践行为模式和过度行为模式。这可以看作是依据灾害风险维度，对不同行为类型进行的划分[3]。

（1）拒绝风险模式，指人们漠视灾害风险且不会采取针对性行为。比如，山地居民在雨季，并不觉得会有山洪灾害暴发，亦不会采取任何防范措施。

（2）接受损失模式，指人们意识到灾害风险但却依然不会采取行动或是轻度响应。比如，山地居民在雨季，意识到会有山洪灾害暴发，但依然不会采取任何防范措施。

---

[1] Michael Lindell, "Disaster Studies", *Current Sociology*, 2013, 61(5-6), pp.797-825.

[2] Enrico Quarantelli, "Disaster Related Social Behavior: Summary of 50 Years of Research Findings", Disaster Research Center Preliminary Paper #280, University of Delaware, 1999.

[3] 关于这四种行为模式的介绍，亦可参见 Ali Asgary and Kenneth Willis, "Household Behavior in Response to Earthquake Risk: an Assessment of Alternative Theories", *Disasters*, 1997, 21(4), pp.354-365。

（3）实践行为模式，指人们采取积极应对措施以应对灾害风险的行为模式。比如，山地居民在雨季，提前采取一些防范措施，以防止山洪发生后人员财产受损。

（4）过度行为模式，指人们针对灾害风险采取了过度的响应行为模式。比如，山地居民在雨季，选择背井离乡以防当地有山洪灾害发生。

上述对公众灾害行为的类型学划分方式，主要针对较长时间尺度上公众之于灾害的响应行为模式，难以适用于即时灾害响应行为。此外，伯顿等人关注的主要是公众针对灾害风险所采取的行为模式，而没有涉及灾害损失情境下公众的灾害行为。

2.1.2　灾害影响维度

致灾因子研究传统下的灾害被认为是致灾因子和社会脆弱性相互作用的产物。其认为致灾因子特征、公众灾害响应行为和灾前承灾体的状态（pre-impact condition）共同决定了灾害的物理影响（比如人员伤亡、财产损失），而灾害的物理影响和公众在灾害恢复阶段所采取的行为则决定了灾害的社会影响（比如心理创伤、经济影响、政治影响）（如图 2-1 所示）[1]。从降低灾害风险的角度来看，公众主要可以采取三种类型的行为：物理影响可以通过公众的致灾因子减缓行为（hazard mitigation/disaster mitigation）和应急准备行为（emergency preparedness）来降低。社会影响则可以通过恢复准备行为（recovery preparedness）来降低[2]。其中，致灾因子减缓行为指的是灾前直接降低致灾因子影响的行为，包括致灾因子来源控制、社区

---

[1]　Michael Lindell, "Disaster Studies", *Current Sociology*, 2013, 61(5-6), pp.797-825.

[2]　Ibid.

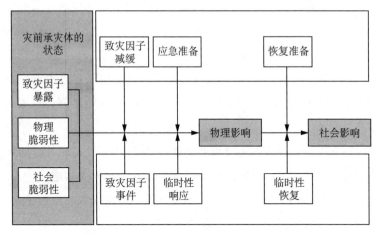

图 2-1　灾害影响模型

［资料来源：Michael Lindell, "Disaster Studies", *Current Sociology*, 2013, 61(5-6), pp.797-825］

防护行为、土地利用规划、建筑物加固行为等。应急准备行为指的是灾前针对灾时所需人力物力资源进行的准备活动。

　　应急响应行为（emergency response）是指在灾害发生期间所采取的行为。有学者认为应急响应行为包含了四类不同的行为活动：应急评估（emergency assessment）活动，即对过去、现在以及将来的状况进行诊断或预测，以指导具体的应急响应活动；限制致灾因子活动（hazard operations），具体指为了限制致灾因子影响范围与持续时间而采取的行动（例如洪水期间用沙袋堵住泛滥的河流）；人员保护行为（population protection），具体指避难场所躲避、撤离、群体免疫等保护公众免遭致灾因子侵害的行为；事件管理活动（incident management），则包括调动应对突发情况的人力、物力资源，旨在实现组织响应目标的活动；恢复活动（disaster recovery），主要指灾害事件扰动趋于稳定后到社区恢复正常的社会、经济和政治活动之前而采取的若干活动①。该灾害行为划分模式对应的行为主体实际上并非单纯指公众,亦包括了灾害管理组织。其基于行为和灾害影响之间的关系进行行为划分的方式,对于公众灾害行为的类型学划分具有启示意义。

2.1.3　灾害周期维度

传统的灾害管理周期模型本身可以作为划分不同灾害行为类型的维度。在夸兰泰利总结的四种灾害行为模式中:减缓行为是指灾前采取的阻止或减轻灾害影响的行为,比如加固房屋、教育、培训等活动;准备行为具体指特定区域居民在灾害即将来临前采取的计划与准备行为;响应行为指的是在灾害影响持续期间或停止后公众立马采取的相关行为;恢复行为指的是灾害结束后,响应活动之后公众进行的恢复活动。需要指出的是,这四种行为在时间维度上并非严格线性的,采取这些行为的主体不仅仅局限于个体,通常亦存在于社区、组织及社会整体层面②。

在时间尺度上,我们也可以把灾害行为划分为即时响应行为(immediate response/immediate actions)和长期响应行为(long-term response/long-term actions)两种③。前者指的是公众在面临灾害

---

① Michael Lindell, "Disaster Studies", *Current Sociology*, 2013, 61(5-6), pp.797-825.

② Enrico Quarantelli, "Disaster Related Social Behavior: Summary of 50 Years of Research Findings", Disaster Research Center Preliminary Paper #280, University of Delaware, 1999.

③ "响应"一词,在既有的灾害行为研究文献中存在广义和狭义使用两种用法。广义上是指公众之于灾害刺激所采取的任何行为,这些行为的发生不限定在什么时段,因为具有能动性的人类能够针对灾害采取前瞻性的行为,也能在灾害发生时针对灾害损失采取自救互救行为,从灾害管理管理周期来看,广义上的响应行为可以贯穿整个灾害管理周期;而狭义上则主要是指灾害发生后,公众之于灾害刺激所采取的行为,主要发生于灾害管理周期中响应阶段的行为。此处使用的"长期响应行为"主要是广义上的"响应"。

威胁时立即采取的措施，比如逃生行为；后者主要指为应对灾害而做出的长期改变，比如为了提高防震减灾能力而进行房屋修葺。

2.1.4 灾害情景维度

1932年，沃尔特·坎农（Walter Cannon）提出人们在危险情境下，受到系列生理或心理因素驱动，会产生"战斗/逃跑"的行为模式（fight-or-flight）[①]。"战斗/逃跑"行为模式被认为是人类进化适应环境的结果。这提高了人们在危险情境下生存的机会。该应激反应也被认为是人们面临各种威胁行为响应的核心模式。这些威胁既包括了天敌袭击，也包括了火灾、地震、洪水等各种灾害情境[②]。近些年来，一些研究亦发现这种生物进化的行为模式结果受到社会文化因素的影响。比如一个社会所建构的男子气概信念（masculine honor belief）会显著影响男性在危险境遇下是选择战斗还是逃跑的抉择[③]。此外，在面临威胁时，"战斗/逃跑"行为模式会存在性别差异。女性群体更多地会表现出一种"照料-交友"（tend and befriend）行为模式。"照料"指的是旨在保护自己和子女人身安全的行为；"交友"指的是建立或者维护利于进行"照料"活动的社会网络行为[④]。

基于灾害情境下公众行为的考察，安东尼·梅森（Anthony Mawson）认为灾害情境下公众的主要灾害行为模式既非战斗亦非逃

① Water Cannon, *The Wisdom of the Body*, W. W. Norton, 1932.

② Shelley Taylor et al., "Biobehavioral Responses to Stress in Females: Tend-and-Befriend, Not Fight-or-Flight", *Psychological Review*, 2000, 107(3), pp.411-429.

③ Conor O'Dea, Angelica Bueno, and Donald Saucier, "Fight or Flight: Perceptions of Men Who Confront Versus Ignore Threats to Themselves and Others", *Personality and Individual Differences*, 2017, 104, pp.345-351.

④ Shelley Taylor et al., "Biobehavioral Responses to Stress in Females: Tend-and-Befriend, Not Fight-or-Flight", *Psychological Review*, 2000, 107(3), pp.411-429.

跑,而是依附(affiliation),即寻求靠近熟悉的人或者地方。其认为,即使受到威胁的个体所采取的依附行为并不能摆脱危险困境,人们面对威胁的主要响应行为模式依然是依附。因为相对于威胁本身,与自己倾向的依附对象的分离是更大的压力源[1]。所谓的"逃跑"行为,实际上也可以看作是一种一般意义上的社会依附行为,即从一个危险的地方逃离至一个对个体而言更为熟悉的地方[2]。面临灾害威胁,公众会采取何种灾害响应行为模式,取决于其感知到的物理情景危险程度和感知到的社会支持程度(也即依附对象是否存在)。根据感知物理情景危险程度(担忧还是恐惧)和依附对象存在与否,对公众的灾害响应行为划分出四种类型:依附行为、个人有序撤离、集体型撤离、强烈的"逃跑—依附"行为(如图 2-2 所示)。其中,原地依附行为主要发生在现场威胁程度不是很高,个体感到一定程度的焦虑,但是现场有依附对象存在(即周围有亲朋好友陪伴或对现场环境比较熟悉)的情况下发生。个体在这种情境下通常会选择联络亲朋好友或者选择居家。当现场威胁程度不是很高,个体感到一定的焦虑,但是现场没有依附对象时(比如个体对所在环境不熟悉或者与陌生人在一起)情境下,个体面临灾害的威胁会选择有序撤离危险地。当现场威胁程度很高,个体感到恐惧,但是现场存在依附对象情况下,个体通常会选择与熟悉的亲朋好友一同撤离危险地,也即在撤离过程中会维护既有的社会网络。当现场威胁程度很高,个体感到恐惧,且现场不存在依附对象情况下,个体大概率会表现出强烈的逃跑—

---

[1]　Anthony Mawson, "Understanding Mass Panic and Other Collective Responses to Threat and Disaster", *Psychiatry*, 2005, 68(2), pp. 95–113; Gabriele Prati, Valeria Catufi, and Luca Pietrantoni, "Emotional and Behavioural Reactions to Tremors of the Umbria-Marche Earthquake", *Disasters*, 2012, 36(3), pp. 439–451.

[2]　Anthony Mawson, "Understanding Mass Panic and Other Collective Responses to Threat and Disaster", *Psychiatry*, 2005, 68(2), pp. 95–113.

依附行为模型,也即远离危险地,而寻求依附对象[①]。

依附对象的位置

		存在	不存在
感知到的物理情景危险程度	中度担忧	**结果A** **依附** 依附行为,即个体逐步靠近熟悉的人或者地点的行为,这是在众多社区灾害中可见的行为模式	**结果B** **个人有序撤离** 低强度的逃跑-依附行为,即有序的远离危险地带,向熟悉的人或者地方移动,比如游客在小的社区灾害中的撤离方式
	非常恐惧	**结果C** **集体型撤离** 结果A类型的行为模式或者偶尔低到中等强度的逃跑-依附行为,比如严重灾害中的有序撤离行为	**结果D** **高强度的逃跑-依附** 高强度的逃跑-依附行为,这种响应方式通常会冠以"集体恐慌"标签,比如人们在建筑物火灾当中的行为模式

图 2-2　逃跑-依附行为的四种不同模式

[资料来源:Anthony Mawson, "Understanding Mass Panic and Other Collective Responses to Threat and Disaster", *Psychiatry*, 2005, 68(2), pp.95-113]

2.1.5　社会规范/适应性维度

社会规范与社会适应性,是中国学者郭强提出的用于划分个体灾害行为类型的维度[②]。郭强从个人行为是否符合社会道德和规范(社会性),及个人行为是否有助于保护生命财产安全(适应性),将公众灾害行为划分为:一般避难行为、领袖型行为、利他行为、过度防御行为、惊逃行为、自私行为、越轨行为和"木鸡"行为八种类型。

---

① Anthony Mawson, "Understanding Mass Panic and Other Collective Responses to Threat and Disaster", *Psychiatry*, 2005, 68(2), pp.95-113.

② 郭强:《对灾害的反应——社会学的考察》,《社会》2001 年第 24 期。

朱华桂在前者基础上将公众灾害行为分为有效避难行为、舍己救人行为、领导型行为、过度防御行为、惊逃行为、"木鸡"行为六种类型，并将其置于个人主义—集体主义、恐惧型—冷静型的二维象限之中（如图 2-3 所示）[1]。显然，上述行为划分体系主要聚焦公众的灾时灾后行为，对公众面对灾害风险采取的准备等防护行为未纳入考虑。时至今日，随着社会减灾理念的逐步转变，比如从重视灾后响应到重视灾前防御的观念转变，公众的灾害备灾或者调适行为已成为众多灾害研究学者重点关注的行为类型。此外，尽管两位学者给出了划分灾害行为的具体维度，但是对同一维度象限中不同行为类型进一步划分的依据并未给出详尽阐释，其理论解释力有待进一步验证。

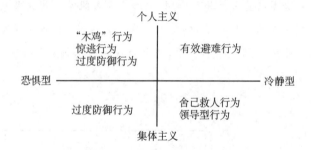

图 2-3　突发情境下灾民行为反应类型

（资料来源：朱华桂，《突发灾害情境下灾民恐慌行为及影响因素分析》，《学海》2012 年第 5 期）

2.2　灾害生成机理维度下的灾害行为类型学划分

整体而言，灾害行为与灾害风险之间的关系，比如接受风险还是规避风险；灾害行为减轻灾害损失的方式，比如以减缓致灾因子方式

---

[1]　朱华桂：《突发灾害情境下灾民恐慌行为及影响因素分析》，《学海》2012 年第 5 期。

或者以应急准备提高处置和恢复效率的方式;与既有社会规范或社会期待的关系,比如不符合社会规范的越轨行为还是符合社会期待的亲社会行为;行为发生时间,即灾前、灾时或者灾后;行为发生的环境,比如是否是熟悉的地方以及是否待在熟悉的人身边等。上述方法均可以在一定维度上对公众的不同灾害行为类型进行划分。然而,由于每种划分方式或是具有相对明确的研究行为对象或是具有相对明确的适用范围,各有其局限性,因此难以全面适用于当前学界关注的所有类型的灾害行为。

灾害行为是公众针对灾害风险或者在灾害情境下采取或发生的行为。从灾害的生成机理来看,在一定时空环境内,致灾因子危险性和社会系统脆弱性相互作用,会产生灾害风险。若灾害风险没有得到良好的治理与防范,则将发生灾害。因此,本书从行为本身之于灾害生成机理之间的关系,将公众灾害行为划分为三大类(如图 2-4 所示)。

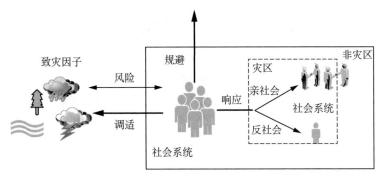

图 2-4　公众灾害行为的不同类型

(资料来源:作者自制)

第一,灾害行为直接作用于致灾因子与社会系统之间的相互作用关系,比如降低致灾因子危险性和减低社会系统脆弱性等相关行为,称为调适行为(adjustment behavior)。

第二,不直接作用于致灾因子与社会系统之间的相互作用关系,也即不改变致灾因子和社会脆弱性属性,但是脱离成灾环境的规避灾害风险行为,比如撤离行为。

第三,不直接作用于致灾因子与社会系统之间的相互作用关系,而在灾害损失情境下发生的"响应"类行为,其中响应类行为又可以根据行为和社会规范之间的关系进一步划分为反社会行为(anti-social behavior)与亲社会性(pro-social behavior)行为两类。

从相互作用关系的角度对灾害行为类型进行划分,可以较好地整合了当前的风险、影响、时间及环境维度。总体而言,调适行为和规避行为主要是针对风险,而响应行为主要针对损失。尽管调适行为可以发生在灾害管理周期的任何阶段,但是整体上应以灾前为主。规避行为同样亦主要发生于灾前。而响应行为则主要发生在灾时与灾后。逃跑—依附行为主要是灾时发生的响应行为。

从灾害研究的传统来看,调适行为更多沿袭了致灾因子研究传统与人类生态学研究范式,而规避行为和响应行为则大体符合灾害研究传统与政治生态学研究范式。下文将主要根据图 2-4 所示灾害行为分类框架,论述公众灾害行为的模式或者特征。

2.3　公众灾害行为特征[①]

2.3.1　调适行为

本书下文所称的调适行为,主要指公众采取的降低致灾因子危险性或者承灾体脆弱性的行为。其改变了致灾因子与社会系统之间

---

① 本节部分内容出自孙磊等人:《国外灾害行为研究:缘起、议题和发现》,《华北地震科学》2018 年第 3 期。编入本书时有修订。

的相互作用关系。尽管通常人们主要强调灾前的调适行为,然而,实际上公众灾害调适行为可以发生在灾害管理周期的任何阶段。例如,在洪水和台风发生前修葺与加固房屋,在洪水和台风侵袭过程中以及恢复阶段准备食物、水和必要的生活物资。

有学者将个体灾前致力于减轻致灾因子危险性和影响的行为称为减灾行为,例如上文提到的洪水和台风发生前修葺和加固房屋;将为了灾害应急和恢复而准备食物、水、物资等行为称为应急准备行为[①]。减灾行为旨在减轻个人或财产遭受负面影响;而应急准备行为是事先计划的主动行动,旨在事件发生后有效支持个体进行响应[②]。

需要指出的是,上述所有调适行为指涉的内容也被一些学者统一定义为灾害准备行为[③]、防护性行为(precautionary behavior/action)[④]和保

---

① Alice Fothergill, Enrique Maestas, and JoAnne Darlington, "Race, Ethnicity and Disasters in the United States: A Review of the Literature", *Disasters*, 1999, 23(2), pp. 156-173; Michael Lindell, "Disaster Studies", *Current Sociology*, 2013, 61(5-6), pp. 797-825; Philip Bubeck, Wouter Botzen, and Jeroen Aerts, "A Review of Risk Perceptions and Other Factors That Influence Flood Mitigation Behavior", *Risk Analysis*, 2012, 32(9), pp. 1481-1495.

② Michael Lindell and David Whitney, "Correlates of Household Seismic Hazard Adjustment Adoption", *Risk Analysis*, 2000, 20(1), pp. 13-25.

③ 从既有文献来看,调适、准备行为和防护行为之间存在很大概念重叠,不同学者在使用过程中也存在混用情况。比如我们为了应对火灾风险,购买了灭火器,这一行为既属于调适行为、准备行为,也属于防护行为。本书不会严格区分这三个概念,为了叙述方便,将主要使用"灾害调适行为"这一说法。而在具体引介相关文献时,书中会根据原作者术语情况和具体段落的行文语境混用准备行为和防护行为。

④ Dennis Mileti and John Sorensen, "Natural Hazards and Precautionary Behavior", in Neil D. Weinstein ed., *Taking Care: Understanding and Encouraging Self-Protective Behavior*, Cambridge University Press, 1987, pp. 189-207; Philip Bubeck, Wouter Botzen, and Jeroen Aerts, "A Review of Risk Perceptions and Other Factors That Influence Flood Mitigation Behavior", *Risk Analysis*, 2012, 32(9), pp. 1481-1495.

护性行为(protective action/measure/behavior)[1]。然而,在灾害行为研究中,灾害调适与灾害适应(adaptation)在术语的使用上存在一定差异。适应行为通常指的是社会大众针对灾害风险,在生态情境和社会层面做出的集体的、长期的改变;而调适行为更加侧重减缓与应对具体灾种风险的行为,比如针对地震灾害而采取的准备行为[2]。

灾害调适行为作为降低人员伤亡和财产损失的重要途径,长期被国内外灾害研究者强调。例如,通过准备一些食物和饮用水以提高灾时响应能力,通过购买保险来转移财产损失风险等[3];在灾前减缓准备阶段,1 美元的投资将会减少 4 美元的灾害损失[4]。因此,提高公众的灾害调适水平,亦被定为很多灾害教育项目或者灾害风险

[1] Dennis Mileti and John Sorensen, "Natural Hazards and Precautionary Behavior", in Neil D. Weinstein ed., *Taking Care: Understanding and Encouraging Self-Protective Behavior*, Cambridge University Press, 1987, pp. 189–207; Philip Bubeck, Wouter Botzen, and Jeroen Aerts, "A Review of Risk Perceptions and Other Factors That Influence Flood Mitigation Behavior", *Risk Analysis*, 2012, 32(9), pp.1481–1495; Douglas Paton, "Risk Communication and Natural Hazard Mitigation: How Trust Influences Its Effectiveness", *International Journal of Global Environmental Issues*, 2008, 8(1-2), pp.2–16.

[2] Christian Solberg, Tiziana Rossetto, and Helene Joffe, "The Social Psychology of Seismic Hazard Adjustment: Re-Evaluating the International Literature", *Natural Hazards and Earth System Science*, 2010, 10(8), pp.1663–1677; Clarke Guarnizo, "Living with Hazards: Communities' Adjustment Mechanisms in Developing Countries", in A. Kreimer and Y. M. Munansinghe, eds., *Environmental Management and Urban Vulnerability*, The World Bank, 1992, pp.93–106.

[3] Alice Fothergill, Enrique Maestas, and JoAnne Darlington, "Race, Ethnicity and Disasters in the United States: A Review of the Literature", *Disasters*, 1999, 23(2), pp.156–173; Michael Lindell, "Disaster Studies", *Current Sociology*, 2013, 61(5-6), pp.797–825.

[4] David Godschalk et al., "Estimating the Value of Foresight: Aggregate Analysis of Natural Hazard Mitigation Benefits and Costs", *Journal of Environmental Planning and Management*, 2009, 52(6), pp.739–756.

沟通项目的重要实践目标。尤其对于一些难以做到精确预报预警的灾害而言,提高公众的灾害调适水平极为重要。对于台风、洪水等灾害而言,即便灾害调适水平较低,但是可以通过事先撤离危险地并转移财物的方式来躲避风险、降低损失;而对于地震、崩塌、滑坡、泥石流等突发灾害而言,调适水平的高低往往直接决定事发响应水平和损失的大小。然而,遗憾的是,既有灾害行为调查研究发现,公众的灾害调适水平往往较低,诸如地震、洪水等小概率的事件难以引起公众的重视。相较而言,公众会更关心那些与其日常生活联系紧密的潜在威胁①。

灾害研究指出,在一些重复遭受某种灾害侵袭(比如洪水)的社区会形成一种灾害文化。这意味着这些社区已将针对特定灾害的减灾备灾行为常态化,并在心理上适应了特定灾害的不断发生。社区重复遭受灾害、灾害能够提前预警及灾害对社区产生显著影响,是灾害文化形成的重要条件②。近年来,一些学者调查了经常遭受洪水灾害的荷兰沿海社区③,以及经常遭遇海啸灾害的印度尼西亚、日本和

---

① Enrico Quarantelli, "Disaster Related Social Behavior: Summary of 50 Years of Research Findings", Disaster Research Center Preliminary Paper #280, University of Delaware, 1999; Christian Solberg, Tiziana Rossetto, and Helene Joffe, "The Social Psychology of Seismic Hazard Adjustment: Re-Evaluating the International Literature", *Natural Hazards and Earth System Science*, 2010, 10(8), pp. 1663 - 1677; Douglas Paton, "Disaster Preparedness: A Social— Cognitive Perspective", *Disaster Prevention and Management*, 2003, 12(3), pp. 210-216.

② William Anderson, "Some Observations on a Disaster Subculture: The Organizational Response of Cincinnati, Ohio, to the 1964 Flood", Disaster Research Center Research Note #6, Ohio State University, 1965; Dennis Wenger and Jack Weller, "Disaster Subcultures: The Cultural Residues of Community Disasters", Disaster Research Center Preliminary Paper #9, University of Delaware, 1973.

③ Karen Engel, Georg Frerks, Lucia Velotti, et al., "Flood Disaster Subcultures in the Netherlands: The Parishes of Borgharen and Itteren", *Natural Hazards*, 2014, 73(2), pp.859-882.

智利的沿海社区①,都证实了这种灾害文化形成的现象。也就是说,尽管国内外有关公众灾害行为的调查结果都不断指出灾前少有公众会对洪水、地震和台风等灾害进行相关的准备工作,然而对于灾害常发区而言,一旦受灾社区在不断地与灾害"互动"间形成了一种灾害文化,此种文化就会作为整个地区文化的一种组成部分,并促进生活在当地的公众为潜在的灾害风险进行相应的准备。与此同时,相对较高水平的集体备灾行为也成为当地灾害文化的一种重要表现②。

　　公众灾害调适行为会存在群体差异和区域差异。基于美国公众的调查研究指出:美国白人较之于其他族裔拥有更多的灾害教育机会,更可能购买灾害保险,更有可能去修葺房屋等③。然而,对于这种群体差异原因解释往往基于政治经济学视角,认为公众在灾害调适行为方面表现出的种族或民族差异,是公众经济和权利不平等地位造成的结果,即美国社会不同种族或民族群体对于权利和经济资源的拥有程度及可获得性不同,非裔等美国少数族裔缺少采取灾害调适行为的资源、知识和能力因而呈现出较高的灾害脆弱性④。同样地,一项针对中国 31 个省份的地震灾害备灾情况调研亦显示,中国西部地区公众的平均备灾水平显著高于东部地区⑤。

　　多种因素会造成公众个体、群体或地区层面的灾害调适行为差异。有研究将影响公众采取调适行为的影响因素分为三大类:

①　Miguel Esteban et al., "Analysis of Tsunami Culture in Countries Affected by Recent Tsunamis", *Procedia Environmental Sciences*, 2013, 17, pp.693-702.

②　Dennis Wenger and Jack Weller, "Some Observations on the Concept of Disaster Subculture", Disaster Research Center Working Paper #48, Disaster Research Center, The Ohio State University, Columbus, Ohio, 1972, pp.1-7.

③　Alice Fothergill, Enrique Maestas, and JoAnne Darlington, "Race, Ethnicity and Disasters in the United States: A Review of the Literature", *Disasters*, 1999, 23(2), pp.156-173.

④　Ibid.

⑤　Guochun Wu et al., "Mapping Individuals' Earthquake Preparedness in China", *Natural Hazards Earth System Sciences*, 2018, 18(5), pp.1315-1325.

风险感知、个体特征(社会结构、资源可得性等)与外部激励(比如政府激励)[①]。其中,人口统计学特征、风险感知、个人效能、对于防灾减灾措施有效性的认识、备灾责任归属是相关研究考察的主要变量。例如,迈克尔·林德尔和大卫·惠特尼(David Whitney)研究了美国公众的 12 种家庭灾害调适行为与人口统计学特征、风险感知、责任归属认识、公众对于调适措施成本及有效性认识的相关性。其发现,公众采取调适行为的意愿与其对调适措施成本及有效性认识的相关性最强[②]。另一项来自迈克尔·林德尔和黄成南(Hwang Seong Nam)对美国得克萨斯州哈里斯县家庭洪水、飓风和有毒化学物质泄漏的防灾减灾状况调查指出:距离危险源的距离、个人的灾害经历和风险感知水平,是影响家庭防灾备灾的关键变量。此外,性别、年龄、收入状况与民族,对家庭防灾备灾状况也会存在一定影响[③]。同样,伍国春等基于中国样本的地震备灾情况调查发现,性别、年龄、经济收入、住房类型和城乡差异(居住地为农村还是城市),是影响公众地震备灾水平的因素,但是不同因素对不同备灾行为类型(比如物资准备、灾害意识培养)的影响效应存在差异[④]。

近年来,随着相关研究的不断深入,文化因素和社会压力因素之于公众灾害调适的重要作用也被不断提及。有研究呼吁,在建构公众地震灾害调适行为的解释时,需要充分考虑规范、信任、权利和

① Dennis Mileti and John Sorensen, "Natural Hazards and Precautionary Behavior", in Neil D. Weinstein ed., *Taking Care: Understanding and Encouraging Self-Protective Behavior*, Cambridge University Press, 1987, pp.189-207.

② Michael Lindell and David Whitney, "Correlates of Household Seismic Hazard Adjustment Adoption", *Risk Analysis*, 2000, 20(1), pp.13-25.

③ Michael K. Lindell and Seong Nam Hwang, "Households' Perceived Personal Risk and Responses in a Multihazard Environment", *Risk Analysis*, 2008, 28(2), pp.539-556.

④ Guochun Wu et al., "Mapping Individuals' Earthquake Preparedness in China", *Natural Hazards Earth System Sciences*, 2018, 18(5), pp.1315-1325.

身份认同等文化因素的影响①。同时，一些既有研究亦发现，周围的邻里街坊、亲朋好友的行为会对个体或者家庭行为产生重要影响。如果人们发现其邻里街坊或者周围人都采取了灾害调适行为，那么其采取同样行为的可能性将会大大增加，即社会压力会对个体或家庭的调适行为产生重要影响②。

综上，既有研究指出：

（1）采取灾害调适行为对于提高灾害应急处置效率减轻灾害损失具有重要意义。

（2）除非居住地形成了一种灾害文化，否则公众灾害调适水平往往较低。

（3）公众的灾害调适行为存在人群与区域差异。

（4）人口统计学特征、认知类因素（风险感知、效能感知等）、外在激励类因素等是影响公众灾害调适行为的重要因素。

（5）社会文化因素可能对公众灾害调适行为产生重要影响，但是具体研究相对不足。

2.3.2　规避行为

撤离逃生③是公众避险的重要方式。灾害调适行为通常是在

---

① Christian Solberg, Tiziana Rossetto, and Helene Joffe, "The Social Psychology of Seismic Hazard Adjustment: Re-Evaluating the International Literature", *Natural Hazards and Earth System Science*, 2010, 10(8), pp.1663–1677.

② Dennis Mileti and John Sorensen, "Natural Hazards and Precautionary Behavior", in Neil D. Weinstein ed., *Taking Care: Understanding and Encouraging Self-Protective Behavior*, Cambridge University Press, 1987, pp.189–207.

③ 本书中，把未直接改变致灾因子危险性和社会脆弱性属性，而选择避开风险的行为称为避险行为。撤离逃生行为，实际上并没有改变致灾因子本身的破坏性，因此本书把撤离逃生作为最常见的一种规避风险行为类型予以讨论。但是需要指出的是，在不同的行为分类和概念界定下，不同学者对于具体灾害行为的归属认识可能存在差异。比如在有的研究中，撤离行为也被认为是灾害准备行为的一种表现。参见 Wim Kellens, Teun Terpstra, and Philippe De Maeyer, "Perception and Communication of Flood Risks: A Systematic Review of Empirical Research", *Risk Analysis*, 2013, 33(1), pp.24–49。

原址进行加固房屋、物资准备、培训演练、知识和技能学习等活动,而不涉及空间上的转移。撤离行为则意味着从一个物理空间迁移到另一个没有灾害威胁的地方,不涉及对致灾因子固有危险性等相关属性的改变。对于灾害管理而言,在灾害来临前,紧急转移、安置以及紧急疏散潜在的灾民是减少灾害伤亡的重要策略。尤其是针对台风、海啸、飓风、暴雨或者火山喷发等能够做出预警的灾害而言,若公众能够及时响应政府的灾害预警与动员,将会大幅减少人员伤亡与财产损失。值得注意的是,人们并不是总能够积极响应政府或者相关部门的撤离动员倡议。其中各种因由也吸引了灾害研究学者的兴趣与关注。

早在 20 世纪 60 年代,托马斯·德雷贝克就基于符号互动主义视角,分析了 1965 年科罗拉多丹佛公众对于袭击当地的洪水灾害的撤离行为:大部分公众做出撤离决定之前会确定预警信息的真实性,公众通常会以家庭为单位撤离,公众针对此次洪水预警撤离行为的驱动因素不同(比如受亲朋邀请撤离、家庭成员集体决定撤离等)。[①] 根据针对此次公众洪水撤离行为的调研结果,德雷贝克等人提出了四种不同的公众灾害撤离行为过程:其一,邀请性撤离(evacuation by invitation)指的是由处于危险区外的人提供撤离工具和助力的撤离行为;其二,决策性撤离(evacuation by decision)指的是由个人收到预警信息后,自行做出撤离决定并采取行动;其三,默认式撤离(evacuation by default)指的是由于其他因素而非寻求安全地点而进行的撤离行为(例如,官方命令禁止居民继续待在原地);其四,妥协性撤离(evacuation by compromise)指的是人们尽管不想或

---

①   Thomas Drabek, "Social Processes in Disaster: Family Evacuation", *Social Problems*, 1969, 16(3), pp.336-349.

认为不必要撤离,却遵循了官方的倡议而进行的撤离行为[①]。面临灾害威胁时,公众极少选择个人单独撤离,即便在一人户家庭,人们在接到预警信息之后,也会通过自身的社会网络,联系其他亲朋好友以确认预警信息的真实性,从而以家庭或群体(group)为单位进行撤离[②]。

　　罗纳德·佩里总结了早期关于人们撤离行为的研究,指出是否拥有撤离预案、对灾害危险是否存在主观判断、风险感知水平,都是影响人们撤离与否的重要变量。此外,他还强调了家庭环境背景、亲属关系和社区互动程度(level of community involvement)对撤离行为的影响。[③] 贾斯敏·里亚德(Jasmin Riad)等研究了美国公众对于雨果飓风和安德鲁飓风的撤离行为,认为性别、民族、灾害撤离经历和感知社会支持(perceived social support)影响了公众的撤离行为。而不撤离的原因包括:不相信飓风真的会造成破坏、认为自己家的房屋是安全的、宿命论等一些非理性观念,缺乏必要的撤离资源(如交通工具),以及想留下来保护财产等。[④] 2005 年美国卡特琳娜飓风发生后,一些学者深入探讨了:究竟是种族代表的文化背景还是阶级代表的经济社会资源,影响了新奥尔良居民的实际响应。相关研究指出,

①　Thomas Drabek, "Social Processes in Disaster: Family Evacuation", *Social problems*, 1969, 16(3), pp.336-349; Thomas Drabek, "Anticipating Organizational Evacuations: Disaster Planning by Managers of Tourist-Oriented Private Firm", *International journal of mass emergencies and disasters*, 1991, 9(2), pp.219-245.

②　John Sorensen and Barbara Sorensen, "Community Processes: Warning and Evacuation", in Havidán Rodríguez, Enrico L. Quarantelli, and Russell R. Dynes, eds., *Handbook of Disaster Research*, Springer, 2007, pp.183-199.

③　Ronald Perry, "Evacuation Decision-Making in Natural Disasters", *Mass Emergencies*, 1979, 4(1), pp.25-38.

④　Jasmin Riad, Fran Norris, and Barry Ruback, "Predicting Evacuation in Two Major Disasters: Risk Perception, Social Influence, and Access to Resources", *Journal of Applied Social Psychology*, 1999, 29(5), pp.918-934.

既不是黑人群体，也不是低收入群体，而是低收入的黑人群体更可能未撤离灾区。这说明了当地居民对于此次飓风灾害的响应受到种族和阶级差异的共同影响。[①] 从既有研究中可以看出，公众灾害撤离行为受到个体和社会、主观和客观不同层面因素的影响。在公众方面，人口统计学特征、风险感知、社会支持、灾害经历、所拥有的资源情况、文化和社会地位是应予以重点考察的因素[②]。

除了公众方面的因素外，灾害撤离行为还与预警信息特征及发布情况有关。丹尼斯·米勒蒂（Dennis Mileti）和约翰·索伦森（John Sorensen）指出，个体对灾害预警信息的响应是一个信息接收、理解与反馈的过程。其依循如下过程：接收预警信息—理解预警信息—相信预警信息—预警信息个体化（相信预警的灾害一旦来临会影响到自己）—做出响应决定—采取响应行为[③]。预警信息一旦发布，个体是否会采取相应的预警信息响应行为，受到预警信息本身特征、个体特征以及预警发布时的情景化因素影响[④]。其中，预警信息特征包括：信息的来源、发布信息的内容和语气的一致性、信息内容的准确性、信息内容的简洁性、是否以"确定性"措辞发布信息、是否包含针对性的响应群体、信息内容是否充分、是否包括了清晰的响应建议和响应时间、信息发布的频率、灾害可能发生的地点等。个体和情景化因素包括：信息发布时的物理情景、信息接收者所处的社会情景（比如家庭成员是否都在一起）、社会连接情况（social ties）、信息接收者

---

① James R. Elliott and Jeremy Pais, "Race, Class, and Hurricane Katrina: Social Differences in Human Responses to Disaster", *Social Science Research*, 2006, 35(2), pp.295-321.

② Ibid.

③ Dennis Mileti and John Sorensen, "Natural Hazards and Precautionary Behavior", in Neil D. Weinstein ed., *Taking Care: Understanding and Encouraging Self-Protective Behavior*, Cambridge University Press, 1987, pp.189-207.

④ Ibid.

的社会结构特征(年龄、性别、资源拥有情况以及社会经济地位等)、信息接收者的心理特征(认知能力、态度等)、接收预警信息之前的既有态度、灾害知识及信息接收者的生理特征[①]。面对灾害预警信息,人们通常第一反应为不相信。人们会试图通过电视广播或者亲朋好友去确认信息的真实性与可靠性。如有任何不一致的消息,人们将倾向于低估灾害的威胁[②]。正因如此,对于撤离预警信息发布者而言,预警信息的清楚、明确与有针对性是至关重要的。

近年来,一些学者也指出:地方依恋作为人们对于居住地建立起来的一种认同和依赖情感,有时候会成为公众撤离、搬迁的阻力,甚至使得公众做出宁愿直面灾害危险的行为。

综上,多数情况下,低信任是公众面对灾害预警信息的本能反应,而个体是否会做出灾害撤离行为的决定是一个在个体特征、灾害预警信息特征、预警信息发布的情景化因素等多重社会心理机制作用下的结果。地方依恋等具有心理和文化双重意蕴的因素,也会在公众是否会做出灾害撤离行为中发挥影响。对于搬离原居住地这样的长期甚至永久的撤离行为而言,更是如此。在具体撤离过程中,社会依附是撤离行为的重要特征,因为公众主要是依托于既有社会关系或者社会网络,以家庭或者群体为单位做出集体决定。

2.3.3　反社会行为

不符合社会规范要求,有损社会公共利益的行为被称为反社会行为。灾害发生后,社会是否会出现大规模的反社会行为是早期灾害研究者重点关注的研究问题,比如灾后出现的抢劫行为和恐慌

---

① 　详细了解这些影响个体响应预警信息的因素可参见上页脚注③一文。

② 　Tatsuya Nogami and Fujio Yoshida, "Disaster Myths After the Great East Japan Disaster and the Effects of Information Sources on Belief in Such Myths", *Disasters*, 2014, 38(s2), pp. S190-S205.

行为[1]。通常在人们的想象中，灾害发生时，灾区可能会出现社会失序，偷盗行为盛行、公众恐慌或不知所措等。人们这种对于灾害社会情景的固有想象在一些西方灾害研究文献中被称为"灾害迷思"（disaster myth）[2]。日本"3·11"大地震之后，相关研究发现灾害迷思在日本社会中也很常见[3]。尽管关于偷盗、抢劫等社会越轨行为可能发生，但往往也是个别现象[4]。因此，现有灾害响应行为研究的一个重要结论是：灾害不会导致社会秩序崩溃。灾害情境下，大规模的反社会、越轨和失范行为很少出现。在灾害发生后，人们行为更倾向于合作而非冲突[5]。

---

[1] 恐慌行为主要指的是人们非理性的、毫无根据的或者歇斯底里的完全不顾他人的逃生行为。参见 Erik auf der Heide, "Common Misconceptions about Disasters: Panic, the 'Disaster Syndrome' and Looting", in O'Leary MR, ed., *The First 72 Hours: A Community Approach to Disaster Preparedness*, iUniverse Publishing, 2004, pp.340-380。

[2] Lee Clarke, "Panic: Myth or Reality?", *Contexts*, 2002, 1(3), pp.21-26.

[3] Tatsuya Nogami and Fujio Yoshida, "Disaster Myths After the Great East Japan Disaster and the Effects of Information Sources on Belief in Such Myths", *Disasters*, 2014, 38(s2), pp.S190-S205.

[4] Tsuneyuki Abe, Juthatip Wiwattanapantuwong, and Akio Honda, "Dark, Cold and Hungry, but Full of Mutual Trust: Manners among the 2011 Great East Japan Earthquake Victims", *Psychology in Russia: State of the Art*, 2014, 7(1), pp.4-13.

[5] Tsuneyuki Abe, Juthatip Wiwattanapantuwong, and Akio Honda, "Dark, Cold and Hungry, but Full of Mutual Trust: Manners among the 2011 Great East Japan Earthquake Victims", *Psychology in Russia: State of the Art*, 2014, 7(1), pp.4-13; Enrico Quarantelli and Russell Dynes, "When Disaster Strikes (It Isn't Much Like What You've Heard and Read About)", *Psychology Today*, 1972, 5(9), pp.66-70; Russell Dynes, *Organized Behavior in Disaster*, Heath Lexington Books, 1970; Kathleen Tierney, Christine Bevc, and Erica Kuligowski, "Metaphors Matter: Disaster Myths, Media Frames, and Their Consequences in Hurricane Katrina", *The ANNALS of the American Academy of Political and Social Science*, 2006, 604(1), pp.57-81; John Drury and Chris Cocking, "The Mass Psychology of Disasters and Emergency Evacuations: A Research Report and Implications for Practice", University of Sussex, 2007; Enrico Quarantelli, "Disaster Related Social Behavior: Summary of 50 Years of Research Findings", Disaster Research Center Preliminary Paper #280, University of Delaware, 1999.

2005年,在美国卡特琳娜飓风后,媒体开始大肆报道灾区的社会动荡局面。这引发了人们对于灾时、灾后公众亲社会和合作行为倾向结论的疑问[1]。然而,有学者对于卡特琳娜飓风灾区出现的抢劫行为做过深入调查,结果发现:面对此次飓风灾害的破坏,灾区确实发生了一些抢劫行为,但多数情况是灾前的"惯犯"在灾后趁机抢劫,而非飓风灾害导致的社会秩序的崩溃。此外,灾区之前的社会不平等问题(比如一些灾民无法保证灾后的基本生活需求)也催生了部分"抢劫"行为。其中某些"抢劫"行为实际上并不具有反社会性质,例如是为"抢"物资进而分发给其他灾民[2]。同样地,日本"3·11"地震过后,相关调查也指出灾区零星的反社会行为不具备社会危害性。这是灾民基于生存需求的暂时行为选择。[3]

一些学者将灾害迷思归结为媒体报道的影响,原因在于新闻媒体通常对灾区公众灾害响应情况进行选择性报道,如着重描述公众受困无助的画面,或是英雄人物英勇救援情景。因此,普通大众、管理者和减灾实践者们通过媒体对公众灾害响应行为情景的了解通常是不全面的,甚至形成公众会大规模无序响应灾害的虚假

---

[1] Kelly Frailing, "The Myth of a Disaster Myth: Potential Looting Should Be Part of Disaster Plans", *Natural Hazards Observer*, 2007, 31(4), pp.3-4.

[2] Lauren Barsky, Joseph Trainor, and Manuel Torres, "Disaster Realities in the Aftermath of Hurricane Katrina: Revisiting the Looting Myth", Disaster Research Centerm Miscellaneous Reports #53, Disaster Research Center, University of Delaware, 2006, pp.1-6.

[3] Abe Tsuneyuki, Wiwattanapantuwong Juthatip, and Honda Akio, "Dark, Cold and Hungry, but Full of Mutual Trust: Manners Among the 2011 Great East Japan Earthquake Victims", *Psychology in Russia: State of the Art*, 2014, 7 (1), pp.4-13.

想象①。例如,凯瑟琳·蒂尔尼等通过分析卡特琳娜飓风后的相关报道指出,美国媒体的相关报道忽视了灾民灾害响应行为的复杂性与多样性,而热衷建构两种灾民形象——抢劫暴徒与无助灾民,并进一步将灾民响应情景类比于城市战争,从而强化了人们形成的飓风灾害引起了新奥尔良社会动荡的错误印象②。媒体报道强调了灾后公众响应行为的失序特征以及需要加强社会控制的观点,这些实际上都反映了强化武装力量在灾害应急中发挥更多作用的政治话语③。公众的灾害迷思程度受到其接触到的公共信息渠道内容(如电视、网络等)的影响④。

人们的灾害迷思有时候也会影响到政府、组织和社区的灾害救助决策以及公众实际的灾害响应行为。例如,政府因担心灾区出现社会动荡而向灾区派去大量不必要的维稳力量,受灾群众因防止财产被偷窃而拒绝撤离灾区⑤。比如有关卡特琳娜飓风灾民的调研就

① Erik auf der Heide, "Common Misconceptions about Disasters: Panic, the 'Disaster Syndrome' and Looting", in O'Leary MR, ed., *The First 72 Hours: A Community Approach to Disaster Preparedness*, iUniverse Publishing, 2004, pp.340-380; John Drury, David Novelli, and Clifford Stott, "Psychological Disaster Myths in the Perception and Management of Mass Emergencies", *Journal of Applied Social Psychology*, 2013, 43(11), pp.2259-2270; Kathleen Tierney, Christine Bevc, and Erica Kuligowski, "Metaphors Matter: Disaster Myths, Media Frames, and Their Consequences in Hurricane Katrina", *The ANNALS of the American Academy of Political and Social Science*, 2006, 604(1), pp.57-81.

② Kathleen Tierney, Christine Bevc, and Erica Kuligowski, "Metaphors Matter: Disaster Myths, Media Frames, and Their Consequences in Hurricane Katrina", *The ANNALS of the American Academy of Political and Social Science*, 2006, 604(1), pp.57-81.

③ Ibid.

④ Tatsuya Nogami and Fujio Yoshida, "Disaster Myths After the Great East Japan Disaster and the Effects of Information Sources on Belief in Such Myths", *Disasters*, 2014, 38(s2), pp.S190-S205.

⑤ Lee Clarke, "Panic: Myth or Reality?", *Contexts*, 2002, 1(3), pp.21-26.

发现有的灾民的确因为受到媒体对于灾区偷盗行为报道的影响而不愿撤离灾区[①]。

需要指出的是,尽管西方灾害社会学界将上述发现视为经典的、稳健的研究结论,但是这一结论实际上一直并未得到我国灾害行为调查的检验。鉴于文化背景的差异有可能造成人们行为模式的差异[②],将西方国家尤其是个人主义文化背景下的灾害行为调查结论移植到集体主义文化背景下时,应该持有谨慎和适当怀疑态度。比如我国学者毛国敏等对唐山地区公众灾时越轨行为调研与分析发现:唐山大地震发生后,8 月份的砸抢犯罪日均发案达 6.27 起;尽管持续时间不是很长,但是震后哄抢财产现象十分严重;8 月份的刑事案件达到平均每天 6.98 起,为震前平均水平的 5.2 倍;与此同时,"震后短期内风俗犯罪案件迅速增多,震后 4 天的日均案发数达 1.37 起,为震前平均水平的 6.52 倍;到 8 月份有所下降,但仍然高于震前水平,为震前水平的 1.43 倍,至 9 月份风俗犯罪的日均案发数与震前平均相当,基本恢复到震前水平"[③]。同样,笔者有关 2008 年汶川地震陕西灾区和 2010 年玉树地震灾区的调查结果也指出了两地都出现了盗窃、哄抢救灾物资、哄抬物价等社会越轨行为。超过半数的两

[①]　Lauren Barsky, Joseph Trainor, and Manuel Torres, "Disaster Realities in the Aftermath of Hurricane Katrina: Revisiting the Looting Myth", *Disaster Research Centerm Miscellaneous Reports* # 53, Disaster Research Center, University of Delaware, 2006, pp.1-6.

[②]　Risa Palm, "Urban Earthquake Hazards: The Impacts of Culture on Perceived Risk and Response in the Usa and Japan", *Applied Geography*, 1998, 18(1), pp.35-46; Kathleen Tierney, Christine Bevc, and Erica Kuligowski, "Metaphors Matter: Disaster Myths, Media Frames, and Their Consequences in Hurricane Katrina", *The ANNALS of the American Academy of Political and Social Science*, 2006, 604(1), pp.57-81.

[③]　毛国敏、邱珂、邹其嘉:《灾时越轨行为与社会控制》,载邹其嘉等主编《唐山地震灾区社会恢复与社会问题研究》,地震出版社 1997 年版,第 361 页。

地受访者表示震后其周围出现了哄抬物价现象，而在青海灾区，高达65.0％的受访者表示其周围存在群众哄抢救灾物资的行为①。

综上，现有关于灾时、灾后反社会行为的研究文献，总体认为灾害不会导致社会秩序崩溃，灾害情境下大规模的反社会、越轨和失范行为很少出现。即便是出现了些许反社会行为，往往也不会具备较强的社会危害性。人们会对灾后社会出现混乱、失序等负面想象，则是媒体话语或者政治话语建构下的一种认知偏误。要注意的是，上述相关结论需要国内灾害案例的进一步检验。

2.3.4 亲社会行为

从个人与他人或者与社会的关系角度来说，亲社会行为指的是对集体或者对社会有益的，具有积极意义的行为。灾害发生后，公众之间彼此救助、捐款捐物、参加志愿者等活动，是常见的灾后公众亲社会行为的具体表现。在一些灾害行为相关文献中，这些行为被称为志愿行为（volunteer behavior）、助人行为（helping behavior/helpful behavior）、利他行为（altruistic behavior）及搜索救助行为（search and rescue，SAR）等。尽管这个概念所指代的具体行为在不同文献中可能会有所差异，但是因其往往都具有很强的社会公益属性，因此，本书统一将其归类为灾害响应中的亲社会行为。需要指出的是，在一些文献中，助人行为、利他行为和亲社会行为被认为存在一定的内涵差异。其中，助人行为可指各种与人际支持（interpersonal support）相关的行为；亲社会行为则指旨在改善受助者处境的行为，行为者并非出于履行职业义务的动机；利他行为强调的是行为者的行为动机源于

---

① 孙磊：《民众认知与响应地震灾害的区域和文化差异——以 2010 玉树地震青海灾区和 2008 汶川地震陕西灾区为例》，中国地震局地质研究所专业博士学位论文，2018 年，第 39 页。

换位思考和共情,是亲社会行为的一种类型①。

　　早期灾害研究中,戴恩斯和夸兰泰利根据灾害志愿行为是否基于已有社会关系、受到灾前社会规范还是灾时突生规范制约,将助人行为分为以下四种,即组织志愿行为、集合志愿行为、社会角色延伸助人行为与新生社会角色助人行为②。近期研究中,有学者把非正式志愿行为(非政府组织的志愿行为)分为两种,即灾害发生时由公众自发形成的突生志愿行为(emergent volunteerism)和基于已有社会组织的职能延伸型志愿行为(extending volunteerism),并且强调了信息时代正逐渐形成了一种新的志愿行为模式——数字志愿行为(digital volunteerism)模式。例如,在数字志愿行为模式中,公众利用自媒体平台贡献灾情信息③。同时,有学者指出,许多灾后的政府救援活动主要依靠专业救援队伍和政府组织的志愿者,社会志愿者的重要价值是被低估的④。当灾害发生时,公众自发地组成志愿组织,开展搜救、运输、分发物资、给灾民和应急工作者提供水和食物等,已成为公众灾害响应行为的一项显著特征⑤。另外,既有研究也发现公众的灾害志愿行为、助人意愿或者行为存在文化差异。例如,有调查研究显示美国公众相较于日本公众常常具有出更强烈的邻里

---

① Hans-Werner Bierhoff, *Prosocial Behaviour*, Taylor & Francis, 2002, p.9.

② Russell Dynes and Enrico Quarantelli, "Helping Behavior in Large Scale Disasters: A Social Organizational Approach", Disaster Research Center Preliminary Papers #48, University of Delaware, 1977.

③ Joshua Whittaker, Blythe Mclennan, and John Handmer, "A Review of Informal Volunteerism in Emergencies and Disasters: Definition, Opportunities and Challenges", *International Journal of Disaster Risk Reduction*, 2015, 13, pp.358-368.

④ Ibid.

⑤ John Twigg and Irina Mosel, "Emergent Groups and Spontaneous Volunteers in Urban Disaster Response", *Environment and Urbanization*, 2017, 29(2), pp.443-458.

帮助意愿[①]。

伯纳德·韦纳（Bernard Weiner）的社会动机归因理论（attribution theory of social motivation）常被用来解释公众的助人行为[②]。社会动机归因理论主要包括以下三点内容。[③]

（1）助人行为是个体认知-情感过程的结果。在助人动机形成之前,个体会判断潜在帮助对象处境的责任归因,而两方面因素会影响个体的这一判断过程。一是因果关系（locus of causality）,即在多大程度上,潜在帮助对象的负面处境是由其个人原因所致。二是情景可控性（situational controllability）,即潜在帮助对象的负面处境是否能够被预见和预先防范。如果个体所处负面处境很大程度上是由个人原因所致,且该情景可以被预见和防范,则个人将被认为需要对其所处困境负责,反之则认为不需要负责。

（2）受助者对所处情景的高责任归因将会导致施助者愤怒情绪,低责任归因则导致同情心（sympathy）。

---

① Risa Palm, "Urban Earthquake Hazards: The Impacts of Culture on Perceived Risk and Response in the USA and Japan", *Applied Geography*, 1998, 18(1), pp.35-46.

② Bernard Weiner, "A Cognitive (Attribution)-Emotion-Action Model of Motivated Behavior: An Analysis of Judgments of Help-Giving", *Journal of Personality Social psychology*, 1980, 39(2), pp.186-120; Bernard Weiner, "On Sin Versus Sickness: A Theory of Perceived Responsibility and Social Motivation", *American Psychologist*, 1993, 48(9), pp.957-965.

③ Bernard Weiner, "A Cognitive (Attribution)-Emotion-Action Model of Motivated Behavior: An Analysis of Judgments of Help-Giving", *Journal of Personality Social psychology*, 1980, 39(2), pp.186-120; Bernard Weiner, "On Sin Versus Sickness: A Theory of Perceived Responsibility and Social Motivation", *American Psychologist*, 1993, 48(9), pp.957-965. 关于社会动机理论观点的总结,亦可参考 Zdravko Marjanovic et al., "Helping Following Natural Disasters: A Social-Motivational Analysis", *Journal of Applied Social Psychology*, 2009, 39(11), pp.2604-2625。

(3) 愤怒情绪会导致施助者低助人动机，而同情心理则会导致施助者高助人动机。社会动机归因理论对自然灾害情景下的公众助人行为具有较好的解释力[①]。

至于 SAR 行为，玛格丽塔·波捷耶娃（Margarita Poteyeva）等学者曾对学界目前对于公众灾后 SAR 行为的认识进行了如下总结[②]。第一，SAR 是志愿者们的一种集体性的社会行为。他们共享一种文化，作为社会化的个体或者社区成员而采取行为。第二，灾前既有的组织、灾时灾后突生的组织、公众的社会地位和社会身份（比如邻里关系和同事关系的社会身份）是出现新的 SAR 群体的基础。这些概念也是我们理解和促进搜救活动的关键。第三，SAR 活动并非凭空产生。传统社会结构也会嵌入 SAR 活动当中，SAR 集体活动中产生的分工、角色结构和任务，也依赖于先前的社会关系以及社区或地区的社会组织形式。第四，灾后社会秩序会崩溃的论调对于理解 SAR 活动是没有帮助的。即便是看似杂乱无章、毫无目的的人员流动，也是灾后公众个人和集体行为的结果，因为他们试图完成多个在严格的时间限制下的个人或集体目标。第五，探索公众的 SAR 活动是一个会涉及工程学、医疗急救和社会科学等不同学科的多学科议题[③]。近年来，如何提高公众自救互救能力引起了灾害研究者和减灾实践者越来越多的关注。在海啸、地震等灾害发生后，公众及时地采取自救互救行为对于减轻灾害损失和降低伤亡概率的意义

---

① Zdravko Marjanovic et al., "Helping Following Natural Disasters: A Social-Motivational Analysis", *Journal of Applied Social Psychology*, 2009, 39(11), pp. 2604-2625.

② Margarita Poteyeva et al., "Search and Rescue Activities in Disasters", in Havidán Rodríguez, Enrico L. Quarantelli, and Russell R. Dynes, eds., *Handbook of Disaster Research*, Springer, 2007, pp. 200-216.

③ 有关本部分的详细介绍，参见同上。

得以进一步强调①。

整体而言，与灾害反社会行为的研究发现一致，有关灾害亲社会行为的研究指出，灾害的发生会导致社会更加团结，自救互救、志愿行为等亲社会行为是主要的行为模式②。也就是说，公众的灾害响应行为，包括即时响应行为，是理性的、规范的、亲社会的，而且和公众既有的社会角色相一致③。在行为机制方面，有观点认为灾害情形与社会动乱不同，灾害是一种共识性危机（consensus crisis）（社会动乱为非共识危机）。这种危机共识，会使得一些加强社会成员团结、促进社会成员采取利他行为的规范得以生成或强化，从而促进公众的利他行为倾向；而且灾害的发生会使得灾前已存在的社会冲突达到最小化。有学者从自我归类理论（self-categorization theory）和社会认同（social identity）角度出发，进一步指出：在灾害或者危机时刻，公众井然有序和相互合作行为不是（或不仅仅是）受到先前的社会准则和社会角色规范的影响，而是由于在危急时刻突生的一种社会

---

① John Twigg and Irina Mosel, "Emergent Groups and Spontaneous Volunteers in Urban Disaster Response", *Environment and Urbanization*, 2017, 29(2), pp.443-458.

② Tsuneyuki Abe, Juthatip Wiwattanapantuwong, and Akio Honda, "Dark, Cold and Hungry, but Full of Mutual Trust: Manners among the 2011 Great East Japan Earthquake Victims", *Psychology in Russia: State of the Art*, 2014, 7(1), pp.4-13; Joshua Whittaker, Blythe Mclennan, and John Handmer, "A Review of Informal Volunteerism in Emergencies and Disasters: Definition, Opportunities and Challenges", *International Journal of Disaster Risk Reduction*, 2015, 13, pp.358-368; Russell Dynes and Enrico Quarantelli, "Helping Behavior in Large Scale Disasters: A Social Organizational Approach", Disaster Research Center Preliminary Papers #48, University of Delaware, 1977.

③ James Goltz, "Status and Power Differentials in the Generation of Fear in Three California Earthquakes", *International Journal of Disaster Risk Reduction*, 2016, 16, pp.200-207.

认同感，而这种认同感源于大家面对相同危机的处境。①

目前，对于公众灾后亲社会行为的影响因素的探讨，涉及了个人特征（人口统计学特征、心理因素）和环境或情境特征（如社会文化背景、社会网络、经济资源）等不同方面。针对美国卡特琳娜飓风的调查研究显示，助人行为是个体内在因素（intrapersonal）、社会心理因素（psychological）和情景因素（situational）因素共同作用的结果②。具体而言，共情（empathic feeling）、利他性格特征（altruistic personality）等内在因素，个体与需要帮助的社区之间的联系、基于阶级或民族的社会隔离、个人主义和集体主义价值观念等社会心理因素，以及公众对于灾民处境的主观归因③、旁观者冷漠效应（bystander apathy effect）④等情境因素会影响到公众的助人决策⑤。针对卡特琳娜飓风中拉丁裔灾民的调查发现，社会网络和英语语言能力影响了美国拉丁裔公众获得帮助的能力⑥。

---

① John Drury and Chris Cocking, "The Mass Psychology of Disasters and Emergency Evacuations: A Research Report and Implications for Practice", University of Sussex, 2007.

② Tatyana Avdeyeva, Kristina Burgetova, and David Welch, "To Help or Not to Help? Factors That Determined Helping Responses to Katrina Victims", *Analyses of Social Issues and Public Policy*, 2006, 6(1), pp.159-173.

③ 比如公众认为灾民需要帮助的处境是由于致灾因子本身的严重性还是因为灾民没有响应政府预警的号召而及时撤离，若是归结为致灾因子等外因，则更有可能进行助人行为，如果归结为自身问题，则公众帮助灾民的意愿就会降低。

④ 旁观者冷漠效应是指在紧急情况下，当很多人，也即旁观者，都看到一个（些）人需要帮助的时候，每一位旁观者都不愿主动提供帮助的现象。旁观者冷漠效应的假设随着旁观者数量的增加，每个人的责任感和助人意愿都会减少。也就是说，旁观者会而产生一种"别人会处理"的观念，从而降低他们的助人行动意愿，进而减缓或阻碍他们的实际助人行为。

⑤ Tatyana Avdeyeva, Kristina Burgetova, and David Welch, "To Help or Not to Help? Factors That Determined Helping Responses to Katrina Victims", *Analyses of Social Issues and Public Policy*, 2006, 6(1), pp.159-173.

⑥ Hilfinger Messias, Clare Barrington, and Elaine Lacy, "Latino Social Network Dynamics and the Hurricane Katrina Disaster", *Disasters*, 2012, 36(1), pp.101-121.

综上，"亲社会"被认为是公众灾害响应行为的关键特征。个体灾害亲社会行为的发生，是个体因素（情感、性格）、社会心理因素、环境因素和文化因素复杂作用的结果。不同文化背景下，公众灾害亲社会行为的表现也会存在群体差异。

2.4　小结

由于公众灾害行为本身的复杂性、不同学者学科背景的差异性等原因，学界对于灾害行为类型的划分没有共识，且在术语使用上也存在诸多不一致之处。本章回顾了既有研究中关于公众灾害行为的类型学划分的主要维度，然后从灾害的生成机理出发，融合风险维度、影响维度和社会规范维度，将公众灾害行为划分为调适行为、规避行为和响应行为三大类，进而在响应行为中根据具体响应行为与社会规范之间的关系分为反社会行为和亲社会行为两个子类。值得注意的是，在公众的灾害响应行为中，一些自救行为有可能是出于利己动机的行为，不符合传统研究中对于亲社会行为的概念界定。然而，在现实灾害情境中，公众自救与互救行为有时难以截然区分。公众能够在灾时灾后及时开展自救对于社会整体减轻灾害损失伤亡而言具有重要意义。因此，本章并未将其作为单独的行为类型进行划分，而是将其作为一种灾害响应行为，适当拓展了灾害亲社会行为的外延，将自救行为放入灾害亲社会行为框架下进行讨论。

整体上看，公众的灾害调适行为水平往往较低，除非灾害常发地已形成了灾害文化。低信任可能是公众面对灾害预警信息的本能反应，需要在多重社会、心理和风险信息处理机制作用下，公众才会做出规避灾害风险（比如撤离行为）的决定。灾害发生后，亲社会则可能是公众灾害响应行为的主要行为模式，集体性的社会越轨或失范行为很少发生。无论是灾害调适行为、风险规避行为还是响应行为，尽管不同行为的形成机制存在差异,但都是个体因素、社会心理因素、环境因素和文化因素复杂综合作用的结果。

需要强调的是,尽管当前学者对于公众灾害行为开展了诸多研究,获得了诸多有益认识,但是实际上,很多关于公众灾害行为特征的研究主要还是基于西方灾害案例进行的,相关特征模式结论和规律并未得到我国灾害情境下的严格检验。基于中国灾害田野调查的研究发现,将会是建立中国应急管理自主知识体系的有力支撑。此外,当前众多有关公众灾害行为特征的发现,都是基于灾后一段时间后对于公众行为的调研与观察而得出的结果。公众之于灾害的即时响应行为(例如,公众感受到地震时的具体响应行为、公众在海啸或者台风来临前的具体响应行为)等缺乏足够的关注,实属灾害行为研究中的遗珠。除了风险感知、效能感知变量之外,有关灾害行为本身的认知变量、利益相关者之间权力关系的变量,都有可能对公众的灾害调适、避险等行为产生重要影响。未来,建立公众灾害行为的文化-社会心理模型是值得进一步开展的工作。

第 3 章
灾害行为的研究路径和理论基础

关于人类行为的研究理论庞杂繁芜,不胜枚举。尽管诸多学者都希望自己提出的理论或者模型,能对所有的行为类型解释和预测具有普适意义,但是多数情况下这只是理论建构者们的一厢情愿。在公众灾害行为研究领域:一方面,研究者会基于行为研究领域中的一般化理论来对公众灾害行为进行假设和预测,比如计划行为理论,并通过具体灾害田野观察和实证研究加以证实;另一方面,研究者也会结合灾害、危机或者风险本身特征,发展建立适用于灾害情景下的行为理论,比如防护行为决策模型。

本章将首先提出当前灾害行为研究的不同路径,继而从个体行为和集体行为两个层面梳理当前灾害行为研究中的若干理论基础。

3.1　灾害行为研究的不同路径

3.1.1　个体-集体灾害行为

很长一段时间,众多行为科学研究的一个基本研究前提是,人们的行为是个体理性计算的结果。在此种研究前提下,行为科学研究者通常对于效用(utility)在行为选择中的重要性予以强调。然而,有限理性(bounded rationality)观点的提出动摇了传统人类行为研究完全理性视角的根基。在有限理性视角下,很多条件都会限制人们不能总是或者完全作出满足最优效用的方案。比如个体在灾害情境下会依靠直觉来进行行为决策,而直觉与客观现实之间会产生偏差。因为依靠直觉的决策有时候看起来并非理性的行为,或者个体之所以采取某项行为主要是因为相应行为符合社会期待和文化规范,而符合社会期待或者文化规范的行为有时候并非高效经济的。从集体视角来看,外在的结构性力量、组织性力量,也会促使个体做出具有社会共同性、集体性的行为,而并非完全受个体理性力量的驱使。如果以传统的微观-宏观二分法来看,公众灾害行为研究也大体呈现出微观和宏观两种研究路径。微观路径受心理学研究影响较多,而宏观层面研究则体现更多的社会学和人文地理学研究传统。

微观路径下的灾害行为研究多致力于在个体层面挖掘影响公众灾害行为的心理学机制,主张纷繁复杂的各类影响因素是通过影响个体感知、态度、意识和动机等不同心理学变量进而左右个体的灾害行为。例如,迈克尔·林德尔及其合作者对于理解公众地震灾害调适和响应行为而进行的研究工作①。在此需要进一步强调的是,实际上,不同学科背景的学者对于如何界定个体视角(individual perspective)是

---

① Michael Lindell and Ronald Perry, "Household Adjustment to Earthquake Hazard: A Review of Research", *Environment and Behavior*, 2000, 32(4), pp.461-501; Michael Lindell and Carla Prater, "Household Adoption of Seismic Hazard Adjustments: A Comparison of Residents in Two States", *International Journal of Mass Emergencies and Disasters*, 2000, 18(2), pp.317-338; Michael Lindell et al., "Immediate Behavioural Responses to Earthquakes in Christchurch, New Zealand, and Hitachi, Japan", *Disasters*, 2016, 40(1), pp.85-111; Michael Lindell and David Whitney, "Correlates of Household Seismic Hazard Adjustment Adoption", *Risk Analysis*, 2000, 20(1), pp.13-25.

存在一定差异的。例如,在心理学研究视域中,个体视角通常是指能以个体身份进行某项活动的个体,它希望通过对个体的研究以寻求普遍性的规律(nomothetic laws)。在行为地理学家的研究中,除了使用心理学意义上的个体概念以外,有时候所研究的"个体"是一个行为决策单元(decision making unit),比如家庭和社区等[1]。

宏观路径下的研究兴趣,则更侧重于群体行为模式与特征的梳理,并试图从社会结构、社会角色、文化规范、人地关系等角度分析特定群体行为模式与特征背后的社会原因。例如,灾害社会学家对于美国灾民灾后集体行为的研究[2],人类学家对于印度洋海啸后东南亚灾民在海啸响应行为和死亡率中性别差异的反思[3],以及地理学家对于公众面对持续性的洪水或干旱威胁如何调整自身生计策略以适应环境的考察[4]。

换句话说,两种路径下的研究分别反映了不同的研究传统。一种是通过对个体行为的研究和观察,试图探寻其背后的心理解释;而另一种则更多探寻的是行为背后社会结构的力量、文化的规训作用,或者置于特定的人地关系框架中考察灾害体系行为的选择。

就实践意义而言,两种路径下的研究都提供了改变公众防灾减灾态度和灾害行为的策略,为科学灾害管理和风险沟通方案的制订

---

[1] Tommy Gärling and Reginald Golledge, "Understanding Behavior and Environment: A Joint Challenge to Psychology and Geography", in Tommy Gärling and Reginald G. Golledge, eds., *Advances in Psychology*, North-Holland, 1993, pp.1-15.

[2] Enrico Quarantelli, "Disaster Related Social Behavior: Summary of 50 Years of Research Findings", Disaster Research Center Preliminary Paper #280, University of Delaware, 1999.

[3] Michele Gamburd and Dennis McGilvray, "Sri Lanka's Post-Tsunami Recovery: Cultural Traditions, Social Structures and Power Struggles", *Anthropology News*, 2010, 51(7), pp.9-11.

[4] Ian Burton, Robert Kates, and Gilbert White, *The Environment as Hazard*, 2nd edition, The Guilford Press, 1993.

提供了诸多启示。这对于提高社会防灾减灾能力而言极为重要。现代灾害理论通常认为,人们针对灾害的脆弱性是影响灾害损失大小的关键因素,甚至具有决定性影响,而提高家庭备灾水平、遵从应急管理部门提出的灾害防护行为建议、合理地购买灾害保险能够降低人们的灾害脆弱性。相应的灾害行为研究,则可以为设计相应的行为策略提供研究支撑。此外,在本书前文中亦提及过,很多的灾害田野调查结果都指出,在诸如地震灾害、洪水灾害等大范围灾害情境下,绝大部分的公众是靠自身的自救互救得以生还。这也从另一个侧面体现出了探索公众个体灾害行为选择以及集体行为规律的重要意义。

3.1.2 致灾因子-灾害情景下的公众行为

实际上,从西方灾害行为研究之初,便存在关注灾害响应行为和关注致灾因子调适行为①两个路径②。这在某种程度上也反映出社会学家和地理学家的研究兴趣或者研究传统的差异。而心理学背景学者则游走于两个研究传统之间,并提供一些以上两种研究传统的学者都会使用的概念,例如,对于感知(perception)、意愿(intention)等核心概念的界定,亦更加注重行为的微观机制解释。

灾害社会学传统③下的灾害行为研究关注灾时灾后公众的心理和实际响应行为。该研究传统十分重视灾害田野调查,通过灾害

---

① 在这里使用致灾因子调适行为的表述,以示和灾害响应行为的区别;实际上,在目前的灾害行为相关研究文献当中,灾害调适行为(disaster adjustment)和致灾因子调适行为(hazard adjustment)已可以相互替代,不存在截然的区分。本书在大部分语境下,主要使用灾害调适行为这种表述。

② Dennis Mileti and John Sorensen, "Natural Hazards and Precautionary Behavior", in Neil D. Weinstein ed., *Taking Care: Understanding and Encouraging Self-Protective Behavior*, Cambridge University Press, 1987, pp.189-207.

③ 可参见本书1.2节"西方灾害行为研究"部分内容。

发生后即时深入灾区开展问卷调查、访谈及观察等方式获取灾区受灾及响应情况数据来开展研究。结构功能主义和系统理论是灾害社会学早期研究的主要理论视角[①]。在这两种视角下,社区是一个满足社区成员生活需求的系统,由不同的子系统构成。若灾害破坏了社区的结构,超过了社区的应对能力,则社区将不能正常运行。这为我们提供了理解社区成员如何响应灾害的背景,也即灾害社会学传统下的响应行为的研究出发点通常是将灾害作为认识和理解社会的窗口。由于灾害造成了物理破坏和社会功能的中断,灾害便提供了与日常情境不一样的研究情景[②]。灾害社会学研究传统的局限性在于,很少将自然致灾因子是如何诱发或者造成灾害的自然过程纳入具体分析框架中,也很少去关注什么因素导致人们生活在易受灾地区的社会选择过程[③]。在某种程度上,对人地关系下的灾害行为考察弥补了灾害社会学行为研究传统的这一局限。

人地关系或者自然-社会关系,长期以来都是地理学研究传统下的重要关切。人类作为自然社会生态系统中的一部分,通过利用自然、改造自然及建立自身的社会文化制度来满足自身生存发展需要。然而,这也同时带来环境破坏、空气污染、气候变化、资源紧张等问题。在这种人类生态学视角下,人地关系在短期内被认为是稳定的,并且可以实现自我调节,而长远来看,人地关系又是动态变化的,具有适应性,是能够进化的。其次,人类具有改造和利用自然环境和

---

① Kathleen Tierney, "From the Margins to the Mainstream? Disaster Research at the Crossroads", *Annual Review of Sociology*, 2007, 33(1), pp.503-525.

② Kathleen Tierney, "Disaster Research in Historical Context Early Insights and Recent Trends", in Kathleen Tierney, ed., *Disasters: A Sociological Approach*, Polity Press, 2019, chapter 2.

③ Roger Kasperson and Kirstin Dow, "Hazard Perception and Geography", in Tommy Gärling and Reginald G. Golledge, eds., *Advances in Psychology*, North-Holland, 1993, pp.193-222.

生态系统的能力,从而不断地从生态系统中获取满足自身需要的资源,并能够减轻自然灾害的负面影响①。换句话说,在人地关系讨论语境下,灾害多被认为是一种自然与社会相互作用的产物,而人类可以通过改变自身行为、调整人地关系去减少灾害损失。这种观点在我们今天看来似乎稀松平常,但是在 20 世纪三四十年代,当人们的灾害思想还禁锢在"天谴"的认识论当中时,该观点则显得弥足珍贵。也正因如此,怀特把洪水损失解释为人类自身行为的结果,而非"上帝行为"的学术史意义则显得尤为突出②。人类如何在这种自然与社会的相互作用关系中,去不断调整自身的行为,去管理利用自然资源,去适应灾害环境,又是什么因素影响了公众针对致灾因子威胁的调适行为,则成为灾害行为研究中的另一重要命题。

3.2　理解公众个体灾害行为的理论基础

　　理解公众灾害行为的理论基础,主要来自心理学、社会学、社会心理学和经济学中有关沟通和行为的相关理论。在一定意义上,由于健康行为③与灾害调适行为、撤离行为、自救互救等灾害行为,都可以看作是公众在一系列复杂的社会文化心理动力学过程作用下对于外部刺激变量所做出的反应,因此,公众灾害行为研究理论基础也受健康行为相关理论较多的影响。

　　灾害行为研究者希望或者在个体层面或者在集体层面对公众的

---

① Robert Kates, "Natural Hazard in Human Ecological Perspective: Hypotheses and Models", *Economic Geography*, 1971, 47(3), pp.438-451.

② Gilbert White, "Human Adjustment to Floods", Department of Geography Research Paper No. 29, University of Chicago, 1945.

③ 这里的健康行为指个体在维持或者提高自身健康水平方面所采取的具体行为。比如改善自身的不健康饮食结构、戒烟戒酒以降低患病风险等。

灾害行为进行解释或预测,进而为灾害风险沟通、灾害预案制定、灾害应急处置策略设计等服务。研究者或者将一般行为理论引入灾害行为研究中,或者基于灾害情境特征和公众灾害行为调研观察,试图发展灾害研究领域专属的行为理论。

本章接下来将梳理一些可以用于灾害行为研究中的理论或者模型。其中,有些已经被灾害研究者成功引入灾害行为研究当中,比如健康信念模型和社会认知模型等。然而,有些理论或者模型,虽未被广泛地应用到当前的灾害行为研究当中,但是基于笔者自己的研究经验,相关理论对于灾害行为解释和预测存在潜力,比如风险信息寻求和处理模型。此外,还有一部分理论的提出或者解释模型的开发本身就与灾害行为研究密切相关,比如防护行为决策模型。

3.2.1　期望理论、期望效用理论与前景理论

期望理论(expectancy theory)由维克托·弗鲁姆(Victor Vroom)提出,认为人们对行动结果的价值评价(valence,即对行动预期结果的评估,体现人们对特定结果的偏好程度)和对行动的期望值(expectancy,比如行动的难度和成功率)决定了人们最终是否会形成采取某项行为的动机或者激励[1]。在期望理论视角下,人们是否会采取针对灾害的调适行为,取决于他们对不同洪水灾害防控预期结果的价值评价(比如希望自己能够免遭洪水灾害侵袭),能够产生这些预期结果的行动评价(比如安装一个洪水防护墙),以及对自身能够通过努力实现预期结果的期望(比如洪水灾害风险能通过采取某些措施得以降低)[2]。

---

[1]　Victor Vroom, *Work and Motivation*, John Wiley & Sons, 1964.

[2]　Wim Kellens, Teun Terpstra, and Philippe De Maeyer, "Perception and Communication of Flood Risks: A Systematic Review of Empirical Research", *Risk Analysis*, 2013, 33(1), pp.24-49.

期望理论重点关注期望和行为动机，而期望效用理论（expected utility theory）则聚焦效用作用与不确定性情景。效用是指个体对不同决策结果的偏好程度，不确定性情景则意味着个体难以确知决策不同结果概率分布情况。期望效用理论认为个体在不确定性或风险情境下的决策是期望效用的函数，对于效用发生概率主观感知的差异造成了决策的差异，而人们总是倾向于作出期望效用最优的行为决策，也就是说人们的风险决策是理性计算的结果①。这种期望效用最优的决策模型同时包含了两个原则：可传递性原则（transitivity principle）和扩展确信原则（extended sure-thing principle）②。前者指如果行为决策者相较于决策 B 更倾向于选择决策 A，相较于决策 C 更倾向于选择决策 B，那么在决策 A 和 C 之间，决策者会更倾向于决策 A；后者指的是如果两种风险决策都会产生相同的结果 X，那么当决策者在这两种决策之间进行选择时，X 值大小不会对决策者选择何种行为产生影响，换句话说就是不受决策者行为选择影响的结果也不会影响决策者的行为决策。③

在期望效用理论视角下，灾害常发地的公众是否会购买灾害保险、进行备灾等调适行为，是公众在进行了成本-收益估计与灾害发生概率感知之后综合"计算"的结果。再者，对于公众而言，其对一项灾害响应行为的主观期望效用（subjective expected utility）与专家的估计可能会存在差异。在灾害行为研究领域，理性计算的视角受到

---

① John Von Neumann and Oskar Morgenstern, *Theory of Games and Economic Behavior*, 60th Anniversary Commemorative Edition, Princeton University Press, 2007.

② Paul Slovic, Howard Kunreuther, and Gilbert White, "Decision Processes, Rationality and Adjustment to Natural Hazards", in Gilbert Fowler White, ed., *Natural Hazards: Global, National, and Local*, Oxford University Press, 1974, pp.187-205.

③ Ibid.

一定程度批判。显然如果人们按照行为成本-收益分析所假设的理性经济人方式行事的话,生活在灾害风险区的人们会主动去购买保险、参加培训演练和进行相关的灾害准备工作,但这不是当前众多灾害行为调查结果反映的现状。比如在洪水灾害调适行为研究领域,学者很早就注意到,河流沿岸的居民并不是按照理性经济人模型所假设的那样会对潜在的洪水灾害风险做出经济最优的理性调适决策[①]。

对完全理性决策或者完全理性计算观点发起有力挑战的是后来荣获诺贝尔经济学奖的赫尔伯特·西蒙(Herbert Simon)[②]。在西蒙看来,人们是有限理性的,人们的认知局限性(cognitive limitations)会迫使自己建构一个简化模型去认知复杂的世界,而不是进行完全理性的逻辑推理决策。除了"有限理性"概念之外,西蒙提出了认知决策中的"满意"(satisficing)原则,即人们寻求的是某种程度上让自己满意的决策,而一般情况下这种满意的决策不是期望最优的决策[③]。当然,在有限理性的理论观点下,人们面对灾害风险时不是按照效用最优的方式去做决策,而是寻求达到自身某种满意水平的行为决策。

人们要应对风险,首先需要了解风险以及具备处理风险信息的能力。因此,了解人们如何感知、处理风险信息(比如负面事件的概率特征)吸引了很多学术关注。其中一个重要的理论观点是,人们可能并不是完全依赖概率计算推理的原则去判断不确定性事件发生的

---

① Paul Slovic, Howard Kunreuther, and Gilbert White, "Decision Processes, Rationality and Adjustment to Natural Hazards", in Gilbert Fowler White, ed., *Natural Hazards: Global, National, and Local*, Oxford University Press, 1974, pp. 187-205.

② 西蒙因在经济组织决策领域的突出贡献而获得 1978 年的诺贝尔经济学奖。

③ Herbert Simon, "Theories of Decision-Making in Economics and Behavioral Science", *The American Economic Review*, 1959, 49(3), pp. 253-283.

概率,而是依赖若干启发式(heuristics)机制①。在这方面,丹尼尔·卡尼曼(Daniel Kahneman)和阿莫斯·特沃斯基(Amos Tversky)两位学者作出了突出贡献。

卡尼曼和特沃斯基提出前景理论(prospect theory),用以解释人们是如何在不确定性情景下做出决策的。卡尼曼也因其对前景理论的贡献及其在经济学中的应用研究工作而荣膺 2002 年诺贝尔经济学奖②。前景理论提出了四个重要的理论主张:一是在面对多种选择时,个体通常会将其决策描述为相对于某个参考点的收益或损失;二是决策选择与决策者的主观价值息息相关,可被视为与决策者的中性参考点(其主观价值为零)相比的正/负偏差,即收益或损失;三是在面对收益时,个体表现出对风险的回避倾向,而在面对损失时则呈现出对风险的追求倾向;四是小概率事件常常被高估风险,而大概率事件则经常被低估风险③。

前景理论也同样否认了完全理性人假设,认为个体的情感、直觉、经历等因素都会影响个人决策。前景理论认为个人在不确定性下的决策并非由期望结果本身所决定,而是由结果与设想结果之间

---

① Paul Slovic, Howard Kunreuther, and Gilbert White, "Decision Processes, Rationality and Adjustment to Natural Hazards", in Gilbert Fowler White, ed., *Natural Hazards: Global, National, and Local*, Oxford University Press, 1974, pp.187–205.

② 前景理论由卡尼曼和特沃斯基于 1979 年提出,此后也由两人共同发展,但是遗憾的是特沃斯基于 1996 年去世,而诺贝尔奖有不颁发给已经过世学者的规定,因此特沃斯基并未获得诺贝尔奖。参见 Daniel Kahneman and Amos Tversky, "Prospect Theory: An Analysis of Decision under Risk", *Econometrica*, 1979, 47(2), pp. 263 - 291; Amos Tversky and Daniel Kahneman, "Advances in Prospect Theory: Cumulative Representation of Uncertainty", *Journal of Risk Uncertainty*, 1992, 5(4), pp.297–323.

③ [美]杰弗里·迈尔斯:《管理与组织研究必读的 40 个理论》,徐世勇、李超平等译,北京大学出版社 2017 年版,第 178—184 页。

的差距所决定。与期望效用理论主张的"概率感知-响应是线性的"不同,该理论认为,人们对于概率的响应并不总是线性的,小概率事件同样可能激发强烈的响应行为,而人们同样也可能对大概率事件无动于衷。个体在不确定性条件下依赖直觉或者经验进行决策,而个体的启发式直觉受到代表性启发式(representativeness)、易得性启发式(availability)和锚定效应的影响,从而产生直觉偏差进而导致行为偏差[①]。一些研究已经基于前景理论来解释地震[②]、洪水[③]等自然灾害概率特征与公众灾害调适行为之间的非线性影响关系。

3.2.2　理性行为理论与计划行为理论

关于态度是否是影响行为的关键变量曾在社会心理学领域引起巨大争议。反对者认为态度不能很好地预测行为,拥护者则试图不断调整理论模型以提高态度对行为的预测力[④]。在建立态度与行为关系的模型中,理性行为理论和计划行为理论影响深远,引起了学界广泛的关注。

心理学家马丁·费希本(Martin Fishbein)早期的研究指出,个人

[①]　Daniel Kahneman and Amos Tversky, "Prospect Theory: An Analysis of Decision under Risk", *Econometrica*, 1979, 47(2), pp.263–291; Amos Tversky and Daniel Kahneman, "Availability: A Heuristic for Judging Frequency and Probability", *Cognitive Psychology*, 1973, 5(2), pp.207–232; Amos Tversky and Daniel Kahneman, "Judgment under Uncertainty: Heuristics and Biases", *Science*, 1974, 185(4157), pp.1124–1131.

[②]　Chi-Ya Chou et al., "Risk Perception of Earthquakes: Modeling Conception of Willingness to Pay and Prospect Theory", *International Journal of Disaster Risk Reduction*, 2022, 77, p.103058.

[③]　Toon Haer et al., "Integrating Household Risk Mitigation Behavior in Flood Risk Analysis: An Agent—Based Model Approach", *Risk Analysis*, 2017, 37(10), pp.1977–1992.

[④]　段文婷、江光荣:《计划行为理论述评》,《心理科学进展》2008年第2期。

对事物的态度（喜爱与否）与其对该事物的信念（即该事物与其他事物、概念、价值或目标相关的可能性）以及这些信念中的评价成分（即对与该事物相关事物的态度）相关[①]。在此认识基础上，费希本和埃塞克·阿杰恩（Icek Ajzen）认为人可以理性地处理接受信息，并经过思考之后决定是否去采取某项行为。据此，二人合作提出了理性行为理论（theory of reasoned action，TRA）。在费希本和阿杰恩看来，像社会态度、人格特质等行为倾向（behavioral disposition）相关变量对于预测和解释人类行为具有重要作用[②]。理性行为理论中，个体行为可以由行为意愿或者动机合理预测，同时，行为动机受到个体对行为的态度（attitude，即个人对采取该项行为的喜好、信念和综合评价结果等）和主观规范（subjective norm，即个人对于是否采取某项特定行为所感受到的社会/他人的压力）的影响[③]。

计划行为理论（theory of planned behavior，TPB）是理性行为的继承和发展[④]。TPB 意识到 TRA 的缺陷，即内外环境存在限制个体采取某项行为的因素且个体也感知到这些限制的时候，意愿往往难以转化为具体行为。因此，在理性行为理论的预测变量基础上，增加了知觉行为控制变量（perceived behavioral control），具体指个体对阻碍或者促进行为执行因素的感知。TPB 认为个体的行为意向可以预测行为，而个体行为意向受到行为态度、主观规范和知觉行为控制三

① Martin Fishbein, "An Investigation of the Relationships between Beliefs about an Object and the Attitude toward That Object", *Human Relations*, 1963, 16(3), pp.233-239.

② Icek Ajzen, "The Theory of Planned Behavior", *Organizational Behavior and Human Decision Processes*, 1991, 50, pp.179-211.

③ Martin Fishbein and Icek Ajzen, *Belief, Attitude, Intention and Behavior: An Introduction to Theory and Research*, Addison-Wesley, 1975.

④ Icek Ajzen, "The Theory of Planned Behavior", *Organizational Behavior and Human Decision Processes*, 1991, 50, pp.179-211.

个变量影响（如图 3-1 所示）。态度越积极、他人支持越强、知觉行为控制越强，则行为意向越强；在实际行为控制条件（如能力、机遇、知识和资源等）可控或充足的情况下，个体行为由行为意愿所决定；知觉行为控制条件可以反映真实的行为控制条件，因此知觉行为控制条件可以直接预测行为可能性；个体拥有大量有关行为态度、规范和控制的信念，信念是行为态度、主观规范和知觉行为控制的认知与情感基础；行为态度、主观规范和知觉行为控制为独立变量，但是因为可能存在共同的信念基础，所以三个变量之间也会存在相互影响的关系[①]。

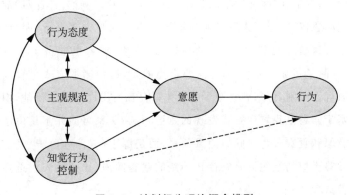

图 3-1　计划行为理论概念模型

（资料来源：Icek Ajzen, "The Theory of Planned Behavior", *Organizational Behavior and Human Decision Processes*, 1991, 50, pp.179-211）

　　计划行为理论已在多个行为研究领域得到应用和认可。与此同时，很多行为科学研究学者亦对该理论的变量、测量方式、解释力等诸多方面展开批判。既有基于对 TRA 和 TPB 理论的实证研究元分析结果指出，TRA 和 TPB 理论模型对行为意愿方差的解释率介于

---

① 段文婷、江光荣：《计划行为理论述评》，《心理科学进展》2008 年第 2 期。

40%—50%,而对行为方差的解释率在 19%—38%[1]。史蒂芬·萨顿(Stephen Sutton)从 9 个方面总结了为什么 TRA 和 TPB 理论有时候难以达到人们预期的理解预测效果[2]:

(1) 人们的行为意愿会随时间发生改变。

(2) 人们的行为意愿可能是临时起意(provisional)。研究者通过问卷测量到的受访者行为意向并非他们的真实行为意向,而是受访者想象的意向或者临时起意。

(3) 违反了测量兼容性原则。测量 TRA 和 TPB 理论下的行为意愿和具体行为变量时候应该遵循兼容或一致原则,即在具体所指的行为、目标、时间和背景四个方面都应该一致。例如,在针对"准备家庭应急包"这一行为测量时应该通过以下测量方式进行,即"您打算准备家庭应急包吗?"(测量行为意愿)和"您家里准备了应急包吗?"(测量实际行为)。但是需要指出的是,这种测量方式尽管满足了兼容性原则,但却容易遭受变量关系存在内生性问题的挑战,即这种基于问卷自我测量方式发现的意愿-行为关系可能并不是由于行为意愿和真实行为之间的因果关系,而是源于(或部分源于)受访者在回答类似问卷题目时候存在一致的回答倾向(比如倾向于选择肯定性选项)。

(4) 违反了尺度一致性。行为意愿和行为变量的选项测量尺度应该一致。例如,以李克特 7 点量表去测量行为意愿,通过具体行为次数去测量实际行为,这种不一致的选项设计方式会降低意愿和行为两个变量之间的相关性。

(5) 行为意愿和行为测量选项的数目不等。例如,利用 7 点量表

---

[1] Stephen Sutton, "Predicting and Explaining Intentions and Behavior: How Well Are We Doing?", *Journal of Applied Social Psychology*, 1998, 28(15), pp. 1317–1338.

[2] Ibid.

去测量意愿却用二分变量去测量行为。

（6）测量行为意愿和行为时存在随机误差。

（7）行为意愿或者行为测量值的值域或方差受限。由于样本选择方差的问题，可能通过调查样本测得的意愿变量或者行为变量水平的值域差异不能反映真实群体情况，故而造成意愿变量难以预测真实行为。此外，对于一些特殊行为，例如，人群中该类行为意愿的方差本身就很小（很大），其行为方差却很大（很小），这类行为本身尽管行为意愿与行为之间存在强因果关系，但即便是在科学随机采样的样本数据中，意愿和行为变量的相关性也会变得很小。

（8）意愿变量和行为变量测量数据的边际分布不同。

（9）意愿可能不是行为发生的足够理由。TRA 认为意愿是行为发生的充足理由，但是在 TPB 理论中，除了意愿外，缺少技能、资源、机会、他人的合作都有可能导致意愿不能转化为行为。

很多学者基于 TPB 的理论观点来解释公众的灾害行为，尤其是灾害调适和规避行为。此外，受 TRA 和 TPB 理论观点影响，很多灾害行为研究都会把行为意愿作为灾害行为的重要预测变量（predictor）或者灾害行为影响因素与实际行为之间的重要中介变量。尽管大家也清晰地认识到意愿或动机不等于真正的行为，但在很多情境下，尤其是对热衷于使用问卷收集行为数据的研究者而言，测量公众的行为意愿或动机将会比测量其实际行为容易和方便得多。由于上述列举的 TRA 和 TBA 理论的诸多局限性，同时鉴于从"意愿"到"行为"同样受到多种因素干扰，近些年来，通过测量行为意愿来代替实际行为的做法亦招致很多批评。

3.2.3　健康信念模型

健康信念模型（health belief model，HBM）主要源于对公众健康行为的解释、预测和改变研究。20 世纪 50 年代初，美国卫生部组织一些社会心理学家研究，为什么人们普遍不接受疾病预防措施或者不愿接受关于无症状疾病的早期筛查检测[1]。1958 年，戈弗里·霍克巴姆（Godfrey Hochbaum）研究发现，结核病潜在患者的心理准备状态是影响其是否接受 X 射线检查的重要因素。该心理准备状态主要包含了以下三个方面的信念因素：一是相信自己可能感染了结核病；二是相信自己可能长时间患有结核病但是没有任何症状；三是相信如果通过 X 射线检查较早诊断出结核病比晚诊断出更有益[2]。以上被认为是最早的 HBM 模型思想。在 20 世纪 70 年代，一系列健康行为相关研究发现，公众的易感性感知（perceived susceptibility）、严重性感知（perceived severity）和预期收益（anticipated benefits）等方面因素，共同构成了解释公众健康行为的框架[3]。进一步地，马歇尔·贝克（Marshall Becker）等学者丰富完善了 HBM 框架，指出易感性感知、严重性感知、收益感（perceived benefits）和障碍感知（perceived barriers）共同构成了公众的健康信念[4]，尔后欧文·罗森斯托克（Irwin Rosenstock）等学者增加了自我效能维度[5]。

---

① Nancy Janz and Marshall Becker, "The Health Belief Model: A Decade Later", *Health education quarterly*, 1984, 11(1), pp.1-47.

② Godfrey Hochbaum, "Public Participation in Medical Screening Programs: A Socio-Psychological Study", Public Health Service Publication No. 572, Superintendent of Documents, U.S. Government Printing Office, 1958.

③ Charles Abraham and Paschal Sheeran, "The Health Belief Model", in Marh Corner and Paul Norman, eds., *Predicting and Changing Health Behaviour: Research and Practice with Social Cognition Models*, 2nd edition, Open University Press, McGraw-Hill Education, 2005.

④ Marshall Becker et al., "The Health Belief Model and Prediction of Dietary Compliance: A Field Experiment", *Journal of Health and Social Behavior*, 1977, 18(4), pp.348-366; Nancy Janz and Marshall Becker, "The Health Belief Model: A Decade Later", *Health Education Quarterly*, 1984, 11(1), pp.1-47.

⑤ Irwin Rosenstock, Victor Strecher, and Marshall Becker, "Social Learning Theory and the Health Belief Model", *Health Education Quarterly*, 1988, 15(2), pp.175-183.

　　整体而言,HBM 理论认为个体健康信念是影响个体是否采取健康行为的关键因素,相关健康信念主要包含了三个方面:一是公众对疾病的威胁感知情况,包括了个体易感性和疾病严重性两个维度的感知;二是公众对某项健康行为的益处(对采取某项健康行为能够降低威胁的信念)和执行难度(采取某项健康行为所要克服的障碍或付出成本)的认识;三是个体的自我效能感①。HBM 提出当个体感知健康威胁,认为某项健康行为的益处大于克服障碍的成本,且相信自己有能力去采取某项健康行为时,行为意愿或者动机就会产生,进而导致健康行为的发生。不少关注灾害行为研究的学者也将 HBM 模型具体引入灾害情景下,研究公众灾害相关信念对于自然灾害的准备和防护等行为的影响②。

3.2.4　保护动机理论与平行过程扩展模型

　　在 20 世纪 60 年代,理查德·拉扎勒斯(Richard Lazarus)提出了著名的认知评价理论(cognitive appraisal theory),指出当个体面对一个负面事件可能性(压力刺激)时,会启动一个认知评价过程。认知评价理论认为个体面对压力刺激会通过初级评估(primary appraisal)来判断事件是否存在威胁,进一步通过次级评估(secondary appraisal)对自身拥有的应对压力情景资源进行评估。根据认知评价结果,个体会采取调整自我认知和改变行为的方式,进而通过采取问题聚焦策略(problem-focused coping)或者情绪聚焦策略(emotion-focused

①　Irwin Rosenstock, Victor Strecher, and Marshall Becker, "Social Learning Theory and the Health Belief Model", *Health Education Quarterly*, 1988, 15 (2), pp.175-183.

②　Roya Amini et al., "Effect of Education Based on the Health Belief Model on Earthquake Preparedness in Women", *International Journal of Disaster Risk Reduction*, 2021, 52, p.101954.

coping)来适应或应对压力刺激①。

　　受到了拉扎勒斯认知评价理论、班杜拉关于自我效能(self-efficacy)②、马丁·费希本和埃塞克·阿杰恩关于动机—行为观点的影响,罗纳德·罗杰斯(Ronard Rogers)于1975年提出保护动机理论(protection motivation theory,PMT)。保护动机理论认为威胁信息或者信号首先使得个体意识到其自身处于威胁当中,进而这种威胁感知通过威胁评价(threat appraisal)和应对评价(coping appraisal)两个相对独立认知评价过程影响个体行为发生改变③。如图3-2所示,保护动机理论认为,威胁信号可以来自外在环境。例如,他人口头劝说唤起的恐惧或者观察学习他人的经历,也可以来自个体自身的性格特点或者过往对相关威胁的经验。这些威胁信号会引起威胁认知评价过程。认知评价过程可以看作是当前正在进行或者未来拟采取的行为认知(非适应性响应行为或者适应性响应行为),以及影响后续行为响应概率的因素认知(增加概率的因素或降低概率的因素)的不同组合④。按照罗纳德·罗杰斯本人的观点,PMT与认知评价理论的主要差异在于,

① Richard Lazarus, *Psychological Stress and the Coping Process*, McGraw-Hill, 1966; Richard Lazarus, *Emotions and Adaptation*, Oxford University Press, 1991; Richard Lazarus and Susan Folkman, *Stress. Appraisal, and Coping*, Springer-Verlag, 1984.

② Albert Bandura, "Self-Efficacy: Toward a Unifying Theory of Behavioral Change", *Psychological Review*, 1977, 84(2), pp.191-215.

③ Ronald Rogers, "A Protection Motivation Theory of Fear Appeals and Attitude Change", *The Journal of Psychology*, 1975, 91(1), pp. 93 – 114; Ronald Rogers, "Cognitive and Physiological Processes in Fear Appeals and Attitude Change: A Revised Theory of Protection Motivation", in John Cacioppo and Richard Petty, eds., *Social Psychophysiology: A Sourcebook*, Guilford Press, 1983, pp.153-177.

④ Ronald Rogers, "Cognitive and Physiological Processes in Fear Appeals and Attitude Change: A Revised Theory of Protection Motivation", in John Cacioppo and Richard Petty, eds., *Social Psychophysiology: A Sourcebook*, Guilford Press, 1983, pp.153-177.

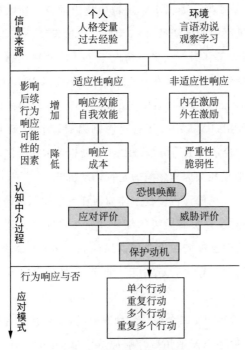

图 3-2　保护动机理论模型

（资料来源：Ronald Rogers, "Cognitive and Physiological Processes in Fear Appeals and Attitude Change: A Revised Theory of Protection Motivation", in John Cacioppo and Richard Petty, eds., *Social Psychophysiology: A Sourcebook*, Guilford Press, 1983, pp.153-177）

PMT 将威胁信号到行为响应之间的个体认知中介过程具体理论化为"非适应性响应行为或者适应性响应行为"认知与"增加与减少后续响应行为概率的因素"认知的组合。也就是说，相较于认知评价理论，PMT 更加侧重于威胁评估和应对评估中的认知成分[1]。与 HBM

---

[1] Ronald Rogers, "Cognitive and Physiological Processes in Fear Appeals and Attitude Change: A Revised Theory of Protection Motivation", in John Cacioppo and Richard Petty, eds., *Social Psychophysiology: A Sourcebook*, Guilford Press, 1983, pp.153-177.

理论相比较，罗杰斯认为：HBM 理论中提出的行为影响因素像是提出多元回归模型中的自变量，而 PMT 中则假设了不同的中介过程；HBM 理论难以解释为什么很多情况下个体的严重性感知和脆弱性感知难以发挥作用，但是这在 PMT 中得到解释；HBM 中没有涉及情绪唤起（emotional arousal）的作用，而在 PMT 中情绪被认为发挥了重要的中介作用；PMT 中关于行为影响因素与个人、环境的先决条件之间的关系论述得更为清楚；HBM 假设相关因素会影响到健康行为，而 PMT 假设相关因素影响的是行为动机①。

在 PMT 中，威胁评价涉及个体如何评价他们面临的潜在风险威胁，通常包括对事件负面后果的估计和发生可能性的评价。这一过程在一些文献中也被描述为个体的风险感知过程。此外，威胁评价中也涉及对当前正在进行或者未来即将采取行为中激励因素的评价，包含了内在激励因素（比如满足感）和外在激励因素（比如社会认可）。应对评价指的是当个体感受到威胁时，会对其自身的应对效能（个体是否有能力去采取措施）、响应效能（response efficacy，即采取措施能够有效降低风险程度的主观判断）和响应成本（response costs，即采取相关措施需要的成本）进行评价。在认知评价过程中，人们最后形成的不同行为动机最终转为具体行为，可以是针对威胁采取的积极主动行为，也可以是不采取行为，就模式而言可能是单一行为、重复行为、多次行为或者重复多次行为②。PMT 理论指出，应对评价结果决定了个体是否会进行适应性响应（adaptive response，AR），而威胁评价结果则决定了个体是否会产生非适应性响应

---

① Ronald Rogers, "Cognitive and Physiological Processes in Fear Appeals and Attitude Change: A Revised Theory of Protection Motivation", in John Cacioppo and Richard Petty, eds., *Social Psychophysiology: A Sourcebook*, Guilford Press, 1983, pp.153-177.

② Ibid.

（maladaptive response，MR）。前者主要是指面对潜在威胁，个体表现出利于自身适应潜在威胁和环境变化的响应。例如，形成保护动机并做好积极的自我防护行为。后者指的是个体表现出或者采取的不符合实际适应威胁需求的状态或者行为。例如，模式风险存在拒绝采取防护行为[1]，而个体最终响应行为策略是 AR 和 MR 相互作用的结果[2]。

　　金·维特（Kim Witte）注意到既往研究中，试图通过恐惧诉求（fear appeals）[3]来改变公众态度和行为的一些案例是失败的。这意味着信息受众对于风险信息的拒绝（message rejection）。然而，PMT无法解释这种现象，并且，在恐惧诉求中公众实际上会进行两种风险信息处理，即响应过程危险控制和恐惧控制[4]。PMT 只涉及了危险

---

[1]　Ronald Rogers, "A Protection Motivation Theory of Fear Appeals and Attitude Change", *The Journal of Psychology*, 1975, 91（1）, pp. 93 – 114; Ronald Rogers, "Cognitive and Physiological Processes in Fear Appeals and Attitude Change: A Revised Theory of Protection Motivation", in John Cacioppo and Richard Petty, eds., *Social Psychophysiology: A Sourcebook*, Guilford Press, 1983, pp.153–177.

[2]　Shelley Duval and John-Paul Mulilis, "A Person-Relative-to-Event (Pre) Approach to Negative Threat Appeals and Earthquake Preparedness: A Field Study", *Journal of Applied Social Psychology*, 1999, 29(3), pp.495–516.

[3]　恐惧诉求有时也被称为"威胁诉求"，指的是通过唤起沟通对方的恐惧心理，进而达到沟通目标的策略，即设计信息内容，告诉需要沟通的对方如果不按照所沟通的内容去做某事，则会产生风险，从而依靠唤起对方恐惧心理的方式促使对方相关态度或者行为的改变。参见 Kim Witte, "Putting the Fear Back into Fear Appeals: The Extended Parallel Process Model", *Journal Communications Monographs*, 1992, 59(4), pp.329–349。

[4]　莱文塔尔认为人们的保护适应性行为源于人们试图控制危险而不是试图应对恐惧。在恐惧诉求—行为改变过程中，如果人们感知危险或者威胁，并试图采取措施应对危险或威胁，则他们在进行危险控制心理机制过程。而如果人们关注他们自身的恐惧情绪，并试图控制他们的恐惧，则他们正在进行恐惧控制过程，这两种过程是相对独立平行的，被莱文塔尔称为平行过程。参见 Howard Leventhal, "Findings and Theory in the Study of Fear Communications", in Leonard Berkowitz, ed., *Advances in Experimental Social Psychology*, Academic Press, 1970, pp.119–186。

控制过程。

因此,金·维特基于霍华德·莱文塔尔(Howard Leventhal)平行处理模型中的"危险控制和恐惧控制"框架,结合 PMT 框架提出了平行过程扩展模型(extended parallel process model,EPPM)[①]。EPPM 在 PMT 基础上,强调公众面对威胁信息时,会唤起威胁控制过程和恐惧控制过程两种平行心理过程。前者属于认知评价过程或者涉及恐惧情绪唤起(fear arousal)。当个体的效能感知水平高于威胁感知水平时(比如洪水灾害很可怕,但是我有足够能力来应对),则威胁控制过程将会主导个体行为,个体表现出适应性响应(比如遵从政府预警建议);而当个体效能感知水平低于威胁感知水平时,则恐惧控制过程将发挥主要作用,个体表现出非适应响应(比如拒绝承认预警信息中描述的灾害后果,以试图控制自身的恐惧情绪)[②]。相较于 PMT,EPPM 进一步阐释了从威胁信息到个体响应策略之间的过程。无论是 PMT 和 EPPM 都强调了个体在处理威胁信息时或者风险情境下,高威胁感知-高效能感知认知状态会促使个体形成保护性动机(protection motivation)和适应性响应,但是 EPPM 进一步认为高威胁感知-低效能感知认知状态下,由威胁唤起的恐惧心理将会导致个体产生防御性动机(defensive motivation)和非适应性响应。恐惧心理会直接导致个体产生非适应性响应,也可能在个体认知作用(威胁感知和效能感知的综合作用)下间接地导致个体进行适应性响应[③]。

[①] Kim Witte, "Putting the Fear Back into Fear Appeals: The Extended Parallel Process Model", *Journal Communications Monographs*, 1992, 59(4), pp. 329 - 349.

[②] Ibid.

[③] Ibid.

3.2.5　资源事件相对理论

资源事件相对理论（person-relative-to-event theory，PrE），则是源于理查德·拉扎勒斯等人关于压力、认知评价和应对的理论观点，并由雪莉·杜瓦尔（Shelley Duval）和约翰-保罗·穆利利斯（John-Paul Mulilis）提出[①]。在 PMT 理论框架下，个体的自我效能感知、行为后果效能感知、威胁严重程度感知、威胁事件发生可能性感知的效应是可加的。任何一个变量的增加都会导致个体采取适应性响应行为策略的可能性。相较于 PMT，PrE 更加关注在威胁诉求情境下，威胁感知变量[②]和效能感知变量以一种什么样的组合方式去促进公众采取问题聚焦响应策略。其核心理论主张为：相对于感知到的潜在威胁严重程度而言，人们感知到应对资源的充足与否决定了其是否会采取问题聚焦响应策略[③]。PrE 理论认为，虽然 PMT 理论提出了是由事件相关变量和行为主体相关变量，共同影响了说服性风险沟通（persuasive communication）的效果，但是没有很好地阐释两类变量的不同组合形式（比如高威胁感知低效能感知，低威胁感知高效能感知）如何影响个体行为变化[④]。因此，尽管 PrE 沿用了 PMT 理论中的变量，但在变量组合对个体响应行为产生影响的机制上提出

---

① Shelley Duval and John-Paul Mulilis, "A Person-Relative-to-Event (Pre) Approach to Negative Threat Appeals and Earthquake Preparedness: A Field Study", *Journal of Applied Social Psychology*, 1999, 29(3), pp.495-516.

② 其实威胁感知或者威胁评价相当于风险感知，本书中在介绍 PMT 和 PrE 理论时，为保持与引用文献一致，使用威胁评价或者威胁感知这两个术语。

③ Shelley Duval and John-Paul Mulilis, "A Person-Relative-to-Event (Pre) Approach to Negative Threat Appeals and Earthquake Preparedness: A Field Study", *Journal of Applied Social Psychology*, 1999, 29(3), pp.495-516.

④ John-Paul Mulilis and Shelley Duval, "Negative Threat Appeals and Earthquake Preparedness: A Person-Relative-to-Event (Pre) Model of Coping with Threat", *Journal of Applied Social Psychology*, 1995, 25(15), pp.1319-1339.

了与 PMT 不同的主张。

PrE 认为不管潜在威胁和个体资源的真实情况如何（即客观层面的威胁是严重还是不严重，个体拥有应对资源是多还是少），当个体主观感知到有足够资源应对潜在威胁时，高威胁感知会导致更多针对解决问题本身的应对策略（即问题聚焦策略）。反之，当个体主观感知到应对威胁的资源不足时，高威胁感知会导致更少的针对解决问题本身的应对策略，同时强调了行为责任归属（是否应该采取某些行为是自己的责任）对于解释行为的重要性[①]。在雪莉·杜瓦尔针对公众地震灾害准备行为的实验研究中，在同为低备灾资源感知情境下，唤起地震威胁感知的刺激会降低受访者的地震备灾水平，而且受访者感知地震威胁程度越大，备灾水平降低效应越明显[②]。

3.2.6 防护行为决策模型

防护行为决策模型（protective action decision model，PADM）由迈克尔·林德尔和罗纳德·佩里基于人们对于灾害响应行为的研究发现提出，是目前聚焦灾害行为研究领域应用最为广泛的模型之一。PADM 认为个体作出行为决策前存在三个关键信息处理过程——接收、注意和理解预警或暴露信息过程，注意过程，以及理解环境或

---

① Shelley Duval and John-Paul Mulilis, "A Person-Relative-to-Event (Pre) Approach to Negative Threat Appeals and Earthquake Preparedness: A Field Study", *Journal of Applied Social Psychology*, 1999, 29(3), pp. 495-516; John-Paul Mulilis and Shelley Duval, "Negative Threat Appeals and Earthquake Preparedness: A Person-Relative-to-Event (Pre) Model of Coping with Threat", *Journal of Applied Social Psychology*, 1995, 25(15), pp. 1319-1339.

② Shelley Duval and John-Paul Mulilis, "A Person-Relative-to-Event (Pre) Approach to Negative Threat Appeals and Earthquake Preparedness: A Field Study", *Journal of Applied Social Psychology*, 1999, 29(3), pp. 495-516.

社会信号(environment or social cues)过程。同时,其亦强调了三个重要个体感知过程——威胁感知、防护行为感知与利益相关者感知①。个体防护行为决策心理过程与情景因素(situational facilitators),共同导致个体最终的行为响应②。PADM 指出个体是否采取某项预防行为,是社会背景、环境因素(environmental cues)、个体接收的信息和个人经历共同作用的结果。PADM 对于设计公众风险沟通项目、建立公众撤离避险行为模型和理解公众的长期灾害调试行为均有重要理论意义③。

图 3-3 展示了 PADM 中的信息流动。该理论认为,防护行为决策基于环境信号、社会信号和预警信息。环境信号是指预示威胁开始出现的视觉、嗅觉和听觉信号。社会信号则来源于对周围他人行为的观察。预警信息是指接收者收到的来自信息源经传播渠道传播的消息。信息接收者特征主要指:生理特征(力量、视觉、听觉、嗅觉)、认知特征(语言、心智模型)、经济基础和社会资源(亲朋好友、同事等)。环境信号、社会信号和预警信息将启动一系列决策前信息处理流程,即暴露流程(事关接收者是否能够接收到信息)、注意流程(事关接收者是否能够注意到信息)和理解流程(事关接收者能否理解信息)。进而,引起公众对环境威胁的感知、对可选择防护行为的感知和对其他利益相关者的感知。这些感知因素将与其他一系列情景促进因素和情景阻滞因素综合作用,并促使个体产生行为响应。通常而言,这些响应行为包括信息寻求、防护行为和情绪应对。PADM 是灾害行为研究者对行为科学理论研究的重要贡献,但是需

① Michael Lindell and Ronald Perry, "The Protective Action Decision Model: Theoretical Modifications and Additional Evidence", *Risk Analysis*, 2012, 32 (4), pp.616-632.

② Ibid.

③ Ibid.

要注意的是，PADM 在解释公众灾害行为时同样存在一定局限性。例如，PADM 揭示了影响公众灾害行为的很多因素，但是却忽视了情绪因素对于公众灾害行为的重要影响①。

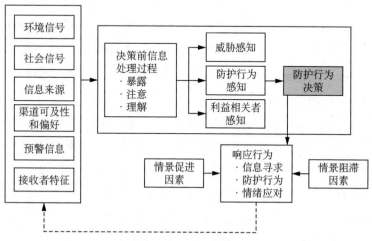

图 3-3　PADM 中的信息流动

［资 料 来 源：Michael Lindell and Ronald Perry，"The Protective Action Decision Model：Theoretical Modifications and Additional Evidence"，*Risk Analysis*，2012，32(4)，pp.616-632］

3.2.7　社会认知模型

社会认知理论（social cognitive theory，SCT）由阿尔伯特·班杜拉提出。其强调了个体认知过程、行为和环境之间的相互作用，以及社会学习（social learning）在塑造人类行为中发挥的重要作用②。SCT 强调了人类的能动性，认为观察、模仿、效能感等不同因素在

---

① Kathleen Tierney，*Disasters：A Sociological Approach*，Polity Press，2019.

② Albert Bandura，"Social Cognitive Theory：An Agentic Perspective"，*Annual Review of Psychology*，2001，52(1)，pp.1-26.

塑造个体行为和决策过程中产生了重要影响[①]。道格拉斯·佩顿吸收了社会认知理论的观点,从社会认知视角把公众个体或社区层面的灾害调适行为决策过程分为了三个阶段:一是行为前驱阶段,形成初步动机;二是初步动机形成行为意愿阶段;三是行为意愿转换为实际行为阶段[②](如图 3-4 所示)。

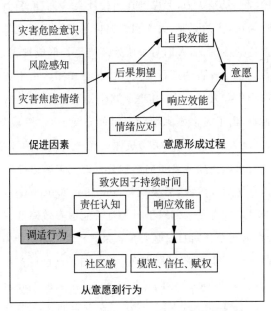

图 3-4　公众灾害调适行为的社会认知模型

[资料来源:Douglas Paton, "Disaster Preparedness: A Social-Cognitive Perspective", *Disaster Prevention and Management*, 2003, 12(3), pp.210-216]

---

①　Albert Bandura, "Social Cognitive Theory: An Agentic Perspective", *Annual Review of Psychology*, 2001, 52(1), pp.1-26.

②　Douglas Paton, "Disaster Preparedness: A Social-Cognitive Perspective", *Disaster Prevention and Management*, 2003, 12(3), pp.210-216.

灾害调适的社会认知模型认为，在行为驱动阶段，受到一些前驱变量（precursor variables）影响，个体会形成需要采取灾害调适行为的初步动机。关键的前驱变量包括风险感知、灾害危险意识（critical awareness）和灾害焦虑情绪（hazard anxiety）。这里的危险意识主要指，人们多大程度上会考虑或者谈论他们所处环境的某一特定负面影响或危险源。佩顿认为，考虑到在当代社会，人们可能面临很多潜在负面影响来源，比如犯罪、失业和遭遇自然灾害等。尤其是在自然灾害并不常见的情况下，人们对于所处环境是否形成灾害危险意识，对于其是否会采取灾害调适行为发挥着关键作用。由于灾害会带来潜在的财产损失和人员伤亡，其理所当然地成为人们产生焦虑情绪的来源。再者，由于灾害焦虑情绪有可能导致公众"屏蔽"一些灾害相关消息，以及人们对其应对灾害资源或充分或不足的评估结果，灾害焦虑情绪有可能正向或者负向影响公众的灾害调适行为。

在行为意愿形成阶段，后果期望（outcome expectancy）和自我效能是重要变量。前者是人们对于行为是否能够有效降低灾害风险的期望，后者指的是个体对自己是否具备采取相应行为的能力的信念和感知。佩顿认为，个体的后果期望同时会对自我效能感产生影响。此外，佩顿指出个体的问题聚焦应对（problem-focused coping）倾向和响应效能（response efficacy）感知，亦在公众灾害调适行为意向形成阶段发挥重要作用。响应效能感知指的是人们对其拥有的灾害调适所需资源（比如时间、技能、经济和物质基础、社会网络等）的感知。佩顿认为，当个体不认为其拥有了灾害调适所需要的资源时，其拥有的问题聚焦应对倾向也难以转换为具体的行为意愿。

在行为意愿转化为调适行为阶段，佩顿强调了社区归属感（sense of community）、备灾责任归属、对何时灾害会发生的预期、规范和经历类因素（社区参与、社区居民赋权、信息渠道信任）将会对意向是否能最终导致行为产生影响。

3.2.8　风险信息寻求和处理模型

艾丽斯·伊格利(Alice Eagly)和雪莉·查肯(Shelly Chaiken)的启发式-系统式模型认为,个体对接收到的信息存在两种处理模式:一种为启发式,该方式简单快捷,更为常用;而另一种为系统式,该方式深入费力,但更为综合。对于给定信息,个体会选择何种处理方式也取决于以下两方面因素,即个体处理信息的能力和个体弃简单快捷而使用系统方式的动机[①]。个体存在着一种对于充分性的渴望,而这种渴望会促使个体启动信息处理的系统方式[②]。

罗伯特·格里芬(Robert Griffin)等学者通过整合启发式-系统式模型以及计划行为理论后,提出了风险信息需求和处理模型(risk information seeking and processing model, RISP)[③]。RISP 主要关注公众对健康风险信息的收集和处理行为,该模型将风险情境下的个体视为一个风险信息使用者(如图 3-5 所示)。

(1) 信息充分性(information sufficiency)、个体感知到自身所拥有的信息收集能力以及对信息渠道的相关信念,决定了个体是采用启发式还是系统式信息处理方式,也决定了通过习惯性使用的常规渠道(routine channels)还是非常规渠道(nonroutine channels)。在此,信息充分性是指个体当前拥有的信息/知识与个体所需信息之间的差距,个体感知到自身所拥有的信息收集能力可理解为自己学习风险相关信息的能力,而对信息渠道的相关信念可理解为渠道是否

① Alice Eagly and Shelly Chaiken, *The Psychology of Attitudes*, Harcourt Brace Jovanovich College Publishers, 1993, pp.305-349.

② Ibid.

③ Robert Griffin, Sharon Dunwoody, and Kurt Neuwirth, "Proposed Model of the Relationship of Risk Information Seeking and Processing to the Development of Preventive Behaviors", *Environmental Research*, 1999, 80(2), pp.S230-S245.

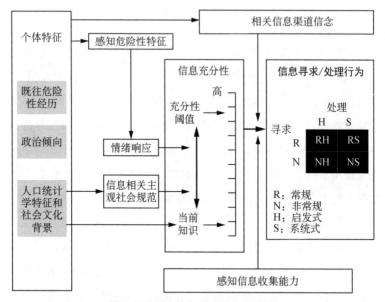

图 3-5　风险信息需求和处理模型

［资 料 来 源：Robert Griffin, Sharon Dunwoody, and Kurt Neuwirth, "Proposed Model of the Relationship of Risk Information Seeking and Processing to the Development of Preventive Behaviors", *Environmental Research*, 1999, 80(2), pp. S230-S245］

可信、是否存在偏见等。其中，能力感知因素和渠道信念，在信息充足性与个体信息处理方式之间发挥了中介作用。

（2）上述三个因素又会受到个体特征（如人口统计学特征和社会文化背景、既往危险性经历、政治倾向）、感知到的危险特征、风险的情绪响应（如担忧、害怕等）、与风险信息相关的主观社会规范（获取相关信息时感受到的社会压力）的影响。

（3）那些更加努力地寻求和处理信息的个体，更有可能形成与风险相关的稳定认知、态度和行为。这对于风险沟通活动的成功与否，以及个体对于健康习惯和行为的持续性改变是至关重要的考虑因素。个体选择系统性的处理风险信息方式，会进一步导致个体形成风险相关态度,并进一步改变风险相关的行为①。

3.2.9　认知失调理论

认知失调理论(cognitive dissonance theory)由莱昂·费斯廷格
(Leon Festinger)于 1957 年提出,被认为是社会心理学中最具影响力
的理论之一。认知失调理论认为,个体拥有的两种认知观念之间有
可能彼此一致也可能彼此不一致,而当人们在面对不一致的认知状
态时,例如,态度、信念、信仰、价值观等认知观念相互矛盾或者不协
调时,就会感到一种不适或紧张的状态,亦即认知失调状态。个体为
了改变这种紧张或者不适的感觉,会改变自己的认知或者行为,以达
到一种认知协调的状态。认知失调的强度越大,个体倾向于降低认
知失调的压力越大②。一个认知元素与个体其他认知元素之间的失
调程度,则取决于个体所拥有的与该元素一致和不一致认知元素的
数量,以及该认知元素相对于个体的重要性③。降低认知失调的策略
包括:消除与既有认知不一致的认知,添加新的与既有认知相一致的
认知,降低不一致认知对于自身的重要性以及增加既有认知对于自
身的重要性④。改变特定认知以减轻认知失调的可能性取决于该特
定认知的抗变性(resistance to change)。认知的抗变性受到该认知
对于现实的响应程度以及该认知与其他既有认知的一致性程度

---

① Robert Griffin, Sharon Dunwoody, and Kurt Neuwirth, "Proposed Model of the
Relationship of Risk Information Seeking and Processing to the Development of
Preventive Behaviors", *Environmental Research*, 1999, 80(2), pp. S230−S245.

② Leon Festinger, *A Theory of Cognitive Dissonance*, Stanford University Press,
1957.

③ Ibid.

④ Eddie Harmon-Jones and Judson Mills, "An Introduction to Cognitive Dissonance
Theory and an Overview of Current Perspectives on the Theory", in E. Harmon-
Jones, ed., *Cognitive Dissonance: Reexamining a Pivotal Theory in Psychology*, 2nd
edition, American Psychological Association, 2019.

影响。行为认知因素的抗变性由改变行为必须忍受的痛苦或遭受的损失，以及从行为改变中获得的满足程度所决定①。认知失调理论被广泛应用于解释人类行为，亦有学者尝试将认知失调理论应用到公众的灾害调适行为当中。

例如，在一些宗教信仰文化浓郁的社区调研发现，公众对于灾害的宗教解释会与其世俗化的、科学的灾害认知相互交织②。有时候，一方面，人们认为自然灾害的发生是超自然现象，是神的意志，人们无法改变灾害结果，只能接受现实；另一方面，人们又认为政府和社会应该采取一些减灾措施以减轻灾害的负面影响。这种人们同时认同两种不一致灾害观念或者行为与既有观念不一致的现象，被一些灾害研究学者称为"平行实践"（parallel practice）。这也被认为是一种认知失调现象③。笔者在中国玉树地区的调查研究中也发现了这种平行实践的情况。部分当地公众会把地震灾害归因为一种上天的惩罚，但是也注意到在一些社区中，这种灾害认知与公众的地震灾害备灾意愿之间并没有表现出显著的负相关关系。对于这种现象其中一种可能的解释是，尽管部分受访者将地震灾害归结为超自然现象，认为地震是人力无法左右的"神谴"，但是他们可能认为地震造成的负面后果却是可以通过采取行为来进行干预的。在公众已然接受地震的宗教神学解释情况下，当他们不断地暴露于一些世俗化的灾害

① Eddie Harmon-Jones and Judson Mills, "An Introduction to Cognitive Dissonance Theory and an Overview of Current Perspectives on the Theory", in E. Harmon-Jones, ed., *Cognitive Dissonance: Reexamining a Pivotal Theory in Psychology*, 2nd edition, American Psychological Association, 2019.

② Lei Sun, Yan Deng, and Wenhua Qi, "Two Impact Pathways from Religious Belief to Public Disaster Response: Findings from a Literature Review", *International Journal of Disaster Risk Reduction*, 2018, 27, pp.588-595.

③ David Chester and Angus Duncan, "The Bible, Theodicy and Christian Responses to Historic and Contemporary Earthquakes and Volcanic Eruptions", *Environmental Hazards*, 2009, 8(4), pp.304-332.

新闻信息以及灾害科普教育活动时,便容易产生认知失调状态。为了减少这种认知失调带来的心理压力,他们会采取不同的策略来调和现代化的防灾减灾观念与既有宗教文化灾害认知,逐步形成了一种防灾减灾平行实践的状态。

3.3　理解公众集体灾害行为的理论基础

这里使用的"集体行为"并非严格意义上的社会学研究概念,而主要是相对"个体行为"而言的,泛指一切具有集体属性与社会公共性的行为。例如,之于灾害情境而言,个人是否会参加防灾减灾的应急演练培训、是否会购买灾害保险等属于个体行为。然而,在一个生成了灾害文化的社区,社区居民都会不约而同地为潜在的灾害威胁进行准备工作,也会为保障社区的安全而集体合力采取一些措施,那么在社区集体层面,这些行为也就构成了集体行为。又例如,在灾后社会公众都会自觉有序地领取救济物资,会自发地帮助他人,这种个体进行的社会共同性行为在本书中也被归结为集体行为。某些灾害集体行为可以还原到个体层次进行考虑,也就是说集体行为是个体行为时空聚集所表现出的宏观现象。某些灾害集体行为应该看作是一定时空内个体行为相互作用在集体层面的涌现现象,应主要从集体层面分析和解释。相比于针对个体层面的理论发展,关于集体层面的灾害行为理论的研究与进展则较为有限。

3.3.1　社会身份认同

恐慌理论(panic theories)认为公众在紧急情境下,会产生极端恐惧,继而放弃既有的社会关系和社会规范。这种情景会导致公众产生不适应、竞争以及其他产生危险的行为,比如逃跑、推搡和踩踏他人,也即集体恐慌(mass panic)[①]。该理论指出:与个体独自采取行为相比,人群的集体行为缺乏理智,且更容易情绪化,故而面对紧急突发情况,人群会过度响应。在这种情况下,人们的本能驱动行为将会压倒社会化的响应(socialized responses),追求个人生存将会成为人们的唯一关切。日常生活情境下的社会联结和社会规范也会随之瓦解,其结果是群体性的自私和竞争性的恐慌行为产生,比如推压和踩踏。一旦这些行为开始出现,群体内其他个体会在不考虑后果的情况下不加批判地模仿。因此,这些行为也会迅速在整个人群中传播和相互传染[②]。这属于感染理论(contagion theory)视角下的观点,也即认为个体在集体环境下,容易表现出一种"感染"现象,即个体的行为和情感受到其他成员的影响,并且这种影响是迅速、无批判以及均匀地传播的[③]。然而,既有的很多关于公众灾害行为的调查结论却指出,在灾害或者危机情境下,公众的响应行为整体上是理性的、亲社会的,集体性的恐慌行为极少发生。

因此,现在学术界更倾向于认为,即便灾害造成既有社会基础设施破坏和社会功能中断,公众在灾害情境下的行为依然会受到日常生活中的社会规范和社会角色制约[④]。在社会身份认同(social identity)和

---

① Gabriele Prati et al., "The 2012 Northern Italy Earthquakes: Modelling Human Behaviour", *Natural Hazards*, 2013, 69(1), pp.99-113; Anthony Mawson, "Understanding Mass Panic and Other Collective Responses to Threat and Disaster", *Psychiatry*, 2005, 68(2), pp.95-113.

② John Drury and Chris Cocking, "The Mass Psychology of Disasters and Emergency Evacuations: A Research Report and Implications for Practice", University of Sussex, 2007.

③ David Snow, "Contagion Theory", in Donatella Della Porta, Bert Klandermans, Doug McAdam, et al., eds., *The Wiley-Blackwell Encyclopedia of Social and Political Movements*, Wiley, 2022.

④ Benigno Aguirre, "Commentary on 'Understanding Mass Panic and Other Collective Responses to Threat and Disaster': Emergency Evacuations, Panic, and Social Psychology", *Psychiatry: Interpersonal and Biological Processes*, 2005, 68(2), pp.121-129.

自我归类(self-categorization)理论视角下,社会行为由社会身份决定。每个个体拥有多重社会身份,个体基于一种自我归类的过程将自己归属于某一社会群体或者社会类别,并与他者进行区分,同时赋予这一身份以价值意义①。社会身份认同和自我归类使得个体理解集体行为而无需了解每个群体成员。例如,在国家认同和战争情境下,公民可能并不认识所有的同胞,有时甚至讨厌部分人。然而,他们会根据自己的国家公民身份采取行动,甚至选择为国捐躯②。根据社会认同理论和自我归类理论,灾害情境中公众所展现的互助行为和志愿行为等亲社会行为,不仅仅源自已存在的社会从属关系、日常社会规范以及社会角色的预期,还与紧急情况下形成的强烈社会认同感(sense of shared social identity)密切相关③。这种认同感是由所有社会成员共同面对的灾害威胁这一相同的情景关系所产生④。

3.3.2　突生规范理论

突生规范理论(emergent norm theory, ENT)是拉尔夫·特纳和刘易斯·克利安(Lewis Killian)对集体行为理论的发展。在两位学者提出突生规范理论之前,主要观点认为,尽管集体行为能够生成新的社会规范,但是公众集体行为主要还是受"情感、直觉、冲动、兴奋、暗示等初级心理过程支配的,缺乏结构性、规范性和组织性",而突生规范理论则认为集体行为会突生一个规范,这个规范给每个群体成员一个"关于现实和趋势的共同理解,可以在社会常规被打破或失效

---

① John Turner et al., *Rediscovering the Social Group: A Self-Categorization Theory*, Basil Blackwell, 1987.

② John Drury and Chris Cocking, "The Mass Psychology of Disasters and Emergency Evacuations: A Research Report and Implications for Practice", University of Sussex, 2007.

③ Ibid.

④ Ibid.

的陌生情境下稳定人们对彼此行为的预期，从而赋予集体行为一定的秩序"①。换句话说，特纳和克利安认为危机紧急情况下，旧有的社会规范可能会失去指导公众行为的意义，人们会在彼此的情绪感染和相互模仿中形成新的社会规范，这被称为"突生规范"。群体成员通过对突生规范的认知和评价过程，形成了对集体行为趋势的预期。ENT认为公众集体行为是理性的，集体行为是对不确定性事件的响应，而适用于集体行为情景的新规范是通过群体互动的过程产生，无需事先进行协调和规划，但群体成员之间的互动将依赖于旧有的社会关系或者新建立的社会关系②。

灾害研究者已将ENT引入对公众灾害集体行为的研究中。因为灾害发生意味着社会结构被破坏、社会功能中断和社会价值体系受到威胁，在这种情境下传统的社会规范可能对公众的集体行为不再具有很强的约束与指导意义，所以人们可能会放弃旧有社会规范而寻求新的行为指导规则。灾害情境下的不确定性和紧急压力，会迫使公众通过彼此互动而对情境进行新的意义建构③。在1993年美国世贸中心爆炸事件中，公众的撤离行为受到威胁感知程度和社会互动因素的影响。具体来说，那些感知到较高威胁程度的公众更倾向于尽早加入集体撤离行动。然而，如果受访者身处一个熟悉的大型人群之中，他们加入集体撤离行动的时间则会相对延后④。这表明，在危机情境下，个体在进行社会互动并收集信息以构建对危机情境

---

① 冯仕政：《西方社会运动理论研究》，中国人民大学出版社2013年版，第62页。

② Mikaila Mariel Lemonik Arthur, "*Emergent Norm Theory*", in Donatella Della Porta, Bert Klandermans, Doug McAdam, et al., eds., *The Wiley-Blackwell Encyclopedia of Social and Political Movements*, Wiley, 2013.

③ B.E. Aguirre, Dennis Wenger, and Gabriela Vigo, "A Test of the Emergent Norm Theory of Collective Behavior", *Sociological Forum*, 1998, 13(2), pp. 301-320.

④ Ibid.

的理解时，如果涉及的信息收集范围更广，则他们启动撤离活动的速度可能会减慢。换句话说，公众进行危机情境意义建构时需要进行信息收集的范围越大，则他们启动撤离活动就越慢①。因此，ENT 对人群集体行为具有一定的解释力。

3.3.3　社会依附理论

社会依附理论(social attachment theory)认为人们在日常生活中会形成对他人或者地方的依附关系②。人们形成依附感的倾向是与生俱来的，形成依附感是人们社会生活和发展的重要基础。社会依附理论视角下的灾害行为研究认为，灾害情境下寻求依附的人员或者地方是公众最为常见的行为，相反地，惊慌失措的逃生行为较少发生③。安东尼·梅森的研究认为，灾害情境下公众是否会选择逃离行为取决于灾害发生时的社会情景，尤其是人们熟悉的人(即潜在的依附对象)所在的位置。如若他们熟悉的人就在身边，则会降低公众逃离的可能性，反之则会增加这种可能性④。

社会依附理论提出了灾害情境下，有关公众灾害行为特征的几个重要命题⑤。

（1）与家人保持亲密关系是灾害情境下公众行为的主要动机。这是人类群居本性的一种表达方式。

（2）逃跑行为可以看作是与公众亲和行为(affiliative behavior)的

①　B.E. Aguirre, Dennis Wenger, and Gabriela Vigo, "A Test of the Emergent Norm Theory of Collective Behavior", *Sociological Forum*, 1998, 13(2), pp. 301-320.

②　John Bowlby, *Attachment and Loss, Volume 1: Attachment*, Hogarth, 1969.

③　Anthony Mawson, "Understanding Mass Panic and Other Collective Responses to Threat and Disaster", *Psychiatry*, 2005, 68(2), pp.95-113.

④　Ibid.

⑤　Ibid.

对立面。也就是说，人们面对威胁会普遍倾向从危险境地移动到他们熟悉的地方或是熟悉的人身边。逃离是上述这种行为倾向表达的一个方面。

（3）是否采取"逃跑和战斗"行为不仅仅取决于人们感知到的危险程度，更重要的是取决于他们所处的社会情景，也即所处的位置或者他们所熟悉的人或者地方所在的位置。

（4）由于恐惧情绪会因靠近熟悉的人或者地方而减少，所以是否有熟悉的人在身边会影响人们对于危险的感知和具体的响应行为模式。个人在接近依附对象的情况下，即使是受到最严重的环境威胁也不会导致逃跑。这种情境下最可能的行为模式是强烈的亲和行为。相反地，在较少的一些灾害情境下，公众会选择逃跑，但是公众往往也会结伴以作为一个群体离开，因为这样可以保持与依附对象之间的亲和关系。然而，当人们独自或者与陌生人在一起的时候，即使是很小的威胁也可能导致人们逃向熟悉的人或者地方。

3.4　小结

公众灾害行为研究的不同路径体现了不同学科研究传统的分野。例如，心理学研究倾向对个体层面行为的关注，社会学研究对集体层面的行为更为感兴趣，地理学研究热衷于对灾害调适行为等与致灾因子相关行为的探索，而社会学研究希望对灾害发生后社会响应行为特征与形成机制予以揭示。作为多个学科共同的研究对象，近些年来，灾害行为研究的多学科融合研究趋势已越发明显。公众灾害行为作为人们在面临不确定性情境时的行为模式，其应遵循人类行为理论模型的一般解释框架，同时也应该呈现出与灾害情境紧密联系的特点。因此，尽管当前用于解释和预测个体灾害行为的理论繁多，但大都是一般化行为理论在灾害情境下的应用，缺乏专门针对公众不同类型灾害行为的研究理论。此外,当下理论界提供了较多解释个体层面灾害行为的理论选择,针对公众集体灾害行为的形成和演化机制探讨不足,有待强化。

第 **4** 章

灾害行为研究的田野、伦理与方法

灾害行为研究具有强烈的现实关怀，研究者大都希望自己的研究能够对减灾实践有所助益。尽管很多时候他们也会囿于书斋，尝试建构一些概念、理论，或者基于二手资料去挖掘一些灾害行为的因果机制，但在更多情况下，研究者会选择深入田野去直观地、切实地感受灾害，而且通常会选择那些已经或有可能遭受灾害侵袭的区域作为灾害行为研究的田野。因为通过这样，基于田野调查研究结论的政策启示会更具有针对性和适切性，而非"纸上谈兵"。此外，历史是相似的，研究过去的灾害事件也有利于我们制定降低未来灾害风险的对策。但是受访者关于自己是如何应对灾害的记忆具有一定的时效性，因此研究者通常希望第一时间、尽早地获取一手数据，而进入灾区的时间越早，就越有可能尽早捕捉到灾民关于灾害的新鲜记忆，尤其是那些关于公众的自救互救行为、灾时越轨行为、逃生撤离行为等的调研更是如此。从这个意义上讲，研究者进入灾区的时间越早，其对获取数据的可靠性和科学性就越抱有信心。但是由于灾民本身已经或多或少遭受了灾害侵袭的影响，灾民本身需要一定的时间从中恢复。此外，如果是历经了重大自然灾害，很多灾民也会选择避免过多地触及创伤记忆。因此，为避免研究过程给受访者的身心带来二次伤害，研究者又需要尽可能选择较为恰当的时机进入田野,并以尽可能"无害"的方式收集资料,这又使得灾害行为研究者不得不思考开展灾害行为研究的伦理和方法问题。

灾害行为研究的田野和伦理等问题是当前灾害行为研究者鲜有关注的领域。本章将讨论灾害研究的田野特征,开展灾害行为研究应该遵循的伦理以及灾害行为研究常用的研究方法。

4.1 研究田野与伦理

4.1.1 灾害行为研究的田野

"田野"(field)是人类学学者喜欢使用的术语,是其学术话语体系中对于"研究区"或者"研究场域"的一种学理化表达。但是现在"田野"一词的使用几乎横贯了整个人文社会学科领域,凡是具有一定时空特征的研究或观察场域都可以称为"田野"。而田野调查则指研究者深入田野获取支撑研究的第一手资料,然后通过对获取田野资料的整理、阐释以及分析,以实现相应的研究目标。传统的社会科学研究者一般都有深入实地去获取一手资料的研究传统。

对于灾害行为研究而言,传统研究聚焦的田野主要是灾区。这里的"灾区"包括已经产生了物理损失或者心理创伤的实际灾区,也包括了具有灾害风险的潜在灾区。很多的灾害区划工作(比如洪水区划工作、地震区划工作)会根据历史灾害资料及致灾因子发生的动力学机制等划定出灾害风险区,这为灾害行为研究者提供了选定潜在灾区作为研究田野的可能性。像干旱、洪涝等这种缓发性灾害允许灾害研究者在灾害发生时深入灾害田野,对潜在的灾民行为进行观察和记录。而对台风、暴雨这类可以以较大精度做出预警预报的自然灾害而言,研究者可以在获取灾害预报预警信息之后,深入灾区,对公众的防护、响应和善后学习等系列行为进行研究。

灾害行为研究者的田野之所以会聚焦于灾区，与灾害研究本身所具有的实践取向是分不开的。正如上文提及的那样，无论是研究者，还是政策制定者，抑或是具体的减灾实践者，都希望能够从学界的灾害研究中获得一些政策启示。毫无疑问，这种基于灾区的研究在提出相应政策启示方面，将具有更强的说服力。此外，如果研究者关注的是自救互救行为、即时响应行为，由于其需要深入了解灾害风险刺激背景以及公众的认知和防护态度，关于这些灾害行为的研究就更加难以脱离灾区背景。

实际上，当前应急管理相关研究中理论与实践脱节的问题已引起一些学者的反思，而深入田野、具身观察，则被认为是弥合理论与实践隔阂的重要途径。比如，有学者认为灾区田野相对于其他研究领域的田野具有一定独特性，具体表现在研究者只有深入灾区田野才能获得灾害冲击的直观感受，而坐在书桌前的学者则难以获得这种灾害情境的具身体验[1]。

很显然，当代灾害研究的田野已不仅仅局限于相对独立的线下建成环境或者线下的社会空间，线上舆论场或者互联网空间的研究价值已获得越来越多灾害研究者的关注。新冠疫情期间，无论是互联网空间还是现实物理环境中，都充斥着大量虚假的、具有误导性的信息，世界卫生组织创新性地提出了"信息疫情"（infodemic）概念，用来描述这种状况[2]。"信息疫情"的泛滥，干扰了公众采取健康防护的行为，影响了公众对于政府相关部门的信任程度。移动互联网的大规模普及重塑了公众获取信息渠道和人际交往模式，移动通信技术的快速更迭发展给人们带来"数字红利"的同时，也容易引起

---

[1]　吕孝礼:《公共危机管理领域的田野工作:灾害冲击下的具身体验、参与互动和深化理解》,《公共管理评论》2022 年第 3 期。

[2]　"Infodemic", World Health Organization, https://www. who. int/health-topics/infodemic#tab＝tab_1, accessed by September 16th, 2023.

"信息疫情"的泛滥，从而影响公众正常、健康的生产生活。在灾害情境中，互联网空间、线上舆论场背景下人们的行为模式特征与驱动机制研究正逐步成为一个新的学术处女地，等待灾害行为研究者的探索。

4.1.2 灾害行为研究的伦理

研究伦理（research ethics）指的是研究者开展研究过程中应该遵循的行为标准。从研究过程角度看，研究伦理应该贯穿研究设计、研究数据获取、数据分析与研究发表全阶段；从研究利益相关者角度来看，研究伦理应该涉及研究者、研究对象、研究资助方、研究获益方等不同主体之间的关系。开展科学研究需要遵循基本研究伦理，涉人学科或者涉人研究议题更应如此，这是当代任何学术研究共同体的基本共识。但是就国内研究实践而言，针对社会科学研究伦理问题的深入讨论相对不足。黄盈盈和潘绥铭强调，论及研究伦理不应仅仅限于从道德层面出发，更需从提高研究质量等方法论角度论及研究伦理的重要积极作用①，笔者深以为然。

灾害田野、灾害行为和研究者-参与者关系的定位是我们讨论或者确立灾害行为研究伦理的重要背景因素。其中，灾害田野是灾害行为研究开展的重要场所，它涉及研究者应该何时深入何地开展研究；灾害行为是具体的研究对象，它涉及研究者具体开展什么样的研究，选择什么样的方法，且与研究议题本身的敏感性、是否会给研究对象带来负面影响等密切相关；而研究者-参与者关系涉及研究者应以一个什么样的角色去走进一个"创伤"经历者的世界，也关系到研究参与者能从参与研究过程中获得什么回报。

---

① 黄盈盈、潘绥铭：《中国社会调查中的研究伦理：方法论层次的反思》，《中国社会科学》2009 年第 2 期。

很多情况下,灾害田野的文化背景与研究者自身的文化背景相去甚远。因此一种观点认为,研究者想要获取对灾害田野情景的真实理解,就必须学会如何与当地灾民以及地方官员打交道[①]。尽管这种观点听起来有点绝对,但并非危言耸听。以笔者长期关注的青海玉树地区地震灾民的灾害认知与行为研究为例,相对于笔者自身的成长经历与文化背景而言,当地是一个切切实实的"异文化"[②]空间,当笔者第一次对当地灾民着手访谈的时候,就意识到"学会和当地灾民打交道"的重要性。玉树当地是一个藏传佛教文化浓郁的地区,这一点在本书最后一章介绍的研究案例中也会具体提到。笔者从既有的文献资料中推测,佛教中因果轮回的观念对当地民众的灾害认知可能产生了重要影响,因此在笔者对灾民进行访谈的时候,会专门问受访对象"您认可善有善报、恶有恶报这样的因果轮回观点吗?"。在访谈了两个对象后,笔者在当地的一个研究合作者——玉树州地震局的一位工作人员善意地提醒了我,这个问题在接下来的访谈时候不必要问了,因为对于信仰藏传佛教的当地民众而言,这个问题在他们听起来就像是问他们太阳是不是东升西落一样。一种"不尊重"受访者的误会就这样在对"异文化"的不了解中产生了。

让-克里斯托夫·盖拉德(Jean-Christophe Gaillard)和洛里·皮克(Lori Peek)认为,灾害田野工作应该遵循以下三个原则。第一,拥有清晰的研究目标。这样有利于研究者选择恰当的田野点、选择合适的田野工作时间,利于研究者明确他们的研究内容,以及确定谁适合做研究团队的成员。第二,尊重当地的声音,即外来的研究者应该

① Jean-Christophe Gaillard and Lori Peek, "Disaster-Zone Research Needs a Code of Conduct", *Nature*, 2019, 575(7783), pp.440-442.

② "异文化"此处指与研究者本身文化背景不同,研究者不熟悉的文化。

尊重灾区当地的风俗、习惯和传统。第三,外来研究者应与当地工作者协调合作,共同开展研究工作和发表研究成果①。两位学者进一步认为"伦理问题应与具体的研究问题具有同等重要的地位"。有趣的是,两位学者上述关于灾害田野研究需要特殊伦理规范的观点招致詹姆斯·肯德拉(James Kendra)和特里西娅·瓦赫滕多夫(Tricia Wachtendorf)两位学者旗帜鲜明的批判②。他们认为,如果针对灾害田野工作而专门制定伦理规范的话,那么相对于田野工作可能对灾民造成的二次伤害问题,由伦理规范而带来的灾害田野研究合规性困境将更为值得关注。两位学者认为:灾害影响社区的优先事项往往不是单一的,所以实际上倡导灾害研究者的研究工作应与社区优先事项保持一致的观点很可能不具备可操作性;灾区有时候是一个很难界定的区域,比如整个日本都受到了 2011 年大地震的影响;也没有足够的证据表明,相较于其他涉及人类研究样本的学科,灾后田野研究存在更为严重的研究伦理问题③。笔者无意介入灾害田野研究是否需要特殊伦理规范的学术纷争,但是从灾害田野本身背景出发,就灾害行为研究议题而言,盖拉德和皮克所提出的"拥有清晰的研究目标"和"尊重当地的声音"两项伦理规则是十分重要的,这不仅能够降低研究遭受伦理争议的风险,一定程度上也有助于提高研究数据的质量。尤其是当研究者对研究田野的文化背景相对陌生时,充分"尊重当地的声音"有利于提高对问题的敏感性,有时候甚至能有意想不到的收获。

　　灾害行为是研究对象,其本身一些特征意味着研究者需要更多

---

① Jean-Christophe Gaillard and Lori Peek, "Disaster-Zone Research Needs a Code of Conduct", *Nature*, 2019, 575(7783), pp.440—442.

② James Kendra and Tricia Wachtendorf, "Disaster-Zone Research: No Need for a Customized Code of Conduct", *Nature*, 2020, 578(7795), p.363.

③ Ibid.

地思考研究伦理层面的合规性问题,尤其是当研究者选取的行为议题本身蕴含着公域道德批判争议时更应该注意。比如,灾时灾后的社会越轨行为是灾害行为研究的经典议题。很显然,之所以把灾害发生时的偷盗、散播谣言等行为称为社会越轨行为,是因为这些行为不符合既有的社会规范,理应受到道德谴责。但是在具体数据收集和研究过程当中,研究者不应承担道德卫士的角色,而应该以一个价值中立者的角色、以一种平等尊重的姿态去收集数据描述受访者。这是重要的,有时候以价值无涉的立场去研究公众的灾害行为有可能真正理解公众的行为动机。有学者发现灾后发生的"偷盗"行为与日常情况下的偷盗行为不同,有些情况下,前者实际上并不具有社会危害性,而是灾民在缺资短粮情况下,为了生存不得已而为之的行为①。而一旦一开始研究者就以一种道德批判的立场进行资料收集与分析,则很可能难以深刻体会灾民行为背后的深层次逻辑与无奈。再者,相较于其他研究中的受访对象,灾害行为研究中受访者身份信息的暴露将可能给他们带来难以想象的伤害。出于各种不同的原因,很多时候受访者愿意参与研究,接受访谈或者问卷调查,但是并不希望他们的个人信息被公布于众,这使得保护研究参与者隐私在此类灾害行为研究中显得尤为重要。最后,研究者获取某些灾害行为信息意味着受访者不得不再次回忆灾时情景,比如在研究公众自救互救行为中,受访者需要不断回想当时邻里之间是如何互相帮助的,当时有谁顺利逃生,又有谁伤亡,等等。让受访者不断去回忆灾害发生时的创伤画面,有可能加重灾害经历者的心理创伤。这对研究者如何能以一种"无害化"方式获取相关数据提出了挑战。

---

① Tsuneyuki Abe, Juthatip Wiwattanapantuwong, and Akio Honda, "Dark, Cold and Hungry, but Full of Mutual Trust: Manners among the 2011 Great East Japan Earthquake Victims", *Psychology in Russia: State of the Art*, 2014, 7 (1), pp.4-13.

研究者与参与者应该呈现出一种什么样的关系也是考虑灾害行为研究伦理的重要方面。研究对象参与一项研究意味着时间和精力的投入,有时候会因参与一项项目获得些许物质回报或者精神激励,但也会面临一些潜在的风险,比如暴露个人隐私、不愉快的参与体验甚至是身心伤害。约翰·弗伦希(John French)和伯特拉姆·雷温(Bertram Raven)描述了六种权力基础:奖酬权、强制权、合法权、专家权、参照权和信息权①。奖酬权、专家权和信息权是研究者-参与者关系中常见的三种权力类型。在一个研究项目中,有时候研究者会通过赠送小礼品等方式吸引潜在的参与者参与研究,这意味着研究者对参与者拥有了奖酬权,研究者也会因具有所从事特定领域渊博的知识而拥有了专家权,与此同时,研究者也可能因为提前获取关于灾区和灾情的若干信息而拥有了信息权。权力差异是不平等的重要来源,如何避免研究者权力滥用进而导致研究伦理争议应是灾害行为研究需要注意的问题。

美国《贝尔蒙报告》确立的研究伦理三大原则——尊重、善行(受益和无伤害)、平等公平——为学界所广泛接受。黄盈盈和潘绥铭结合中国的具体情景,将上述伦理原则稍作调整后指出:在中国进行社会调查,应至少做到知情同意、平等与尊重、无伤害与受益②。具体而言:研究者提供研究相关信息,研究对象或参与人完全理解这些信息并自愿参与项目研究过程当中,并能随时视情况而选择自愿退出;研究者与被研究者应该是一种平等关系,无论是内心还是言谈举止方面,研究者都应该表现出对研究对象的尊重;研究应该避免对研究

---

① John French and Bertram Raven, "The Bases of Social Power", in Jay Shafritz, Steven Ott, and Yong Jang, eds., *Classics of Organization Theory*, Cengage Learning, 1959, pp.259-269.
② 黄盈盈、潘绥铭:《中国社会调查中的研究伦理:方法论层次的反思》,《中国社会科学》2009 年第 2 期。

对象的伤害,并尽可能让研究对象从参与研究的过程中受益。尽管学术界没有专门对如何开展公众灾害行为研究的伦理规范问题进行深入讨论,但是黄、潘两位学者结合中国情景提出的这些伦理原则对我们如何开展灾害行为研究也提供了启示。

(1) 很多公众灾害行为数据①被认为是一种容易稍纵即逝的数据(perishable data),因此灾害行为研究者总希望在灾害发生时或者灾后第一时间深入灾区开展相关研究工作。正如上文所述,有时候灾民并不想成为灾害行为研究的对象。有些灾害行为的研究议题会碰触到伤亡、心理创伤等研究对象不愿碰触的话题或者涉及受访者的隐私,因此受访对象清楚地理解所参与研究的研究意图,在参与项目过程中有机会表达自己的担忧,并自愿决定是否参与项目研究当中是很重要的。这不仅能提高研究数据的质量,也能够确保那些"介意"提供相关信息的受访者不受所进行的调查或访谈伤害。

(2) 灾害行为研究过程中需贯彻尊重与平等原则。比如一些研究者希望通过灾害行为的角度去揭示藏匿在深层社会结构中的公众灾害脆弱性,而很多情况下调研对象并不想被冠以"脆弱群体"的标签,这就使得研究者在进行灾害田野调查的时候保持以一种尊重和平等的心态和姿态显得十分重要。在进行灾后社会越轨行为的调查时,如果研究者不是以一种平等和尊重的心态去开展研究,而夹杂着太多的道德评价去收集和分析数据,则很有可能难以真正理解灾害情境下,公众社会越轨行为的动机和本质特征。正如黄、潘两位学者强调,如果研究者没有遵循尊重和平等的研究伦理去开展研究,那么研究者与被研究者之间就可能形成一种强弱控制关系,这将会使得

---

① 　这里的公众灾害行为数据主要指的是灾害发生后,公众的响应行为数据。

研究的学术意义大打折扣①。尤其是在研究者不恰当地使用其拥有的奖酬权、专家权和信息权时更是如此。

（3）在遵循无伤害与受益原则方面，灾害行为研究与其他人文社会科学研究议题一样，没有表现出独特性。比如研究者都需要保证受访者的个人信息会予以严格保密。上文也提到过，在访谈或问卷调查过程中，有时候一些话题会触及受访者的隐私或者勾起受访者一些痛苦的回忆，比如对大规模自然灾害幸存者的调查中，有关"逃生""自救互救"等话题可能让受访者不断想起那些创伤性情景。这就需要研究者在设计问卷或访谈提纲时，对访谈提纲和问卷问题精心打磨，尽可能避免给受访者带来不悦的研究参与体验。研究者可以以不同的方式让受访者从研究中受益，比如通过分发礼品的方式回报受访者的付出。

希格内·梅津斯卡（Signe Mezinska）等对 14 份 2000 年至 2014 年国际上不同组织机构制定的涉及灾害研究的伦理准则进行了系统综述研究②。这些研究伦理准则主要涉及了两大核心主题：研究参与者脆弱性和研究伦理委员会审查；其中不同主题包含了不同类别内容，脆弱性主题包括了脆弱性概念、风险和负担、风险管理和研究对象的决策能力四个子类别，而研究伦理委员会主题包含了研究者经验和意识、研究对象的兴趣和权利、研究的社会价值、组织审查和审查过程中的问题五方面内容。表 4-1 和表 4-2 分别显示了不同主题下的子类别。这两大核心主题也为我们未来制定中国情境下灾害行为研究伦理准则提供了参考。

---

① 黄盈盈、潘绥铭：《中国社会调查中的研究伦理：方法论层次的反思》，《中国社会科学》2009 年第 2 期。

② Signe Mezinska et al., "Research in Disaster Settings: A Systematic Qualitative Review of Ethical Guidelines", *BMC Medical Ethics*, 2016, 17(62), pp.1-11.

表 4-1　"脆弱性"主题下的类别和子类别

类别	子类别
脆弱性概念	<ul><li>脆弱性的定义</li><li>脆弱性的原因</li><li>现有准则中的空白</li></ul>
风险和负担	<ul><li>身体伤害</li><li>再次创伤</li><li>操纵</li><li>剥削</li><li>不切实际的期望</li><li>污名化</li></ul>
风险管理	<ul><li>研究的问责和监督</li><li>避免高估或低估风险</li><li>需要风险的实证证据</li><li>为研究对象提供心理支持</li><li>知情同意的质量</li><li>评估研究人员与研究对象之间的权力关系</li></ul>
研究对象决策能力	<ul><li>降低决策能力的因素</li><li>低估决策能力</li><li>需要特定的知情同意程序</li></ul>

资料来源：Signe Mezinska et al., "Research in Disaster Settings: A Systematic Qualitative Review of Ethical Guidelines", *BMC Medical Ethics*, 2016, 17(62)。

表 4-2　研究伦理委员会审查主题下的子类别

类别	子类别
研究者经验和意识	<ul><li>研究人员的文化敏感性</li><li>意识到研究影响的重要性</li><li>利益冲突</li><li>研究伦理培训</li><li>研究人员的专业能力</li></ul>
研究对象的兴趣和权利	<ul><li>在探寻科学证据和研究可能造成的伤害之间寻找平衡</li><li>最低风险要求</li><li>选取研究参与者时的公平原则</li><li>对研究对象造成过度负担的潜在风险</li><li>保密和隐私保护的规定</li><li>对生物材料交接的监管</li><li>标准护理的应用</li></ul>

（续表）

类别	子类别
研究的社会价值	• 未来灾害情景的潜在应用 • 在非灾害情境下面无法开展的研究 • 对个人或社区的直接或间接益处 • 不会消耗救援资源 • 当地研究人员和/或社区的参与 • 研究后的责任和义务
组织审查	• 审查的集中化 • 完整审查和快速审查的条件 • 替代审查机制 • 以防万一的方案 • 审查的比例原则
和审查过程中的问题	• 审查过程中官僚主义风险 • 缺乏针对灾害环境中研究的准则 • 研究和非研究之间的区别

资料来源：Signe Mezinska et al., "Research in Disaster Settings: A Systematic Qualitative Review of Ethical Guidelines", *BMC Medical Ethics*, 2016, 17(62)。

4.2　研究方法论取向

灾害情境与人类行为本身的复杂性对灾害行为研究带来了极大挑战。与其他大多数研究一样，灾害行为研究者也希望对所关注的灾害行为特征、模式、机制以及变化规律能够进行全面客观的描述、阐释和揭示。但是由于灾害情境的复杂性、灾害行为本身的主客观二重属性，有关公众灾害行为的研究难以像开展自然科学研究那样，使得研究过程和研究发现完全独立于研究情境和研究者本身的价值观念和行为发生的社会文化环境。这必然会在灾害研究方法论层面造成实证与阐释取向的分野。

4.2.1　实证与阐释

当前，相当一部分公众灾害行为研究是以实证研究为主要特征的,最为常见的研究路径为灾害研究者深入灾区进行参与式观察、访谈或者进行问卷调查,获取公众灾害行为相关数据,然后分析数据,提出理论,得到研究结论。

在演绎逻辑中,研究者会通过数理统计方法处理获取的田野资料,进而揭示公众灾害行为背后的影响因素或者因果机制。演绎实证逻辑在公众调适行为的研究中很常见,比如研究者预揭示公众风险感知与灾害调适行为之间的影响关系,会首先将风险感知和灾害调适行为概念具体化为可测量的指标,然后选择研究区域获取相关数据,再基于数理统计方法验证不同变量之间的关系是否符合经验或者理论假设。比如笔者在我国胶东地区开展的一项关于小地震灾害经历是否会促进地震灾害准备行为研究中就基于这种方法论展开[①]。在该项研究当中,笔者首先从既有文献和理论中推断非破坏性的中小地震经历、公众的地震风险感知和地震灾害准备意愿和行为之间会存在影响关系。进而,笔者设计了测量上述变量的调查问卷并获取数据,通过数理统计分析检验后发现非破坏地震经历主要影响了公众地震风险感知的概率维度,而实际上公众对于地震风险感知的后果维度才会对当地公众地震灾害准备意愿产生显著影响。

在归纳的实证逻辑中,研究者首先全面收集有关公众灾害行为的田野资料,然后会通过细读(close reading)、编码和/或定性比较分析(qualitative comparative analysis,QCA)等分析手段,建立不同级别的概念,进而分析从田野资料中析出的众多概念所反映的行为特征或者概念关系。比如在本书最后一章将要介绍的一个关于青海玉树地区公众地震灾害认知、响应行为与灾害韧性的研究案例中,就

---

① Lei Sun and Lan Xue, "Does Non-Destructive Earthquake Experience Affect Risk Perception and Motivate Preparedness?", *Journal of Contingencies and Crisis Management*, 2020, 28(2), pp.122-130.

主要采用了归纳的实证逻辑思路。

实证主义逻辑深受自然科学研究方法论的影响,本质上更加注重研究客体行为的客观性,强调存在相对客观的行为模式可供观察、测量和分析。罗祎楠曾反思过政治学田野研究中实证主义思维的局限性,其指出实证研究中研究者通常把自己作为数据的采集者,并致力于从中发现客观实体的属性,而这种角色认知实际上可能掩盖了更为本真的认识过程,而从实践的角度理解田野研究,研究者将突破客观经验事实收集者和理论概念定义者的角色认知,而是在一种更为复杂的认识过程中,去建构对经验事实的理解,而由研究者建构起的"事实或经验"并没有独立于研究者的认识过程[①]。上述实证主义思维的局限性在一些灾害行为研究中也会有所体现,有时候甚至会是导致研究悖论的罪魁祸首。比如笔者曾在不同的田野中听过一句体现了公众地震逃生态度的话——"小震不用跑、大震跑不了"。这句话在冯小刚导演的著名影片《唐山大地震》中也出现过:唐山大地震时,一个公司的员工都惊慌逃窜,而地震"经验丰富"的公司老板则在座位上"稳如泰山",并对身边的秘书淡定地说道"小震不用跑,大震你也跑不了,叫大伙回来干活"。早年,笔者是从地震专家口中得知这句话的,想当然会认为这句话体现的是一种地震时需要"理性"逃生和自救的态度,因为随着建筑物抗震性能的逐步提高,室内坠物、不合理的逃生已成为震害伤亡的重要原因。因此"小震不用跑、大震跑不了"蕴含着"发生了小地震,不用惊慌逃跑,室内做好自我防护就行;发生大地震时,因为强烈的地面晃动,人们也无法逃生,反而会因为跌倒摔伤等原因加重致死致伤可能性"这样的理性认知。然而,笔者在京津冀地区开展的一项研究工作中,却发现上述原本由

---

① 罗祎楠:《在田野中发现"质性":回到认识过程的方法论》,《华中师范大学学报(人文社会科学版)》2023 年第 4 期。

自己建构起的"事实或经验"可能是错的。因为受访者对于概念的认同程度与他们自身的悲观生活态度和宿命论观念存在显著的关联性[①]。这意味着对普通大众而言,这种观念更多地体现了一种以悲观宿命态度为底色的灾害认知,一种生死有命,逃生自救无用的宿命观点。笔者的这段研究经历也说明了研究者需要意识到一项研究对某个变量或者"事实"的建构不仅仅是个理论问题,也是经验问题[②]。回到资料和数据本身,认清基本事实,不断反思研究者的某些既有认知资源是否影响了研究中对某些资料或数据的概念化或理论化的过程,将有助于从方法论层面克服实证主义思维的局限性。而在某些研究中,也正是因为实证主义思维的一些缺陷和不足,才显示出诠释取向(interpretivism)研究的魅力。因为相较于假设-演绎和归纳-理论,一些灾害行为研究者更想理解和描述既有的田野资料反映了一种什么样的行为模式或特征,以及这些行为背后存在一种什么样的制度文化背景或者社会结构。

　　与其他社会科学研究中实证与诠释取向研究存在张力的关系不同[③],在灾害行为研究领域,两种方法论取向的学者似乎从未对另一方的研究展开"责难"。这似乎与这一研究领域尚未完全系统成熟的研究发展阶段以及研究共同体相对松散有关系。因为公众灾害行为

---

① Lei Sun, Xingyu Liu, and Yuqi Yang, "Source of Fatalistic Seismic Belief: The Role of Previous Earthquake Experience and General Fatalism", *International Journal of Disaster Risk Reduction*, 2022, 83, p.103377; Xingyu Liu and Lei Sun, "Examining the Impact of Fatalism Belief and Optimism Orientation on Seismic Preparedness: Considering Their Roles in the Nexus between Risk Perception and Preparedness", *Journal of Contingencies and Crisis Management*, 2021, 30(4), pp.412-426.

② 高勇:《有关概念测量的三个故事与一个教训》,载赵联飞、赵峰编《社会研究方法评论》(第 2 卷),重庆大学出版社 2023 年版,第 211—227 页。

③ 井润田、孙璇:《实证主义 vs. 诠释主义:两种经典案例研究范式的比较与启示》,《管理世界》2021 年第 3 期。

研究中有来自公共管理、社会学、人类学、地理学等不同领域的学者，这些不同领域的学者知识背景、学术训练等各不相同，研究方法各有偏好，难以用同一种学术话语体系在本体论与认识论层面展开争论。其次，较之于方法论争辩，灾害行为研究强烈的实践取向和现实关怀特征也可能使得这一领域的研究学者更加关注研究结论的社会效益和实践指导价值，而非认识论和方法论层面的悖论。

呈现诠释取向方法论的灾害行为研究一般致力于对公众行为模式的描述和意义阐释，通常研究者在一系列田野观察与体验之后，对所观察的现象或者获取的故事进行本土化和学理化解构。比如李永祥在分析云南新平曼糯村应对泥石流的研究中，他观察到在泥石流灾害发生期间，逝去灾民的遗体由其亲属火化后，房屋损毁的亲属会到亲朋好友家里去住，但这是不符合当地传统丧葬习俗和禁忌文化的，因为按照当地传统去参加过遗体火化的人不能进入其他人家中也不能住宿，李永祥将这种现象解释为文化对灾害的回应，也即禁忌文化在灾害响应中会存在"失效"[①]。再比如在叶宏关于凉山彝族地区当地防灾减灾实践田野调查中发现，当地很多民众在遭遇洪水、冰雹和干旱灾害之后，都会请毕摩（彝族文化传统中的祭司）举行相应祭祀仪式，以驱赶洪水、防范冰雹和祈求降雨[②]。叶宏试图从当地民间信仰体系中的灾害认知来理解民众的这种灾害响应方式，其认为当地居民日常生活中的一种重要信仰形式为自然神（比如山神、水神等）崇拜，在当地灾害认知当中自然神主管灾害，且被人格化，冰雹水旱灾害是自然神在被惹怒情况下报复人类的手段，而祭祀自然神则可禳灾祛祸，保一方平安。在此基础上，叶宏从文化功能视角进一步

①　李永祥：《傣族社区和文化对泥石流灾害的回应——云南新平曼糯村的研究案例》，《民族研究》2011年第2期。
②　叶宏：《地方性知识与民族地区的防灾减灾——人类学语境中的凉山彝族灾害文化和当代实践》，西南民族大学博士学位论文，2012年，第48—76页。

阐发了相关仪式的社会文化意义,其认为这种祭祀仪式转移了公众的注意力和紧张感,缓解了社会危机,而由于相关祭祀活动通常是以家族姻亲为单位参与,同时也起到了维系社会结构的功能[①]。上文引述的两位学者都来自人类学(民族学)领域,这在一定程度上这也体现出了人类学背景学者对公众灾害行为研究的方法论偏好,相较于先测量后用数据讲故事的策略,他们更习惯于先观察描述行为,然后基于行为发生情景去思考行为背后的意义,继而对所观察的经验事实进行学理性的解释和阐发。在具体资料处理层面,当前呈诠释主义取向方法论的灾害行为研究者也并没有广泛地采用扎根理论式的层级编码技术,更常见的是通过对原始资料的"细读"而获取一种情景化的理解。

4.2.2　微观与宏观

与当前行为科学研究领域中其他研究议题类似,灾害行为研究也存在个体层次上的微观研究和集体层次上的宏观研究两个尺度。当然有时候,两者不是那么泾渭分明,因为除了认为集体行为背后的影响因素和因果机制有别于个体行为外,也存在集体行为只是个体行为的宏观结果这样的论点。

微观研究多聚焦于个体的灾害调适行为、灾害撤离行为的影响因素或者行为产生机制。比如丹尼斯·米勒蒂和约翰·索伦森从个体角度,分析了公众从接收预警信息到采取响应行为的动力机制过程,即接收预警信息—理解预警信息—相信预警信息—预警信息个体化(相信预警的灾害一旦来临会影响到自己)—做出响应决定—采取响应行为[②]。再如迈克尔·林德尔等从个体微观角度出发,分析了

---

①　叶宏:《地方性知识与民族地区的防灾减灾——人类学语境中的凉山彝族灾害文化和当代实践》,西南民族大学博士学位论文,2012 年,第 76—90 页。

②　Dennis Mileti and John Sorensen, "Natural Hazards and Precautionary Behavior", in Neil D. Weinstein ed., *Taking Care: Understanding and Encouraging Self-Protective Behavior*, Cambridge University Press, 1987, pp.189-207.

环境信号、社会信号和预警信息在个体防护行为决策过程中的流动过程以及作用机制①。

　　尽管很多微观层次上的研究都声明，相关研究发现可为灾害教育、灾害风险沟通等减灾项目或者实践提供指导，但是稍微走访调研一下具体的灾害管理实践部门即可发现，很多微观层次上的研究成果很难被具体的灾害管理项目引用或参考。造成这种局面的原因是多方面的，但是很多情况下是由于学术界关注的研究议题不是实务部门眼下的当务之急，当研究议题很难兼具很高的理论意义与实践价值时，很多学者会更加倾向于选择具有明显理论意义的选题。比如在个体层面的灾害行为研究中，很多学者喜欢探讨不同灾害行为的人口统计学差异，或者性别、年龄和教育程度等人口统计学因素对某种行为的影响。这对于理解某种灾害行为机制和影响因素是非常重要的，但是实际上相应的研究结论却很难指导具体的防灾减灾实践工作，因为实务工作者们既很难通过改变公众的人口统计学特征而促进或降低公众的某种行为水平，也很难经济高效地设计专门针对特定性别、特定年龄段的防灾减灾策略。

　　宏观层面的灾害行为研究致力于讨论灾害情境下公众的集体行为特征以及宏观行为结果中所蕴含的结构性、体制性的或者文化层面的因素。比如人类学研究中的行为回应学派认为在灾害冲击下，灾区集体行为会发生变化，甚至产生文化变迁②；再如美国早期灾害社会学研究中关于公众灾后响应行为研究发现灾害不会造成社会崩溃（social breakdown），这些都是宏观层面灾害行为研究的重要结果。但是就当下研究现状而言，相较于个体微观层面的研究，宏观层面的

---

① Kathleen Tierney, *Disasters: A Sociological Approach*, Polity Press, 2019.

② 李永祥：《傣族社区和文化对泥石流灾害的回应——云南新平曼糯村的研究案例》，《民族研究》2011年第2期。

灾害行为研究整体乏力,无论是关于行为特征的挖掘还是集体行为机制的解释都乏善可陈。一方面可能是由于关于灾害集体行为研究的理论创新不足,另一方面这种现象可能归因于集体行为数据分析的难度。因为本书在前文章节中介绍了当下灾害行为研究中存在个体/集体两种研究路径,大体而言,个体行为研究路径与微观方法论取向相对,集体行为研究路径与宏观方法论取向相对,本部分不再进行过多详尽阐述。

4.2.3 快速响应调查

以灾害发生作为时间分割点,灾害研究的相关田野调查工作可以分为事前调查(pre-impact)和事后调查(post-impact)两大类[①]。按照美国国家科学研究委员会(National Research Council,NRC)的分类,灾后田野研究按照时间尺度可以分为:早期侦察(数天至两周)研究、紧急响应和早期恢复(为数天至三个月)研究、短期恢复(三个月至两年)研究、较长期的恢复和重建研究(二至十年)研究,以及再次访问受灾社区以记录长期变化(五至十年)的研究,而一些事后公众灾害行为相关研究中存在快速调查的方法论取向[②]。因为在一些灾害田野调查者看来,能否快速地进入田野是他们研究工作能否成功的关键[③]。

[①] 根据研究的灾种的特性,也可以分为灾前(pre-disaster)、灾中(trans-disaster)和灾后(post-disaster)调查,比如针对洪水灾害的调查就可以灾前、灾中和灾后三类。

[②] NRC, "The Role of State-of-the-Art Technologies and Methods for Enhancing Studies of Hazards and Disasters", in National Research Council, ed., *Facing Hazards and Disasters: Understanding Human Dimensions*, The National Academies Press, 2006, pp.248–285.

[③] Robert Stallings, "Methodological Issues", in Havidán Rodríguez, Enrico L. Quarantelli, and Russell R. Dynes, eds., *Handbook of Disaster Research*, Springer, 2007, pp.55–82.

"快速"取向下的研究方法论以美国早期灾害社会学家惯常使用的快速响应调查或者快速响应研究（quick response survey or quick response research）[1]为代表。其指的是，在灾害发生后，研究者迅速奔赴灾区，综合利用访谈、问卷调查、焦点小组、观察、二手文献资料收集等不同手段获取研究资料，进而开展相应研究。通常研究者获知某地发生灾情之后，开始迅速浏览相关的媒体新闻报道，继而制定研究方案，提出研究问题、联系灾区当地可以合作的研究伙伴和规划相关预算[2]。该方法论的主要认识论基础是：一些反映灾害影响以及灾区如何应对灾害的数据容易随时间流逝而消失，亦称"易腐数据"（perishable data），或者这些数据不具备时间稳定性，容易随时间发生改变[3]；一些重要的利益相关者，如一些灾民、官员和社会组织等难以在其他时间接触到有时候也构成支持快速响应调查的原因[4]；灾害发生的时间和地点充满了不确定性，难以事先做好针对性的准备也被

---

[1]　也有学者使用 quick response disaster research 和 rapid response research 等术语。参见 Greg Oulahen, Brennan Vogel, and Chris Gouett-Hanna, "Quick Response Disaster Research: Opportunities and Challenges for a New Funding Program", *International Journal of Disaster Risk Science*, 2020, 11(5), pp.568-577。

[2]　Greg Oulahen, Brennan Vogel, and Chris Gouett-Hanna, "Quick Response Disaster Research: Opportunities and Challenges for a New Funding Program", *International Journal of Disaster Risk Science*, 2020, 11(5), pp. 568-577; National Research Council, *Facing Hazards and Disasters: Understanding Human Dimensions*, National Academies Press, 2006.

[3]　Jean-Christophe Gaillard and Christopher Gomez, "Post-Disaster Research: Is There Gold Worth the Rush?: Opinion Paper", *Jàmbá: Journal of Disaster Risk Studies*, 2015, 7(1), pp.1-6; Greg Oulahen, Brennan Vogel, and Chris Gouett-Hanna, "Quick Response Disaster Research: Opportunities and Challenges for a New Funding Program", *International Journal of Disaster Risk Science*, 2020, 11(5), pp.568-577.

[4]　Greg Oulahen, Brennan Vogel, and Chris Gouett-Hanna, "Quick Response Disaster Research: Opportunities and Challenges for a New Funding Program", *International Journal of Disaster Risk Science*, 2020, 11(5), pp.568-577.

看作是支持快速响应调查的理论依据[①]；此外，一些学者也认为早期的灾害现场更利于促成研究者与被研究者之间的合作，早期灾民通常比较坦诚并且愿意与研究者交流，而后期再达成这种合作则相对更为困难，因此要进行快速响应研究[②]。有研究对是否有必要强调灾后响应调查的快速性进行反思，其指出了当前学者的期刊发表压力也构成了很多学者热衷进行灾后快速响应调查的内生动机，因为基于快速响应调查的文章更利于发表，并且短期内容易获得大量引用[③]。

美国的灾害研究重要机构特拉华大学灾害研究中心和科罗拉多大学自然灾害中心都有长期资助并开展灾害快速响应研究的传统，为推动灾害社会科学的发展作出了重要贡献，比如得出西方灾害行为研究中的经典论断：公众的灾害响应行为是理性、有序和亲社会的，无序与恐慌是一种灾害迷思[④]。但是实际上这一研究传统或者方法论基础没有被其他国家的灾害研究者广泛采用。比如有文献指出，加拿大一直到 2016 年才由西安大略大学的减轻巨灾损失研究所

---

① NRC, "The Role of State-of-the-Art Technologies and Methods for Enhancing Studies of Hazards and Disasters", in National Research Council, ed., *Facing Hazards and Disasters: Understanding Human Dimensions*, The National Academies Press, 2006, pp.248-285.

② Enrico Quarantelli, "The Disaster Research Center Field Studies of Organized Behavior in the Crisis Time Period of Disasters", *International Journal of Mass Emergencies & Disasters*, 1997, 15(1), pp.47-69.

③ Jean-Christophe Gaillard and Christopher Gomez, "Post-Disaster Research: Is There Gold Worth the Rush?: Opinion Paper", *Jàmbá: Journal of Disaster Risk Studies*, 2015, 7(1), pp.1-6.

④ Kathleen Tierney, Christine Bevc, and Erica Kuligowski, "Metaphors Matter: Disaster Myths, Media Frames, and Their Consequences in Hurricane Katrina", *The ANNALS of the American Academy of Political and Social Science*, 2006, 604(1), pp.57-81.

(The Institution for Catastrophic Loss Reduction，ICLR)①启动了第一个灾害快速响应调查项目②，而我国实际上至今尚未有成体系的灾害快速响应调查项目开展。

张海波认为中国的应急管理学科建设需要实现从学术到学问的跨越，即对课题研究生产的知识进行体系化表达，并能够以官方知识形式合法化传播；应急管理学的发展需要自己独特的方法论，而快速响应调查可为建立应急管理学自身的方法论体系，也即基于中国情景的突发事件的快速响应研究提供启示，其进一步强调在应急管理研究与教学中应该凸显快速响应研究作为独特方法论的重要性③。格雷格·乌拉亨（Greg Oulahen）等学者的研究增加了我们对上述观点的谨慎态度，其认为：除了研究时机以外，当前灾害研究中的既有快速响应调查并无特殊之处，也尚未构成一个成熟的子领域，不同研究中支持快速响应调查的理论、概念或者方法几乎没有一致性；且所谓的快速响应研究暗指把研究人员"部署"到灾区，这种研究话语实际上反映了一种军事化的，带有指挥和控制色彩的灾害研究方法，这种理念与更加具有批判性的灾害研究方法思想相悖，后者旨在深刻理解灾害脆弱性产生的根本原因；因此，尽管快速响应调查可以对认识灾害以及了解灾害的影响作出有价值的贡献，但是开展灾害快速

---

① 减轻巨灾损失研究所于 1999 年由保罗·科瓦奇（Paul Kovacs）建立，隶属于加拿大西安大略大学，成立之初得到了保险行业的资助，是加拿大研究灾害历史最悠久的科研机构。参见 Greg Oulahen, Brennan Vogel, and Chris Gouett-Hanna, "Quick Response Disaster Research: Opportunities and Challenges for a New Funding Program", *International Journal of Disaster Risk Science*, 2020, 11 (5), pp.568-577。

② Greg Oulahen, Brennan Vogel, and Chris Gouett-Hanna, "Quick Response Disaster Research: Opportunities and Challenges for a New Funding Program", *International Journal of Disaster Risk Science*, 2020, 11(5), pp.568-577.

③ 张海波：《作为应急管理学独特方法论的突发事件快速响应研究》，《公共管理与政策评论》2021 年第 10 期。

响应调查必须保持谨慎的态度,并有目的地进行①。在综合分析了若干灾害快速调查报告后,其发现很多研究报告并没有清晰地阐述所收集数据的易腐性以及如果当研究延后开展的话,这些数据为什么会消失或者为什么变得与当下不同,此外,该研究还发现大部分的快速响应调查研究报告并没有引用前人快速响应调查研究结果,这也意味着这一领域缺乏研究的连贯性②。

总体上,国际学术界关于快速响应调查研究方法论的争议主要聚焦在两个方面:快速响应调查获取的数据资料是否是真的"易腐",即"快速"的必要性;快速响应调查进行过程中是否满足了尊重、受益、无伤害、平等公平等研究伦理,即"响应调查"的合规性。就灾害行为议题而言,快速响应调查的必要性和合规性与研究具体关注的灾害行为类型密切相关。比如,若非灾后快速地进行响应调查,研究者将很难准确获取关于公众即时响应行为(如灾时如何开展了自救互救)的相关数据资料,因为公众对于响应细节的记忆将会随着时间的推移而变得模糊。相对而言,获取公众的灾后捐款捐物、助人等亲社会行为数据则不会显得那么紧迫,但是却更容易引起伦理争议。

4.3　研究方法与挑战

4.3.1　方法

传统的定性研究和定量研究方法都可以用于灾害行为研究。尽管灾害行为研究并没有独特的研究方法,但是相较于其他社会科学

---

① Greg Oulahen, Brennan Vogel, and Chris Gouett-Hanna, "Quick Response Disaster Research: Opportunities and Challenges for a New Funding Program", *International Journal of Disaster Risk Science*, 2020, 11(5), pp.568–577.

② Ibid.

研究议题，灾害情景本身的独特性可能会带来一些在开展灾害行为研究时特别需要关注的问题，比如开展研究的时间不同（灾前、灾时还是灾后开展），面临的研究挑战也会相异。罗伯特·斯托林斯（Robert Stallings）认为可以从以下几个方面来认识开展灾害研究与其他可以日常开展研究的差异：时间，针对于一次灾害事件，什么时候开始观察和收集研究数据以及其他相关资料；访问，指的是研究者开始接触访谈对象、调查参与者，以及其他相关数据资料的持有者；概化（generalizability），即从灾害研究中得出具有相对普遍意义的有效结论（valid conclusions）①。尽管如此，其他行为科学研究中常用的访谈、问卷调查、田野调查、案例研究等都是灾害行为研究者经常使用的方法，而且近年来随着实验方法的兴起，一些学者也开始逐步使用问卷—实验这一方法开展相应研究，而随着信息通信技术的普及以及软件算法的更新迭代，一种新的研究方法"视频分析"技术也被逐步引入到了灾害行为研究中。

4.3.1.1 访谈方法

访谈研究法一直伴随着灾害行为研究的发展。由于美国早期的灾害响应行为相关调查研究源于芝加哥大学，因此难免会受到芝加哥大学社会学派符号互动主义思想的影响。符号互动主义下的一个重要方法论信条是社会成员通过彼此互动形成了对事物共同的理解和解释，而研究者需要理解这些"共同的理解和解释"则有必要去直接观察社会成员之间是如何彼此互动的②。也正因此，实际上一些

---

① Robert Stallings, "Methodological Issues", in Havidán Rodríguez, Enrico L. Quarantelli, and Russell R. Dynes, eds., *Handbook of Disaster Research*, Springer, 2007, pp. 55-82.

② Kathleen Tierney, "Disaster Research in Historical Context Early Insights and Recent Trends", in Kathleen Tierney, ed., *Disasters: A Sociological Approach*, Polity Press, 2019, chapter 2.

早期社会学背景的研究者更倾向于深入灾区,通过开放式访谈而不是封闭式问卷调查方法来获取研究数据,因为访谈研究法允许受访者用自己话来分享灾害经验并提供解释,这也给研究者提供了直接观察和体验受访者灾害经验的机会①。

无论是通过细读的方式分析访谈资料还是采用扎根理论方式对获取的资料逐级编码上升理论,都对研究者自身理论素养提出了较高的要求。理论敏感性、社会学的想象力对于分析访谈资料是非常重要的,否则有关公众灾害行为的访谈研究结果很容易变成换一套话语体系、换一个场所重复地讲述一遍访谈对象的"故事"。尽管经典扎根理论研究强调研究者在分析质性资料之前应该摒弃任何的理论预设,完全从原始资料中析出理论,但是笔者更加认同程序化扎根理论学派的观点,即研究者分析资料之前的前见是不可避免的,完全的价值无涉只是一种理想状态,在研究者分析质性资料时适度合理利用个人既有的经验基础更符合实际情况②。

4.3.1.2　问卷调查

问卷调查是灾害行为研究中最为重要的方法之一。很多情况下,灾害行为研究者希望了解公众的防灾减灾态度、灾害风险感知、防灾减灾意愿、责任归属认知等情况,进而分析公众灾害行为的差异是否由相关因素差异产生。因此相较于其他获取数据获取方法,问卷调查在获取这些变量方面往往更加方便快捷,而且更容易获取到结构化的数据,便于后续处理和分析。因此研究者在深入田野之前,往往会基于前人研究基础或者既有研究理论,精心设计问卷问题,

---

① Kathleen Tierney, "Disaster Research in Historical Context Early Insights and Recent Trends", in Kathleen Tierney, ed., *Disasters: A Sociological Approach*, Polity Press, 2019, chapter 2.

② 井润田、孙璇:《实证主义 vs. 诠释主义:两种经典案例研究范式的比较与启示》,《管理世界》2021 年第 3 期。

以便能够获取他们所需要的答案。

近些年来,关于问卷获取数据的可靠性问题引起了部分学者担忧,其主要问题在于:由于主客观等诸多限制因素,受访者反馈的问卷难以反映其真实的想法或行为。杰森·黄(Jason Huang)等学者提出"不努力回答"(insufficient effort responding,IER)这一概念来概括受访者在回答问卷时没有或者具有很少的意愿去遵从问卷要求,去正确理解问题内容,并提供真实答案的现象。IER 强调受访者这种答题或者题项响应行为没有预设模式或答案,因此 IER 包含了受访者对问卷的随机填答方式以及非随机地重复给出相同答案模式①。杰森·黄等总结了四种辨别 IER 答题情况的方法,这些方法实际上对于灾害行为相关调查问卷数据的预处理也具有一定参考价值②。一是"罕见答案"(infrequency approach)方法。该方法基于受访者实际填答情况与受访者可预想答案的情况来判定。比如调查问卷中设置了这样的题目"我出生在 2 月 30 日",受访者选择类似这样的选项意味着 IER。但是值得注意的是,这种辨别原则在某些情况下可能是不恰当的,因为受访者有时候可能是有意地操作答案填写情况,而非不努力回答。二是"不一致答案"(inconsistency approach)方法。该方法基于比较受访者在配对题目上是否给出一致答案的情况来判定。三是"填答模式"(response pattern approach)方法。该方法基于受访者具体填答题目的方式来判定 IER,比如受访者在连续的多道题目上都给出了相同的答案。研究人员可以设置一个阈值(比如连续出现多少道题目答案一样)来具体判定 IER 情况。四是"填答时间"(response time approach)方法。该方法认为由于缺少足够的

①　Jason Huang et al., "Detecting and Deterring Insufficient Effort Responding to Surveys", *Journal of Business & Psychology*, 2012, 27(1), pp.99-114.

②　Ibid.

信息认知加工处理过程，IER 受访者的答题时间会比少于正常填答受访者填答用时。当前除了第一种"罕见答案"方法之外，其他三种方法的具体检验效能都没有被深入评估和研究过。对于判断 IER 情况而言，何种方法更有效目前也没有定论；而由于问卷格式、问卷长度以及问卷调查的实际操作情况都会影响我们选用何种方法来具体判别 IER 情况，没有一种方法能够适合所有的调查情景，而文中给出的相关结论对于针对其他样本、其他测量方式所得到的问卷调查数据的适用性存在局限性[①]。

　　尽管杰森·黄等学者认为基于"罕见答案"的方法具有较高的检验效能，但是在实际操作层面，单纯基于一个或两个"我出生在 2 月 30 日""地球是方的"等罕见答案就判断一份灾害行为问卷是无效问卷有可能过于武断，因为就像是学生考试一样，再优秀的考生也可能会因为疏忽而错答一些题目，一两个"罕见答案"不代表所有题目都没有认真作答。之于灾害行为研究而言，很多情境下，我们需要综合使用不同的方法来判断一份问卷数据的质量。比如对于公众灾害调适行为意愿、动机的测量以及影响因素分析中经常会使用一些量表，而在回收数据中常会出现受访者连续勾选相同答案的情况，基于"填答模式"的判别方法我们认为该受访者有可能没有认真作答，而如果此问卷的作答时间明显低于其他受访者，且/或问卷中还出现了"不一致答案""罕见答案"情形，则我们有较大信心认定该份问卷数据质量很低。

4.3.1.3　田野调查

　　田野调查起初是人类学研究常用的方法，但是现在作为一种对研究区获取一手资料方法的统称，已基本被整个人文社会科学共享。

---

① Jason Huang et al., "Detecting and Deterring Insufficient Effort Responding to Surveys", *Journal of Business & Psychology*, 2012, 27(1), pp.99-114.

田野调查对研究者具体采用何种方式获取一手资料并没有严格限定，但是强调实地调查，比如研究者基于研究目标和研究问题设计了一份问卷，并委托第三方公司开展数据工作，这种研究者并非亲自奔赴实地的数据获取方式不被认为是正统的田野调查方式。

很多情况下，研究者都是综合采用不同的数据获取手段来获取研究资料，比如通过与灾民共同生活，以一种参与式观察的方式了解灾民的灾后生计恢复方式；通过问卷调查方式来了解公众当地灾害风险的感知情况；通过访谈方式分析灾民的地方依恋，分析灾民世居灾害频发区而非另寻他乡的理由等。然后研究者将获取的诸多一手资料，结合收集到的各种文献资料等，综合分析，开展研究。

在人类学研究领域，一些学者对田野调查的时长会有具体要求，一些时间相对较短（比如数日或数周）的实地调查或资料收集工作不会被称为田野调查，但是在其他人文社会科学领域则不会过分强调多长时间的观察和资料收集工作才能算是田野调查。有时候，研究者也会在数据资料收集的同时进行初步的整理和分析工作，在试图将数据资料上升为研究结论时，通过理论是否"饱和"（即不会有新的理论概念从新增的田野数据资料中析出）来判断是否应离开田野。当然也会有研究者通过循环反复进行田野调查—资料整理与分析工作来提高研究质量。

4.3.1.4 实验方法

实验方法包括实地实验法（field experiment）、实验室实验（laboratory experiment）和准实验（quasi-experiment）等不同方法。实地实验基于真实自然的环境开展，而实验室实验顾名思义，是在实验室里进行实验。相较于实验室实验，实地实验由于相关结果源于真实环境，因此结论可以进一步推广的程度更大。但是在实验室实验中，研究者对于自变量、因变量的可控性更强，更利于实验开展和数据分析。无论是实地实验还是实验室实验,都要求被试对象随机地分配到实验组和对照组当中,但是对很多研究问题而言,满足这种样本随机化要求很难。比如要研究某项地震风险沟通项目在促进公众备灾意识与行为方面的具体效果时,研究者选择 A 城市作为实验组,B 城市作为对照组,然后使用精心设计的家庭地震备灾量表进行测量,通过对比两地公众地震备灾差异,发现 A 城市公众地震备灾水平高于 B 地。因为 A、B 两地的受访者不是随机分组,所以这种检验风险沟通项目效果的方法只能称为准实验方法。

相较于普通的问卷调查、访谈研究等,实验方法由于对因果效应更强的揭示和验证作用,受到很多人文社会科学研究工作者的青睐。近些年来,另一种将问卷调查和实验方法结合到一起的调查-实验受到灾害行为研究者的关注。因为很多灾害行为研究者习惯于通过问卷调查获取灾害认知和行为数据,从而在原本已轻车熟路的问卷设计与调查之中添加一个或者若干个问卷实验则显得易如反掌。在调查—实验中,研究者可以通过不同操作来进行实验干预,常规调查-实验、启动效应调查实验、析因调查-实验和列举调查实验是常见的调查-实验类型[①]。

在调查-实验中,研究者可以通过使用任何能够通过问卷设计得以实现的方式作为实验干预方式,比如从问卷题目本身入手,改变题目的语气和措辞,再比如在问卷中添加视频动画等。比如我们想通过调查-实验设计去检验对于同样的风险沟通内容而言,以音频形式还是文本形式传达更容易起到效果。那么我们可以在一份问卷中,在对照组和实验组中添加不同形式的风险沟通内容作为实验干预,然后进一步检验对照组和实验组对于接受干预之后在后续问题上

---

① 任莉颖:《用问卷做实验:调查-实验法的概论与操作》,重庆大学出版社 2018 年版,第 1—60 页。

回答的差异即可。

4.3.1.5 视频研究

视频为灾害行为研究提供了丰富的数据源。相较于问卷、访谈等传统研究手段获取的数据，视频数据通常含有更为丰富的信息、可重复观看、记录研究对象的实时进展和动态演化等优点，正引起学界逐步关注[①]。在灾害行为研究领域，很多研究者都是通过事后问卷调查、访谈等方法获取公众的行为数据，但是数据可及性、研究伦理、受访者记忆时效性和回忆偏差等问题一定程度上限制了这一领域发展，尤其是针对即时响应行为的研究，而随着视频数据的普及以及分析方法的完善，这一局面有望改善。比如针对公众的地震响应行为研究，就有学者提出了一套以背景信息、行为触发因素、响应行为、伤情、自我保护行为、保护他者行为、个体可观察性（个体是否可观察，或者它们是否在地震发生期间和之后进入或者退出视频画面）、地震强度为主题的视频编码方案，以开展相应研究[②]。

4.3.2 挑战

4.3.2.1 调查数据信效度

数据信效度指的是研究者获取的数据是否是可信和有效的，也即所得数据能否准确地反映研究者意图研究或者测量的概念、变量或者特征。作为灾害行为研究经典的研究方法——问卷调查面临前所未有的方法信任危机，主要体现在对问卷调查数据的信效度存疑。传统纸质问卷调查主要通过一对一面访、一对多群访和邮寄方式

[①] 吕孝礼等人：《视频研究方法：开辟公共管理研究新思路》，《公共行政评论》2022年第6期。

[②] Emily Lambie et al., "Human Behaviour During and Immediately Following Earthquake Shaking: Developing a Methodological Approach for Analysing Video Footage", *Natural Hazards*, 2016, 80(1), pp.249-283.

进行,研究者需要投入大量的时间、人力和物力成本;通过拨打电话和发送电子邮件方式获取问卷的方式则面临低问卷收回率的窘境。而随着互联网和通信技术的发展,网络问卷调查数据因其方便、快捷和经济等特征,正受到越来越多的应用,但与此同时,网络问卷数据的代表性和信效度问题也引发关注[①]。当然,学界对于传统问卷调查数据质量的担忧并非针对灾害行为研究领域,而是对当下调查环境和现状中一切问卷调查数据质量的质疑[②],比如认为受访者存在典型的心理二重区域问题[③]。

有学者提出了从问卷设计和调查设计两方面来提升问卷调查的质量[④]。也有学者主张从改善调查环节和加强调查过程控制两个环节来规范问卷调查实务操作[⑤]。这些都可以为当下基于问卷调查的灾害行为研究提供启示。第一,可以借鉴问卷调查方法研究领域的新进展来解决传统灾害行为问卷调查中的测量偏差问题。比如使用问卷实验方法解决传统灾害行为问卷调查中的同源偏误问题,使用列举实验方法来进行敏感问题的测量[⑥],使用虚拟情景锚定法

---

① 邵国松、谢珺:《我国网络问卷调查发展现状与问题》,《湖南大学学报(社会科学版)》2021 年第 4 期。

② 臧雷振、徐榕:《方法论危机下的问卷调查:挑战、变革与改进路径》,《社会学评论》2023 年第 2 期。

③ 心理二重区域指的是个人心理存在可以对外言说和不会对外言说的两个区域。李强认为相较于可以对外开放的心理区域,中国人不会对外言说的心理区域更大,心理二重区域的存在使得很多问卷调查难以获得受访者真实想法。具体参见李强:《"心理二重区域"与中国的问卷调查》,《社会学研究》2000 年第 4 期。

④ 臧雷振、徐榕:《方法论危机下的问卷调查:挑战、变革与改进路径》,《社会学评论》2023 年第 2 期。

⑤ 董海军、李希雨:《问卷调查的标准化:必要性、困境与出路》,《湖南师范大学社会科学学报》2021 年第 2 期。

⑥ 比如研究灾民是否进行了传播灾害"谣言",是否按需领取了救援物资等问题。若采用传统的让受访者自填问题的方式,受访者可能出于道德压力,提供了符合社会期许的答案,而非自己真实的想法或行为。

(anchoring vignettes)解决受访者人际不可比问题等[①]。第二,根据具体的研究议题设计合适的调查方案和辅助调查工具。比如研究一个东部地区社区宗教信仰对于公众灾害备灾意识的影响时,因为在东部地区某些社区中宗教信仰群体属于少数群体,但是不同信众可能由于日常参加一些集体宗教活动而彼此熟识,那么基于这种现状我们可以采用整群抽样,然后借助微信滚雪球抽样的方式开展具体调查工作。

4.3.2.2 研究结论概化

结论概化指具体研究发现可以推论或者适用于其他样本、案例或者情景的程度。无论是在案例研究、问卷调查还是田野调查研究方法中,都或多或少地会遭遇有关代表性或者研究结论难以概化的方法论批评。公众灾害行为研究中很多抽样调查采用的是目标抽样或者方便抽样方式。非随机抽样的方式通常会因为样本代表性问题而招致批评,进而对相关研究结论的可推广性也即概化程度提出疑问。罗伯特·斯托林斯对此提出了不同看法,其认为随机抽样是在研究者不完全知道如何能够获取代表整体样本情况下应该选择的抽样方式,但是对于灾害情景而言,研究者通常已对不同地区的受灾情况和不同地区公众的响应情况有所了解,因此目标抽样方式可用于调研特定群体或者特定地区的情况[②]。反而在灾区进行随机抽样

[①] 在传统问卷调查中,因为受访者对于问卷自测题目理解不一致(比如对于当地是否存在地震风险,一些受访者理解的是当地是否会发生地震,一些受访者理解的是当地发生地震是否会造成大规模损失)或者判断标准的不一致(比如都是非常认同,但是不同受访者判断是否认同的标准可能不一致),会导致不同受访者的答案难以相互比较的情况。而虚拟情景锚定法可以解决因问卷条目难度差异(differential item functioning)而带来的不同受访者人际不可比问题。关于虚拟情景锚定法的介绍和运用,可进一步参见李锋:《虚拟情景锚定法如何提高问卷调查的可比性——以公民诉求影响力的测度与分析为例》,《甘肃行政学院学报》2019年第3期。

[②] Robert Stallings, "Methodological Issues", in Havidán Rodríguez, Enrico L. Quarantelli, and Russell R. Dynes, eds., *Handbook of Disaster Research*, Springer, 2007, pp.55-82.

产生的样本集合却更有可能不会抽到地方领导者、应急服务提供者等这些关键样本。

强调典型性而非代表性观点一定程度上可以回应针对案例研究或者研究田野代表性问题的质疑。案例研究或者田野调查方法并非基于样本代表总体的方法论认识,而重在强调通过案例或者田野调查去描绘、阐释和揭示某种实质。笔者认同周飞舟的观点:田野调查所致力探索的并非个体差异性的问题,田野调查所聚焦的每个社区和每个案例都是一个反映人文社会关系的整体而非样本;研究者更关心的是所选择社区和案例的典型性而非代表性;研究者的研究目标决定所选择的田野案例是否典型,相对于研究目的而言,那些蕴含了最为丰富的可能性的田野案例就是最典型的,这种典型性与该田野案例是否有代表性无关[①]。

4.3.2.3　因果机制推断

当前很多的灾害行为实证研究基于这样的研究路径展开:以前人研究和/或既有理论模型为基础提出研究假设(比如高地震风险感知会促使人们采取更多的地震灾害准备行为),然后利用获取的截面数据(cross-sectional data)展开回归分析(比如以行为为因变量,以风险感知为自变量建立回归模型),进而给出所假设的因果关系存在或者不存在的证据(比如风险感知变量回归系数显著与否)。但是需要指出的是,这种通过截面数据分析结果推论至因果关系的分析进路面临方法论层面的挑战,因为“同源偏误”或“混淆偏误”等问题,截面数据回归识别出来的共变可能不是源于自变量与因变量之间真正的相关关系。相对而言,基于纵贯数据或者实验数据的分析被认为是更优的研究方法。但是从研究便捷性、经济性和可行性等其他角度

---

① 　关于周飞舟此处关于案例“代表性”和“典型性”的观点,具体参见周飞舟:《将心比心:论中国社会学的田野调查》,《中国社会科学》2021 年第 12 期。

来看,获取截面数据具有其他研究手段无可比拟的优势。因此如何基于截面数据分析尽可能识别出真实的影响关系则成为众多定量灾害行为研究学者关心的问题。

胡安宁曾基于社会学研究案例提出了理论论辩、变量测量和数据分析三种应对"主观变量解释主观变量"混淆偏误的策略①。其中前两种策略对于分析灾害行为截面数据具有重要启示意义。比如在对一份同时含有地震风险感知和应急演练参与意愿变量的截面数据展开分析之前,我们可以基于保护动机理论、防护行为决策模型和前人相关研究展开扎实的理论论证去说明"地震风险感知"与"应急演练参与意愿"之间存在影响关系,而非由于受访者个体的某些特质而导致两者之间呈现出虚假相关,实际上这也是目前多数灾害行为实证研究最常用的分析策略;至于变量测量策略,如果我们能够知晓造成混淆偏误的具体变量,通过直接测量这一变量,然后在具体分析时将这一测得的具体变量作为控制变量加入模型当中,则也能够解决相应的混淆偏误问题。比如,在一份截面数据中,公众参与灾害应急培训和准备灾害应急物资之间存在显著相关关系,如果就此解释为公众参与灾害应急培训促进其准备灾害应急物资行为的话则会遭到存在混淆偏误的质疑,比如两者之间的相关性本质上是由于两者共同受到了公众风险感知的影响。在这种情况下,我们就可以在研究设计之初时,对风险感知变量进行直接测量,而在后续分析之中,将风险感知变量作为控制变量加入具体的分析当中,以回应相关质疑。有时候我们也可以通过一定的数据分析策略来验证和识别这种混淆偏误的来源,而非直接测量的方式获得相关变量。比如我们怀疑截面数据中"参与灾害应急培训"与"准备灾害应急物资"之间的相关关系是由于社会期许效应(受访者为了表现出一种具有防灾减灾素养

① 胡安宁:《主观变量解释主观变量:方法论辨析》,《社会》2019 年第 3 期。

的良好形象,而没有实事求是地回答问卷题目)所致。那么我们可以通过对数据中的其他容易受到社会期许效应影响的题目进行因子分析,生成一个新的代表该效应的变量,然后在后续分析中把生成的新变量作为控制变量加入相关分析当中。需要意识到,对于实际的灾害行为研究而言,以这种变量测量策略解决截面数据混淆偏误的难度很大,因为研究者通常难以识别出这种造成混淆偏误的具体变量是什么[1]。

4.4　小结

与其他灾害研究议题一样,公众灾害行为研究或遵循假设—数据收集—数据分析与假设验证—结论的实证研究脉络,或遵循数据收集—数据分析、归纳与描述—结论的阐释研究路径展开。但是无论沿循何种研究路径,都需要基于实际的灾区、灾害风险区域,或者基于与线下灾害物理场相对的线上互联网舆论场等灾害田野来开展,这有利于相关研究结论对接防灾减灾救灾实务需求,也有利于研究者获得接近灾害或风险"事实"的研究体验。有鉴于公众灾害行为的时效性、隐私性、价值有涉(比如灾后社会越轨行为)、创伤性记忆唤醒等特征,相关研究应尽可能基于知情同意、平等与尊重、无伤害与受益等伦理原则开展。具体的灾害田野特征、灾害行为类型和研究者-参与者关系的定位是我们讨论或者进一步确立灾害行为研究伦理重要背景因素。传统的定性研究和定量研究方法都可以用于灾害行为研究。尽管灾害行为研究并没有独特的研究方法,但是相较于其他社会科学研究议题,灾害情景本身的独特性可能会带来一些

---

[1]　关于"理论论辩"和"变量测量"的进一步说明,参见胡安宁:《主观变量解释主观变量:方法论辨析》,《社会》2019 年第 3 期。

在开展灾害行为研究时一些特别需要关注的问题。立足中国灾害田野,建立中国特色的灾害行为研究伦理与方法论体系应是构建灾害行为研究知识谱系不可或缺的一部分,但是实现这一目标极具挑战。本章抛砖引玉,希望能引起学界进一步讨论。

第 5 章

灾害行为中的文化表征或因素

文化作为人类社会特有的现象,是考察和理解社会的重要维度。文化影响着人们看待事物的角度、实践中的行为选择与认同以及彼此间互动的方式,是人们认识和应对灾害的重要背景。这正如苏珊娜·霍夫曼(Susanna Hoffmann)和安东尼·奥利佛-史密斯所阐述——文化是理解人们以何种理由和方式应对灾害风险、为什么和如何遭受灾害的关键①;也正如弗雷德·克鲁格(Fred Kruger)和格雷格·班科夫(Greg Bankoff)等所强调——如果忽略了文化因素,那么灾害应对、适应和干预等问题就不可能被完全把握②。不同学科领域的学者都曾关注过风险或者灾害中的文化维度问题③,但其中相当

① Susanna M. Hoffman and Anthony Oliver-Smith, eds., *Catastrophe and Culture: The Anthropology of Disaster*, School of American Research Press, 2002.

② Fred Krüger et al., *Cultures and Disasters: Understanding Cultural Framings in Disaster Risk Reduction*, Routledge, 2015.

③ Mary Douglas and Aaron Wildavsky, *Risk and Culture: An Essay on the Selection of Technological and Environmental Dangers*, University of California Press, 1982; Dan M Kahan, Hank C Jenkinssmith, and Donald Braman, "Cultural Cognition of Scientific Consensus", *Journal of Risk Research*, 2010, 14(2), pp. 147 - 174; Roger Kasperson et al., "The Social Amplification of Risk: A Conceptual Framework", *Risk Analysis*, 1988, 8(2), pp.177-187.

一部分研究工作主要聚焦于风险或者灾害是如何被认识或者感知的[①]，这使得其他同等重要的灾害议题缺乏系统讨论，公众灾害行为中的文化表征或者影响便是其中之一。

文化是人们认识和应对灾害的重要背景，也提供了人们以何种方式应对灾害的部分解释。但是既有灾害行为研究中对于文化的作用缺乏系统探讨。本章将分析灾害与文化研究中的不同研究取向，继而重点讨论公众灾害行为中的文化表征或者文化因素。

5.1 文化与灾害

5.1.1 理解文化

文化是日常对话和学术话语中出现的高频词汇，但是很难被具体界定。文化的表现形式多样，有人造物（建筑、食物、服饰、艺术品等）和制度（家庭、宗教和社会规范等）等显性外在的表现形式，也有价值观、信仰和世界观等隐性内在的表现形式。有学者从物质和非物质两个方面去理解文化的构成，也有学者将文化划分为物质文化、制度文化（规范文化）和精神文化三种[②]。有研究认为文化由历史衍生和选择的，或外显或隐含的思维模式以及它们在制度、实践和实物中的具体表现所组成；文化模式一方面可视为人类行为的产物，另一方面也可视为进一步行为的塑造因素（conditioning elements）[③]。

---

① Kathleen Tierney, "Culture and the Production of Risk", in Kathleen Tierney, *The Social Roots of Risk: Producing Disasters, Promoting Resilience*, Stanford University Press, 2014, pp.50-81.

② 黄淑娉、龚佩华：《文化人类学理论方法研究》，广东高等教育出版社 1996 年版，前言第 1—4 页。

③ Glenn Adams and Hazel Rose Markus, "Toward a Conception of Culture Suitable for a Social Psychology of Culture", in Mark Schaller and Christion S. Crandall, eds., *The Psychological Foundations of Culture*, Lawrence Erlbaum Associates Publishers, 2004, pp.335-360.

奥马尔·利萨尔多(Omar Lizardo)则把文化划分为公众文化(public culture)、可陈述的个体文化(declarative culture)和不可陈述的个体文化(non-declarative culture)三种类型①,这实际上体现了文化的个体集体不同层次和外显内隐不同表现形式。

　　尽管人们对什么是文化进行了诸多讨论,学术界至今尚无一个统一的文化定义。广义的文化可以指人类在社会实践过程中所获得的物质、精神的生产能力和创造的物质、精神财富的总和②,狭义的文化则更侧重于人类创造的无形的和非物质的精神产品。比如有学者把文化单纯界定为一种集体性的社会建构③。在众多文化概念中,英国人类学家爱德华·泰勒(Edward Tylor)提出的文化定义影响深远,即:文化是社会成员所习得的包括知识、信仰、艺术、道德、法律、习俗以及其他能力与习惯的综合体④。在灾害研究领域,有学者把"灾害文化"界定为社区共有的与灾害相关的价值观、规范、信念、知识、技术等要素构成的综合体,这显然是受到了泰勒文化定义的影响⑤。

　　本章将文化界定为一个群体的生活方式和集体建构(collective constructions),包含了世界观、价值观、信仰、仪式、艺术、传统习俗、

---

① 关于三种文化类型的介绍亦可参见 Omar Lizardo, "Improving Cultural Analysis: Considering Personal Culture in Its Declarative and Nondeclarative Modes", *American Sociological Review*, 2017, 82(1), pp.88–115.

② 《辞海:第六版彩图本》,上海辞书出版社 2009 年版,第 2379 页。

③ 胡安宁:《实质认同与图式关联:对文化作用机制的社会学分析》,《学术月刊》2022 年第 11 期。

④ Edward Tylor, *The Origins of Culture*, Harper and Brothers, 1958, p.1.

⑤ Harry Estill Moore, *From… and the Winds Blew. an Island Within an Island*, The University of Texas, 1964; William Anderson, "Some Observations on a Disaster Subculture: The Organizational Response of Cincinnati, Ohio, to the 1964 Flood", Disaster Research Center Research Note #6, Ohio State University, 1965; Dennis Wenger and Jack Weller, "Disaster Subcultures: The Cultural Residues of Community Disasters", Disaster Research Center Preliminary Paper #9, University of Delaware, 1973.

语言、符号和知识等不同成分,存在外显、内隐等不同表达形式。在很大程度上,我们社会的特性由文化塑造和体现,文化是我们了解个体和社会的思想、行为以及社会互动等社会现实背后的关键因素之一。

5.1.2　灾害研究的文化取向

从功能角度看,文化被认为是共享的集体知识、信仰、技能和传统,使人们能够世代适应其所生活的生态环境,文化价值取向在某种程度上是由人类对其环境的适应所塑造的,然后指导了对该环境的适应和应对过程,包括人们如何应对灾害①。

既然文化指导了人们认识和应对灾害的过程,那么具体是什么文化要素发挥了作用,文化或者文化因素是如何发挥作用的则成了一个重要的学术问题。实际上,这也是当前灾害与文化研究中的一个重要进路或者研究取向——关注因果关系的"科学"取向。即以"文化"作为自变量,以"灾害"(如灾害意识、灾害行为、灾害结果等)为因变量,探索文化要素和灾害之间的因果关系(如图5-1所示)。当然,这里的自变量可以是信仰、价值观、规范、信任等具体的文化要素,也可以是复杂综合体和集体生活方式层面的,作为一个整体的"文化"。

图 5-1　灾害与文化研究中的因果取向

(资料来源:作者自制)

文化作为一种生活方式,体现了一个群体对其世居生态环境的适应。这就意味着,文化作为一种集体生活方式或包含了多种因素

---

①　Mariam Rahmani, Ashraf Muzwagi, and Andres Pumariega, "Cultural Factors in Disaster Response among Diverse Children and Youth around the World", *Current Psychiatry Reports*, 2022, 24(10), pp.481-491.

的复杂综合体,其中会存在着一个群体应对和适应灾害的经验或者智慧,只不过这些经验或者智慧或以一种"群体内所知,群体外不知",或以一种"群体内知其然,不知其所以然",又或以一种"上一代知,下一代不知"的方式内嵌到群体内的生产生活当中。这些经验或者智慧是什么、是怎么生成和积淀的,有什么作用自然而然也就成为另一个重要学术问题。实际上,这也是当前灾害与文化研究中的第二个重要研究取向——关注"文化+灾害"的整体取向。也即致力于挖掘、整理、书写、传承和保护既有文化体系中与灾害相关的那一部分,有时候会是一种从默会知识到显性知识的转化工作,比如灾害文化和地方性知识研究(如图 5-2 所示)。

图 5-2　灾害与文化研究中的整体取向

(资料来源:作者自制)

　　当然,灾害与文化研究中,这两种研究进路或者取向不是泾渭分明的,而是彼此交叠甚至融合(如图 5-3 所示),比如一个地区的灾害文化或者地方性知识对当地居民的灾害行为存在影响,而一个地区的信仰、价值观、规范与当地公众灾害认知和行为之间的影响关系可能体现的正是当地的灾害文化或者地方性知识。只不过,从学科背景和方法论角度来看,尽管质性研究方法在因果机制探索方面同样具有强大的威力[1],但是就当前研究而言,公共管理、心理学、地理学

---

① 王正绪、栗潇远:《实证社会科学研究中的因果推断:挑战与精进》,《社会科学》
　　2023 年第 8 期。

领域的学者似乎更倾向于采用定量研究方法去研究文化因素如何作用于公众的灾害认知与行为,而人类学、社会学领域的学者则更偏好去基于质性研究方法去进行一个群体的灾害文化或者地方性知识的深描。

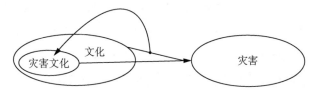

图 5-3　灾害与文化研究中的因果取向和整体取向的融合
(资料来源:作者自制)

此外,除了关注因果关系的"科学"取向和关注"文化+灾害"的整体取向,也有研究者对不同文化群体关于灾害应对行为的差异产生了兴趣。从 20 世纪八九十年代开始,美国灾害研究者就发现不同族裔美国民众在家庭防灾备灾上存在差异。例如,美国白人家庭的备灾水平比非洲裔和西班牙裔家庭的水平高;与美国白人和非洲裔相比,墨西哥裔美国人最不可能购买地震保险[1];与非洲裔、西班牙裔和亚裔相比,美国白人家庭更加可能去修缮房屋和购买地震保险以预防地震灾害影响,非洲裔家庭最不可能储备应急食物,亚裔最不可能制定家庭地震应急预案[2]。早期针对 1992 年安德鲁飓风(Hurricane Andrew)的研究发现,非洲裔和西班牙裔家庭相较之美国白人家庭更容易得到其亲人的备灾帮助[3];近期针对美国拉丁裔民众的家庭

① Ralph Turner et al., *Community Response to Earthquake Threat in Southern California*, Institute for Social Science Research, University of California, 1980.

② Denise Blanchard-Boehm, *Risk Communication in Southern California: Ethnic and Gender Response to 1995 Revised, Upgraded Earthquake Probabilities*, Natural Hazards Research and Applications Information Center, 1997.

③ Betty Morrow, "Stretching the Bonds: The Families of Andrew", in Walter Gillis Peacock, Betty Hearn Morrow, and Hugh Gladwin, eds., *Hurricane Andrew: Ethnicity, Gender and the Sociology of Disaster*, International University, 1997.

备灾情况调查研究指出,大部分拉丁裔美国移民没有制定过家庭应急预案①。不同文化背景的民众对于不同信息/知识宣传渠道存在着偏好。比如,在美国,拉丁裔、墨西哥裔和非洲裔民众相较于白人更有可能利用其社会网络和邻居会议来获取灾害相关信息和知识②;拉丁裔居民与非拉丁裔居民相比更倾向于通过朋友和家庭成员来获取灾害备灾的相关信息和知识③。

实际上,这种群体差异对比分析的策略在一些社会学家看来属于韦伯-帕森斯式的分析范式,即"将文化视为一种置于特定文化意义系统中的个体聚合起来所体现出的某种属性",而人们可以从对比视角中描述和展示这种称之为文化的"属性"④。也即,沿袭这种路径的学者不会去着力分析是什么一般意义上的文化要素影响了哪些认知和行为,也不去挖掘、解释和深描公众的认知和行为中体现了什么样的灾害文化,而是把不同地区、不同群体之于灾害的认知和行为表现出来的差异本身看作是文化差异本身。这符合把文化界定为反映一个群体的生活方式的基本认识。

灾害与文化研究的价值首先源于文化提供了公众灾害行为的

---

① Olivia Carter-Pokras et al., "Emergency Preparedness: Knowledge and Perceptions of Latin American Immigrants", *Journal of Health Care for the Poor and Underserved*, 2007, 18(2), pp.465-481.

② Denise Blanchard-Boehm, *Risk Communication in Southern California: Ethnic and Gender Response to 1995 Revised, Upgraded Earthquake Probabilities*, Natural Hazards Research and Applications Information Center, 1997; Alice Fothergill, Enrique Maestas, and JoAnne Darlington, "Race, Ethnicity and Disasters in the United States: A Review of the Literature", *Disasters*, 1999, 23(2), pp.156-173.

③ Anthony Peguero, "Latino Disaster Vulnerability: The Dissemination of Hurricane Mitigation Information among Florida's Homeowners", *Hispanic Journal of Behavioral Sciences*, 2006, 28(1), pp.5-22.

④ 胡安宁:《实质认同与图式关联:对文化作用机制的社会学分析》,《学术月刊》2022 年第 11 期。

解释逻辑。比如对于灾害风险准备工作投入带来的收益（降低的损失）将会大大高于投入，但是很多调查研究都表明了公众对于灾害预防准备工作难以投入热情；而祛厄禳灾的仪式实际上并不能阻止灾害的来临，但是调查研究指出，一些地方的百姓仍对仪式的减灾效用深信不疑且乐此不疲，显然这不符合理性人行为视角下的假设，但是如果将这种行为放在当地的民间信仰体系中或者地方性知识框架中，则一切就可能显得顺理成章，因为在一些民间信仰体系中，灾害的发生意味着神怒，仪式（比如祭祀）是与神对话的渠道，安抚了神灵自然就可以祛厄禳灾。也就是说，文化提供了一个我们理解公众如何认识灾害和应对灾害的重要视角，至少提供了公众灾害认知和行为的部分解释。

灾害与文化相关研究工作的合法性不仅源于其理论意义，其具有实践与政策意涵同样值得关注，而且这种认识在 2004 年印度洋海啸之后，被学术界进一步认识和强调。比如一些研究指出，在 2004 年印度洋海啸灾害中，东南亚国家的一些土著居民、外来务工人员和游客表现出了不同的灾害应对行为模式。很多外来务工人员和游客并没有识别出一次巨大的海啸正在迫近的任何信号，因而未采取防御措施。但是在泰国的莫肯部落（Moken）、印度尼西亚的锡默卢岛居民（Simeulueans）以及安达曼-尼科巴群岛（Andaman-Nicobar Islands）的居民，他们感知到地震以及看到海水退潮后意识到海啸迫近，因而及时撤离逃生避免了严重伤亡。学者把当地土著居民的成功逃生归功于当地的灾害文化或者传统知识。[①] 当然，防灾减灾政策和项目也能从致力于挖掘文化与灾害因果机制的研究中获得启示。比如在一个宗教文化氛围浓郁的地区进行灾害教育和风险

① Jessica Mercer et al., "Culture and Disaster Risk Reduction: Lessons and Opportunities", *Environmental Hazards*, 2012, 11(2), pp.74-95.

沟通工作或者灾害恢复项目是否会受到当地信仰文化的影响,这个问题将可能从那些"探究宗教信仰之于公众灾害准备、自救互救、社会越轨行为的影响机制"的研究中找到答案①。

5.2　灾害行为中的文化因素

5.2.1　价值观

弗洛伦斯·克拉克洪(Florence Kluckhohn)和弗雷德·斯特罗特贝克(Fred Strodtbeck)于 20 世纪 60 年代提出了著名的价值取向理论(values orientation theory,VOT)②。该理论认为,所有的人类社会都必须回答一些有限数量的普遍问题,这些问题的答案基于价值观,数量有限而且普遍为群体内成员所知,但在不同人类社会群体中对于这些问题的答案有不同的偏好,包含了五个基本价值取向(见表 5-1)。一是时间。如何看待时间问题,一些文化可能侧重传统和历史(过去取向),而其他文化可能优先考虑即时满足和现在的时刻(现在取向),还有一些文化可能强调长期规划和目标,着力寻求替代旧方法的新途径(未来取向)。二是人与自然。人类是自然的征服者、顺从者还是自然和谐相处者。一些文化强调人类可以并且应该完全控制自然界和超自然界的力量,一些文化认为人类可以并且应该以一种与自然力量相互平衡的方式部分控制自然,一些文化更倾向于认为人类不能且不应该试图控制自然,而是应该顺从自然背后

---

① Lei Sun, Yan Deng, and Wenhua Qi, "Two Impact Pathways from Religious Belief to Public Disaster Response: Findings from a Literature Review", *International Journal of Disaster Risk Reduction*, 2018, 27, pp.588-595.

② Florence Kluckhohn and Fred Strodtbeck, *Variations in Value Orientations*, Row, Peterson, 1961.

的力量。三是社会关系。一些文化重视等级,强调应遵从群体内更高权威的领导,一些文化更重视平等,一些文化更重视个人主义,即个体或者家庭应独立做出决策。四是行为动机。如何看待人类行为动机,是注重表达自我(being),即动机是内在的,强调个体自己所重视的活动,不一定非得得到其他成员的广泛认同;是发展(being-in-becoming),即更强调发展自己所珍视的能力;还是强调行为动机应该来自外部,人类行为应该是既被自己重视又能够得到群体成员广泛的认同。五是人性。人性本善还是本恶,还是兼而有之①。

表 5-1 VOT 中的基本价值取向

价值取向	内容
时间	过去、现在还是未来取向
人与自然	征服、顺从还是和谐相处
社会关系	重视等级、重视平等还是强调个人主义
行为动机	注重表达自我、重视发展还是重视社会认同
人性	人性本善、本恶还是兼而有之

资料来源:作者根据基本价值取向理论自制。

细究起来,在价值取向理论下,时间、人与自然、社会关系、行为动机和人性中的每一个价值取向都有可能是一个特定文化群体灾害行为背后的深层次逻辑,比如强调长期规划和目标的时间取向可能促进了一些群体更可能去进行防灾减灾规划,重视等级的价值取向可能会左右公众对于政府防灾减灾政策的遵从,而对于人性本恶还是人性本善的取向会决定灾害情景下的利他行为。而如果把自然灾害视为"自然系统和社会系统相互作用之产物"的话,那么一个群体关于"人与自然"关系的价值取向选择将可能直接决定了这个群体

---

① Michael Hills, "Kluckhohn and Strodtbeck's Values Orientation Theory", *Online readings in psychology*, 2002, 4(4), pp.2-14.

对待灾害的态度和宏观行为模式，也即是采取顺从和宿命论的方式来应对灾害（将一切交给灵性力量），还是采取和谐和共存的方式（调整实践以适应灾害变化），或者采取对自然的征服和支配方式（试图征服自然力量）[1]。

　　个人主义（individualism）和集体主义（collectivism）也是价值观研究范畴下的经典分类，前者更加重视个体的权利、自由和独立性，强调个体目标和自我实现，认为个人利益高于集体利益；相对而言，集体主义更加重视合作和互助，强调家庭和社会的一体性，认为集体利益应该高于个人利益。在吉尔特·霍夫斯泰德（Geert Hofstede）的文化维度理论（cultural dimensions theory）[2]、克拉克洪和斯特罗特贝克的价值取向理论[3]中，这种反映一个群体对于社会关系的价值理念也被认为是区分不同文化类型的一个重要维度。西奥多·辛格利斯（Theodore Singelis）等根据人们对于个人-集体之间的关系以及对于群体内部平等/不平等的态度倾向将个人主义和集体主义进一步划分为水平个人主义、垂直个人主义、水平集体主义和垂直集体主义[4]。水平个人主义强调个体的独立自主和平等，垂直个人主义强调个体的独立自主但是接受不平等，水平集体主义将个体视为集体的一部分但重视平等，而垂直集体主义将个体视为集体的一部分但是接受不平等[5]。

---

[1]　Mariam Rahmani, Ashraf Muzwagi, and Andres Pumariega, "Cultural Factors in Disaster Response among Diverse Children and Youth around the World", *Current Psychiatry Reports*, 2022, 24(10), pp.481-491.

[2]　Geert Hofstede, *Culture's Consequences: International Differences in Work-Related Values*, Sage, 1980.

[3]　Florence Kluckhohn and Fred Strodtbeck, *Variations in Value Orientations*, Row, Peterson, 1961.

[4]　Theodore Singelis et al., "Horizontal and Vertical Dimensions of Individualism and Collectivism: A Theoretical and Measurement Refinement", *Cross-Cultural Research*, 1995, 29(3), pp.240-275.

[5]　Ibid.

　　一些灾害研究学者已经注意到，文化价值观可能会对公众灾害行为产生影响。比如道格拉斯·佩顿等人认为，在个体主义文化背景下，如果集体性的灾害调适行为发生，那应该是出于个人选择，反映的是个体对于特定背景下集体合作的偏好，而不是群体文化意义上的偏好；相反，在集体主义文化背景下，行为会根植于文化信念体系，这些信念会体现在反映了群体共同目标和社会规范的活动当中，个体通过参与集体性的活动来维持社会关系，进而实现集体目标①。有学者认为在个体主义价值观念主导下的美国白人社会，更加强调独立性（independence）、自力更生（self-reliance）的价值观念②，这会影响到公众之间的互助情况。一方面，个体主义价值观念会阻碍公众主动去寻求帮助；另一方面，主动帮助他人的行为也存在动摇他人独立自主的自我观念建构的可能性③。也正因此，相关研究发现在灾害来临时，如果人们无法准确评估灾害的严重程度以及自身的脆弱性，受个人主义价值观念影响，那些白人老年人可能更倾向于待在家中通过自我努力来成功应对灾害，他们可能不太愿意寻求帮助，认为主动寻求帮助可能会使他们成为不受欢迎的对象，也不符合他们的价值观④。但是在中国的传统文化中，因为更加强调集体、合作与和谐，这种文化价值观念会更加利于促进公众互助行为的产生，因此人们会更加倾向于以一种相互依赖、合作的方式应对灾害。有关新冠疫情

① Douglas Paton et al., "Predicting Community Earthquake Preparedness: A Cross-Cultural Comparison of Japan and New Zealand", *Natural Hazards*, 2010, 54(3), pp.765-781.

② Derald Sue et al., *Counseling the Culturally Diverse: Theory and Practice*, John Wiley & Sons, 2022.

③ Tatyana Avdeyeva, Kristina Burgetova, and David Welch, "To Help or Not to Help? Factors That Determined Helping Responses to Katrina Victims", *Analyses of Social Issues and Public Policy*, 2006, 6(1), pp.159-173.

④ Ibid.

防护行为意愿和行为的调查研究显示,相较于个体主义者,集体主义者更愿意响应政府号召,更愿意采取社交隔离、个人卫生防护等疫情防护行为[1]。

5.2.2 社会规范

社会规范(social norms)是社会群体内成员所认同的规则和标准,它能够指导或者约束社会成员的行为而不依赖法律的强制力量[2],由人们在社会化过程中,通过彼此互动所习得。社会规范具有重要的社会功能,其"为原本可能被视为模糊、不确定或可能具有威胁性的情况提供秩序和意义"[3]。社会规范可以分为不同类型,比如描述性规范(descriptive norms)[4],这种"规范"信息主要源于个体对他人行为的观察,在特定情境下,个体通过观察某种行为的社会普遍性来获取对该行为社会可接受程度的理解,也即其他人的行为模式提供了什么是"规范"行为的信息和社会证据(social proof);指令性规范(injunctive norms)反映一个社会所赞扬和批判的行为[5]。两者的区别在于描述性规范体现的是在一个社会群体中,多数人已经在

---

[1] Mikey Biddlestone, Ricky Green, and Karen Douglas, "Cultural Orientation, Power, Belief in Conspiracy Theories, and Intentions to Reduce the Spread of Covid-19", *British Journal of Social Psychology*, 2020, 59(3), pp.663-673.

[2] Robert Cialdini and Melanie Trost, "Social Influence: Social Norms, Conformity and Compliance", in Daniel Todd Gilbert, Gardner Lindzey, and Susan T. Fiske, eds., *The Handbook of Social Psychology*, 4th edtion, McGraw-Hill, 1998, pp.151-192.

[3] Bertram Raven and Jeffrey Rubin, *Social Psychology: People in Groups*, John Wiley & Sons, 1976, p.35.

[4] 也有学者将"descriptive norms"译为"示范性规范"。

[5] Robert Cialdini and Melanie Trost, "Social Influence: Social Norms, Conformity and Compliance", in Daniel Todd Gilbert, Gardner Lindzey, and Susan T. Fiske, eds., *The Handbook of Social Psychology*, 4th edtion, McGraw-Hill, 1998, pp.151-192.

做的实际行为,而指令性规范体现的是在一个社会中人们应该做和不应该做的行为①。再比如从个体和社会群体层面可以分为感知规范(perceived norms)和集体规范(collective norms),前者指个人对于规范的认知和理解,后者指规定群体内成员何可为、何不可为的普遍行为准则②。

社会规范和社会价值观紧密关联。一方面,社会价值观促进了社会规范的行为;另一方面,一个社会的价值观念会通过具体的社会规范来体现和表达。一旦社会规范被内化(internalized),相应的规范将成为个体自我概念(self-concept)不可或缺的一部分,个体所采取的行为将受到是否符合自我期望的进一步规约③。"社会规范"的影响会从常态情景延伸到灾害情境下,进而塑造一个社会响应灾害的整体面貌。比如 2011 年 3 月 11 日,日本 Mw9.0 级地震发生后,日本社会井然有序地开展自救互救公救,整个社会展现出的灾害素养和韧性给国际社会留下了深刻印象;日本社会存在的社会规范意识、显著的同根性、强烈的共识意识和社会资本(社会信任资本)被认为是这种灾害响应面貌的重要原因④。一些关于社会规范的实证研究发现,如果个体感知到采取和别人一样的行为能够获得益处、与参照群体有着强烈的情感联结或者亲和力,以及将所要采取的行为或者相应的行为态度视为自我概念的关键的话,那么

---

① Maria Knight Lapinski and Rajiv Rimal, "An Explication of Social Norms", *Communication theory*, 2005, 15(2), pp.127-147.

② Ibid.

③ Robert Cialdini and Melanie Trost, "Social Influence: Social Norms, Conformity and Compliance", in Daniel Todd Gilbert, Gardner Lindzey, and Susan T. Fiske, eds., *The Handbook of Social Psychology*, 4th edtion, McGraw-Hill, 1998, pp.151-192.

④ Michio Kaku and Jackie Chen, "A Tale of Two Cultures", *New oriental English*, 2011, (06), pp.42-45.

他们就会按照所观察和感知到的社会规范行事，也即行为结果期望（outcome expectations）、群体认同（group identity）和自我卷入（ego involvement）在描述性规范和感知规范对具体行为的影响路径中发挥了关键作用①。在这种规范-行为观点视角下，灾后日本公众一旦观察和感知到井然有序、自救互救的社会规范，意识到这种行为是日本灾后社会所期许的行为，在强烈的群体共识意识和实现自我社会价值动机作用下，就会自然而然地遵守秩序，积极开展自救互救活动。

米歇尔·格尔芬德（Michele Gelfand）等学者提出了紧文化（tight culture）和松文化（loose culture）的概念来描述不同社会中规范的强弱和对社会越轨行为容忍度的差异情况②。紧文化社会拥有较多的强社会规范，对社会越轨行为容忍度较低，比如中国、日本、新加坡和奥地利等；而松文化拥有较多的弱社会规范，对社会越轨行为的容忍度较高，比如美国、巴西、西班牙和意大利等③。这可能意味着，对于一个集体而言，社会规范多少和强弱会影响灾害情境下社会行为的一致性和政策遵从程度，紧文化所代表的"强"和"多"社会规范整体上可能更利于促进公众行为的一致性，进而更利于一个社会去应对新冠疫情这样的全社会危机。

从灾害应对的角度来看，"强"规范和"多"规范并不会总是给一个社会带来积极影响。社会规范和文化习俗有可能是表现出公众灾害脆弱性的重要原因。第一，对于既有社会规范的认同和遵从，可能

① Rajiv Rimal and Kevin Real, "Understanding the Influence of Perceived Norms on Behaviors", *Communication Theory*, 2003, 13, pp. 184 - 203; Maria Knight Lapinski and Rajiv Rimal, "An Explication of Social Norms", *Communication theory*, 2005, 15(2), pp.127-147.

② Michele Gelfand et al., "Differences between Tight and Loose Cultures: A 33-Nation Study", *Science*, 2011, 332(6033), pp.1100-1104.

③ Ibid.

会使某些群体缺少学习自救互救能力的机会,进而错失实际灾害时紧急逃生的机会,从而使他们在灾害发生时表现得更加脆弱。比如在斯里兰卡,女性群体的长发和纱丽服①、不鼓励妇女学习游泳和爬树等文化传统以及女性有照顾(甚至营救)小孩责任的家庭规范,曾使不少斯里兰卡女性在 2004 年印度洋海啸灾害中错失或延误了迅速逃生的机会②。因担心衣服不得体而带来巨大耻辱也显著影响着孟加拉国妇女在台风、海啸等灾害中的逃生能力③。第二,规范和习俗也可能限制了某些群体获取减灾资源、预警信息机会。比如孟加拉国的"妇女闭门不出文化"使得当地妇女不能随便与他人互动,没有丈夫的允许不能随便离开家门(甚至去台风避难场所),这曾使当地不少妇女不能及时获得灾害预警/预报信息,这也是当地妇女在1970 年和 1991 年的孟加拉湾台风灾害中伤亡更为惨重的原因之一④。

5.2.3 信仰文化

宗教是一种以超自然力量或神灵信仰为核心的社会意识,是通过特定组织制度和行为活动来体现这种社会意识的社会体系⑤,是信仰文化的重要表现形式。尽管在 20 世纪 60 年代,拉塞尔·戴恩斯

---

① 纱丽服(Sari),印度、斯里兰卡、孟加拉国等国妇女的一种传统服饰。

② Michele Gamburd and Dennis McGilvray, "Sri Lanka's Post-Tsunami Recovery: Cultural Traditions, Social Structures and Power Struggles", *Anthropology News*, 2010, 51(7), pp.9-11.

③ Philippa Howell, "Knowledge Is Power? Obstacles to Disaster Preparedness on the Coastal Chars of Bangladesh", *Humanitarian Exchange*, 2001, 18, pp.21-23.

④ Philippa Howell, *Indigenous Early Warning Indicators of Cyclones: Potential Application in Coastal Bangladesh*, Benfield Greig Hazard Research Centre, 2003.

⑤ 戴康生、彭耀:《宗教社会学》,社会科学文献出版社 2000 年版,第 201 页。

等美国学者的灾害研究议题就已涉及宗教,但是学术界相对体系化地研究宗教信仰与公众灾害应对的关系则出现在 20 世纪 90 年代后期[1]。宗教信仰对公众应对灾害的影响,主要存在两种路径[2]:灾害的超自然归因—灾害意识—灾害应对路径,本章称为"灾害意识路径"(如图 5-4 所示);信仰认同—宗教支持—灾害应对路径,本章称为"宗教支持路径"(如图 5-5 所示)。其中宗教支持是指与宗教相关的各种帮助、资源的总称,既包括物质层面的帮助和资源,也包含精神层面的帮助和资源。

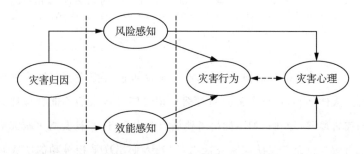

图 5-4　灾害超自然归因—灾害意识—灾害应对路径

（资料来源:Lei Sun, Yan Deng, and Wenhua Qi, "Two Impact Pathways from Religious Belief to Public Disaster Response: Findings from a Literature Review", *International Journal of Disaster Risk Reduction*, 2018, 27, pp. 588-595)

---

① Russell Dynes and Daniel Yutzy, "The Religious Interpretation of Disaster", *Topic 10: A Journal of the Liberal Arts*, 1965, pp.34-48; Lei Sun, Yan Deng, and Wenhua Qi, "Two Impact Pathways from Religious Belief to Public Disaster Response: Findings from a Literature Review", *International Journal of Disaster Risk Reduction*, 2018, 27, pp.588-595.

② Lei Sun, Yan Deng, and Wenhua Qi, "Two Impact Pathways from Religious Belief to Public Disaster Response: Findings from a Literature Review", *International Journal of Disaster Risk Reduction*, 2018, 27, pp.588-595.

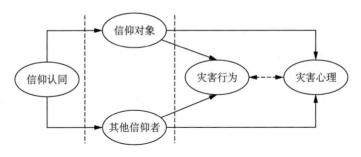

图 5-5　信仰认同—宗教支持—灾害应对路径

（资料来源：Lei Sun, Yan Deng, and Wenhua Qi, "Two Impact Pathways from Religious Belief to Public Disaster Response: Findings from a Literature Review", *International Journal of Disaster Risk Reduction*, 2018, 27, pp.588-595)

（1）受到宗教信仰的影响，部分信众可能会把灾害归结为神或者上天的惩罚，这种灾害的超自然认识可能导致人们不能合理地感知灾害风险，导致人们不能恰当地认识个人、社区和社会防灾减灾措施有效性以及自身防灾减灾能力，导致人们出现消极被动的防灾减灾意愿，等等；进而影响到民众实际的防灾减灾行为和灾害情景下的心理状态。也即宗教信仰通过影响民众的灾害意识/灾害认知进而影响了民众的灾害行为和心理。

（2）宗教信仰者通过对于自身"信徒"身份的认同建立或者维系了两种重要联系——与其具体信仰对象（神/上帝）的联系和与其他信仰者之间的联系。在灾害情境下，公众可以从其信仰对象获得重要的精神/情感支持（emotional support）；而相同信仰者因为共同信仰的维系，强化了对于"内群体"（in-group）（相同信仰者群体）的认同和彼此信任，这在无形中积累了重要的灾害应对资源，在灾害情境下，这些宗教资源可以作为或者转化为信徒应对灾害的重要力量。也即宗教信仰建立或者维系了信仰者、信仰对象和其他信众之间的联系,从而使得宗教信仰可以通过信仰认同—宗教支持—灾害应对这一路径来影响民众的灾害行为和心理。

5.2.4　信任

信任(trust)被认为是一种影响公众灾害认知和灾害行为的重要因素。解释信任的理论很多,文化视角下的观点认为,信任体现出的是一种根植于一个社会的政治、经济和文化背景中的社会关系[①],或者说社会文化现象的一个具体表现[②]。从功能主义的角度来看,尼克拉斯·卢曼(Niklas Luhmann)认为信任具有降低社会复杂性的社会功能[③]。弗朗西斯·福山(Francis Fukuyama)则强调信任是社群(community)中产生的一种期望,这种期望基于社群共享规范影响下的社群成员的普遍诚实特质和合作行为;这种共享规范可能涉及深刻的价值问题,比如上帝的本质和正义,同时也包括世俗的规范,比如专业标准和行为准则[④]。

如果我们接受风险感知是灾害行为的重要前置因素,那么关于信任如何影响灾害行为则可以先从信任与风险感知之间的作用关系谈起。威廉·弗洛伊德(William Freudenburg)[⑤]、厄尔·蒂莫西(Earle Timothy)和克维特科维奇·乔治(Cvetkovich George)[⑥]等学者被认为是最早认识到信任在风险感知和管理中重要性的

---

① 白春阳:《社会信任的基本形式解析》,《河南社会科学》2006 年第 1 期。

② 王绍光、刘欣:《信任的基础:一种理性的解释》,《社会学研究》2002 年第 3 期。

③ Niklas Luhmann, *Trust and Power: Two Works*, John Wiley and Sons, 1979.

④ Francis Fukuyama, *Trust: The Social Virtues and the Creation of Prosperity*, The Free Press, 1996.

⑤ William Freudenburg, "Risk and Recreancy: Weber, the Division of Labor, and the Rationality of Risk Perceptions", *Social Forces*, 1993, 71(4), pp.909–932.

⑥ Timothy Earle and George Cvetkovich, "Culture, Cosmopolitanism and Risk Management", *Risk Analysis*, 1997, 17(1), pp.55–65.

研究者①。弗洛伊德发现对核风险管理机构的信任是影响核风险感知的重要因素②。蒂莫西和乔治则强调了价值观相似性是产生社会信任的重要基础(也即人们倾向于相信与他们价值观相似的人或者机构)，而社会信任会影响公众的风险感知情况③。在一项关于国外信任和风险感知的综述研究中，研究者指出一般信任(general trust)、社会信任(social trust)和信心(confidence，可理解为一种对于能力的信任)是相关研究中通常会涉及的三类信任相关因素：一般信任(即个体对首次见面的人的信任程度)与风险感知呈负相关，那些倾向于信任与他们没有社会互动的其他人的人相较于那些显示较低一般信任的人，对各种技术和危害的社会风险感知水平更低④。在很多情况下，影响公众风险感知的信任因素不是一般信任，而是公众对于专家技术人员或者特定风险管理部门的信任或者信心⑤。上文提及的卢曼和福山的观点可为我们理解社会信任、信心和公众灾害风险感知之间的关系提供了诸多启示。因为很多情况下，公众缺乏灾害事件相关的信息和知识，因此他们不得不依赖专家或者政府相关部门提供的知识和信息来对风险进行判断。同时公众也会信任专家和政府能够保障我们的安全，因为公众对专家和政府相关部门能够基于专业素养和能力应对灾害风险产生了期待。比如说，当公众不相信政府有足够的能力去维护核设施安全时，这种低信任将会进一步导致

① Michael Siegrist, "Trust and Risk Perception: A Critical Review of the Literature", *Risk Analysis*, 2019, 41(3), pp.480-490.

② William Freudenburg, "Risk and Recreancy: Weber, the Division of Labor, and the Rationality of Risk Perceptions", *Social Forces*, 1993, 71(4), pp.909-932.

③ Timothy Earle and George Cvetkovich, "Culture, Cosmopolitanism and Risk Management", *Risk Analysis*, 1997, 17(1), pp.55-65.

④ Michael Siegrist, "Trust and Risk Perception: A Critical Review of the Literature", *Risk Analysis*, 2019, 41(3), pp.480-490.

⑤ Ibid.

公众的高核风险感知和高风险厌恶状态（risk aversion）[1]。

本书主要强调的一个观点是信任因素可能会影响公众的灾害风险感知，鉴于风险感知和公众灾害行为（比如调适行为）之间的影响关系，那么信任可能通过影响公众的风险感知进而影响公众的灾害行为则是顺理成章的事情。但是信任—风险感知—行为不是信任影响灾害行为的唯一路径，信任也可以通过其他作用机制或直接或间接作用于公众的灾害调适、自救互救和恢复等行为。

罗杰·梅耶尔（Roger Mayer）等学者提出的信任模型（如图 5-6 所示）提出了影响受信方可信任程度的三个关键影响因素：能力、善意和诚实[2]。也即施信者对他人或者组织产生的信任倾向可以源自受信方的专业知识、技能、卓越表现等能力，源于他人或者组织表现出的利他主义善意，也可源自他人或者组织表现出的正直、诚实等道德品质[3]。梅耶尔关于信任形成模型或者机制的讨论对于我们理解为什么信任会影响公众在灾害情境下公众的行为选择带来启示。

公众的灾害决策必须面对灾害本身的不确定性和复杂性，而信任是减少不确定性和复杂性的必要机制，因此信任变量才在公众的灾害行为相关决策中会变得十分重要[4]。上文已经提到过，相较于政府部门和专家，很多公众缺乏灾害的直接体验、一手信息及防护

---

[1]　Roger Kasperson and Kirstin Dow, "Hazard Perception and Geography", in Tommy Gärling and Reginald G. Golledge, eds., *Advances in Psychology*, North-Holland, 1993, pp.193-222.

[2]　Roger Mayer, James Davis, and David Schoorman, "An Integrative Model of Organizational Trust", *The Academy of Management Review*, 1995, 20(3), pp.709-734.

[3]　Ibid.

[4]　Douglas Paton, "Risk Communication and Natural Hazard Mitigation: How Trust Influences Its Effectiveness", *International Journal of Global Environmental Issues*, 2008, 8(1/2), pp.2-16.

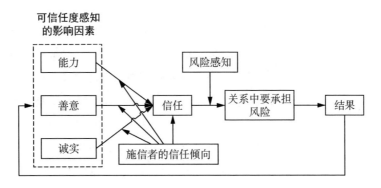

图 5-6 信任模型

[资料来源: Roger Mayer, James Davis, and David Schoorman, "An Integrative Model of Organizational Trust", *The Academy of Management Review*, 1995, 20(3), pp.709-734]

知识,而鉴于灾害情境本身的复杂性,公众不得不依赖专家和政府提供的信息来做出相应风险规避决策。在这种机制下,按照梅耶尔等学者关于信任形成机制的观点,公众基于政府和专家的能力与善意会形成信任,这种信任将会促进更多的政策遵从行为,比如响应政府和专家呼吁、提前做好防护措施、提前撤离危险地带或者灾害发生时积极展开自救互救。信任的这种积极作用展现出了跨文化群体的稳定性,比如在一项关于日本和新西兰两国社区地震备灾上的跨文化比较当中,研究者发现对政府的信任是影响两国公众地震备灾意愿的共同因素,高政府信任提高了公众的地震备灾意愿[①]。在关于土耳其伊斯坦布尔建筑物地震脆弱性的研究中,研究者也发现,对承包商和工程师的不信任导致当地自建房屋者相信其自建住房不仅成本

① Douglas Paton et al., "Predicting Community Earthquake Preparedness: A Cross-Cultural Comparison of Japan and New Zealand", *Natural Hazards*, 2010, 54(3), pp.765-781.

更低,且比商业建筑更安全,因而拒绝采用相关提高住宅抗震性能的建议[1]。

但是当我们更为仔细地审视上述信任之于灾害行为的影响机制时,我们不难发现另一个问题——既然高政府信任意味着公众会基于政府或者专家的能力和善意而相信相关建议,进而采取行动,那么会不会存在另一种路径,即高政府信任意味着政府和专家有能力且会去保护公众的安全,因而个体不会去采取更多的防护行为。实际上这也正是一些学者关于政府信任与公众调适行为研究中所持的观点[2]。有针对中国玉树地区的调查研究显示高政府信任会降低公众的地震灾害备灾意愿,并把这种负向相关关系归因于信任政府,这意味着公众相信一旦灾害发生,政府会帮助他们因而会降低自我采取防护措施的动机[3]。值得注意的是,在上述研究中,研究者只是通过"您多大程度上信任如下组织?"测得"政府信任",实际上并没有直接证实公众是因为信任政府有能力且会帮助公众应对灾害,进而降低了个体备灾意愿。

5.2.5　社会资本

社会资本(social capital)是基于个人或者群体社会网络、社会关系和社会互动的一种资源。虽然学界对其内涵和测量方式仍存在一定争议,但得益于皮埃尔·布迪厄(Pierre Bourdieu)、詹姆斯·科尔曼(James Colema)、亚历詹德罗·波茨(Alejandro Portes)、罗伯特·

---

[1] Rebekah Green, "Unauthorised Development and Seismic Hazard Vulnerability: A Study of Squatters and Engineers in Istanbul, Turkey", *Disasters*, 2008, 32(3), pp.358-376.

[2] Ziqiang Han et al., "The Effects of Trust in Government on Earthquake Survivors' Risk Perception and Preparedness in China", *Natural Hazards*, 2017, 86, pp.437-452.

[3] Ibid.

帕特南（Robert Putnam）、罗纳德·博特（Ronald Burt）和林南等一众社会学家和政治学家的基础性研究工作，社会资本实际上成为一个社会学、经济学、政治学和管理学等不同学科和不同方向学者都已广泛使用的跨学科概念①。

社会资本可在个体和群体两个层面产生，个体社会资本由个体所在社会网络中的角色、位置和结构产生，是嵌入个体社会网络中的资源，对个体获得信息资源和物质资源等都会产生积极影响；集体社会资本指的是群体层面的信任、互惠规范、协作网络和凝聚力等，在集体的生存和发展中发挥作用②。因社会资本与社会网络、价值观、社会规范等概念紧密关联，因而无论是在个体微观层面还是在集体宏观层面讨论社会资本，都很难脱离其所处的社会文化背景。也正因此，尽管一些有关规范、信任、习俗等文化因素与灾害行为的研究并未使用社会资本的概念或框架，但是从社会资本的理论视角来看，相关研究发现也在揭示着社会资本之于公众灾害行为的作用。比如有调查研究显示，美国公众相较于日本公众常常具有出更强烈的邻里（neighborhood）帮助意愿，研究者认为这可能与"日本民众更习惯群体内（in-group）相互帮助而美国民众对群体内外（in-and out-group）的区分不很在意的文化传统"有关③。也有研究发现传统仪式（ritual）、庆典（ceremony）可以增进人们之间的互信，提升邻里间和社区中相互协作的意愿与能力，进而不断强化邻里社区间互相救助的

---

① 张文宏：《社会资本：理论争辩与经验研究》，《社会学研究》2003 年第 4 期。

② 赵延东：《社会资本与灾后恢复——一项自然灾害的社会学研究》，《社会学研究》2007 年第 5 期；张文宏：《社会资本：理论争辩与经验研究》，《社会学研究》2003 年第 4 期。

③ Risa Palm, "Urban Earthquake Hazards: The Impacts of Culture on Perceived Risk and Response in the USA and Japan", *Applied Geography*, 1998, 18(1), pp.35-46.

潜力①。这些研究都反映了这样一个观点：社会资本会通过认知途径或者行为途径影响公众灾害应对的一些活动，比如贯穿灾害应对全周期的集体行为决策，再比如灾时的自救互救态度和行为等。诺曼·阿普霍夫（Norman Uphoff）将社会资本类型分为认知社会资本和结构社会资本两类，前者指根植于文化和意识形态的心理过程和相应的观念，比如那些有利于合作和集体行为产生的规范、价值观、态度和信仰等；后者涉及有助于合作特别是促进集体行动的社会角色、规则、先例、程序以及形式各样的社会网络②。从上述关于社会资本的二分类框架来看，很多关于价值观、信仰和信任之于灾害行为研究的结论都体现了认知社会资本和结构社会资本这两类社会资本之于公众灾害行为的影响和作用。

　　进一步聚焦灾害行为研究领域，尽管明确以社会资本为视角切入的研究不是很多，但是一些学者已尝试将社会资本这一概念引入灾害影响和恢复研究中。赵延东认为在灾时原有社会规范或制度失效情况下，就微观社会资本而言，其蕴含的个体社会网络和社会关系作为一种非正式制度能够起到填补制度真空的作用，还可以为灾民提供灾后社会支持，其对于中国西部 11 个省份的问卷调查研究发现，灾后个人可以通过自身的网络来获取各种正式或非正式嵌入性资源以促进灾后恢复，但是个体社会网络中，强关系（亲朋好友之间的关系）比重越高则越不利于获得政府等公共部门的正式援助，对其灾后经济恢复产生不利影响，表明不同类型社会资本对于个体不同

①　Roshan Bhakta Bhandari, *Ananlysis of Social Roles and Impacts of Urban Rituals Events with Reference to Building Capacity to Cope with Disasters*, Kyoto University, 2010.

②　Norman Uphoff, "Understanding Social Capital: Learning from the Analysis and Experience of Participation", in P. Dasgupta and I. Serageldin, eds., *Social Capital: A Multifaceted Perspective*, The World Bank, 2000.

行动类型的差异化影响①。一项针对日本的神户和印度的古吉拉特的灾后恢复研究发现，社会资本可以促进社区成员积极参与灾后重建的项目，可以提高公众对于重建规划的满意度，利于社区集体活动的进行，故而促进了灾后社区恢复②。

综上，从社会资本与灾害相关研究中我们可以看到：一方面，规范、习俗、价值观、信仰、传统仪式、庆典等文化要素可以通过影响人们的社会行为、增进民众间的信任、提升人们相互协作的能力和集体行动的水平等方式来强化社会网络（social network）、积累和培育社会资本，进而提高民众的灾害应急响应能力；另一方面，从对有关印度洋海啸灾害中当地居民灾害响应行为的观察中，我们也意识到，某些规范、习俗等文化传统也可能是人们灾害脆弱性的重要根源。因此，从实践意义角度来看，趋利避害应是"文化与灾害"研究永恒的主题。

5.2.6　地方依恋

人类会与生活的物质环境之间建立情感纽带，段义孚把这种情感纽带称为恋地情结（topophilia），并认为恋地情结是关联着特定地方的一种情况，且当这种情感变得强烈之时，地方与环境实际上已成为情感事件的载体，成为一种符号③。一些地理学家和环境心理学家认为这种情感纽带是人们对于居住地建立起来的一种认同和依赖

---

①　赵延东：《社会资本与灾后恢复——一项自然灾害的社会学研究》，《社会学研究》2007年第5期。

②　Yuko Nakagawa and Rajib Shaw, "Social Capital: A Missing Link to Disaster Recovery", *International Journal of Mass Emergencies and Disasters*, 2004, 22, pp.5-34.

③　参见[美]段义孚：《恋地情结》，志丞、刘苏译，商务印书馆2018年版。

情感，并把这种情感和认知体验定义为地方依恋①、地方感（sense of place）②、地方认同（place identity）③。

多重人地环境关系（people-place linkages）机制可能对地方依恋的形成发挥了作用④：比如在生物学和进化论意义上，人们首先在生理上得适应特定的环境，这是人地关系的一个最基础的方面；资源交互、人对环境机会和限制的适应以及环境对人类的影响等多重环境过程可会影响地方依恋的形成；个体在居住地的童年经历、成年后的生活以及人生经历中的重要事件等心理学因素，以及规范、仪式、意识形态、符号等社会文化因素也被认为会对地方依恋的形成产生影响。

特别地，赛萨·洛（Setha Low）认为地方依恋不仅仅是一种情感和认知体验，还包括了将人们与地方所联系起来的信仰和实践活动⑤。赛萨·洛描述了六种基于社会文化因素形成地方依恋的过程：一是基于历史或家族的家谱血缘亲缘关系；二是通过土地的丧失或社区的破坏建立联系（即通过回忆去重建一个已经毁灭或破坏的地方）；三是通过所有权、继承和政治因素建立起的经济联系；四是通过灵性或神话关系建立宇宙观联系；五是通过宗教和世俗朝圣以及参与文化庆典活动建立联系；六是通过故事和地名命名建立起来的

---

① Achmad Fitrianto, "Cultural Planning as a Solution at Displacement and Recovery Problem in the Porong Mud Volcano Disaster", *Journal of US-China Public Administration*, 2011, 8(11), pp.1227-1241.

② Richard Stedman, "Toward a Social Psychology of Place: Predicting Behavior from Place-Based Cognitions, Attitude, and Identity", Environment and Behavior, 2002, 34(5), pp.561-581.

③ Setha M. Low and Irwin Altman, "Place Attachment: A Conceptual Inquiry", in Irwin Altman and Setha M. Low, eds., *Place Attachment*, Springer US, 1992, pp.1-12.

④ Ibid.

⑤ Ibid.

叙述关系①。这六种促使地方依恋形成的文化过程并非彼此互斥，而是存在相互重叠。尽管目前对于"地方依恋"的产生原因和影响机制等还不完全清楚，但是灾害研究者已经意识到这种情感有时候会成为灾后民众搬迁的阻力，甚至使得民众做出宁愿直面灾害危险的行为。正如苏珊娜·霍夫曼指出的那样："不管在哪里，人们都不想离开自己的故土，哪怕他们的故土存在危险，甚至长期面临灾害的威胁，他们也不愿意离开，或者被迫离开后一次又一次的返回。"②让-克里斯托夫·盖拉德的研究也发现：居住在菲律宾皮纳图博火山（Mount Pinatubo）附近的民众知道当地有显著的火山泥流（lahars）危险，但是当地大部分民众仍然不愿撤离或者搬离原来的居住地，其中对家园的强烈依恋起到了很大的作用③。有学者总结综述了多篇有关地方依恋、风险感知和应对行为的研究后发现：第一，高地方依恋情感的公众尽管可能感知到了环境风险但是会倾向于低估事件的负面影响；第二，当面临环境灾害威胁时，高地方依恋不愿意搬迁他地，并且在灾害发生之后更可能搬回原住地；第三，在风险感知和风险应对行为之间，地方依恋可能同时发挥着中介和调节作用④。

---

① Setha M. Low and Irwin Altman, "Place Attachment: A Conceptual Inquiry", in Irwin Altman and Setha M. Low, eds., *Place Attachment*, Springer US, 1992, pp.1–12.

② Susanna Hoffman, "Culture: The Crucial Factor In hazard, Risk, and Disaster Recovery: The Anthropological Perspective", in Andrew Collins, et al., eds., *Hazards, Risks and Disasters in Society*, Academic Press, 2015, p.300.

③ Jean-Christophe Gaillard et al., "Alternatives for Sustained Disaster Risk Reduction", *Human Geography*, 2010, 3(1), pp.66–88.

④ Marino Bonaiuto et al., "Place Attachment and Natural Hazard Risk: Research Review and Agenda", *Journal of Environmental Psychology*, 2016, 48, pp.33–53.

5.2.7　灾害记忆

记忆是一种复杂的心理和社会过程,是联系现在与过去的重要纽带,体现了个体或者集体对过去经历的存储、保持、获取、检索和运用的能力。扬·阿斯曼(Jan Assmann)认为记忆有三个维度:神经维度、社会维度和文化维度[①]。回忆过程通常具备三个维度——神经结构、社会作用和符号媒介,不同层次的记忆中对于三个维度的侧重点不同,有机个体层次的记忆是作为神经网络的记忆,在社会层次的记忆中,社会交际网络居于中心地位,由人际交往和语言交流维系,而文化层次的记忆中,符号媒介处于中心地位[②]。莫里斯·哈布瓦赫(Maurice Halbwachs)认为个体记忆需要他人的刺激和唤醒,其强调"当我们重新激活一件在我们群体生活中占有特定地位的事情,并且不论在事发的当时还是在此刻回忆的时候,都以这个群体的立场去看待此事,我们便可以说——即使他人在物质形态上并不在场——这是集体记忆"[③]。

受益于哈布瓦赫的集体记忆(collective memory)[④]、阿斯曼的文化记忆等学术概念或理论的启发[⑤],一些人类学、民俗学学者在讨论灾害与文化相关议题的时候,同样会以记忆为视角切入。一个基本的研究理论预设是,灾害种种会被经历者记忆,且所记之意象会不断伺机复现,影响个体生活,而一旦汇聚为集体记忆,则会影响集体

---

① 冯亚琳、〔德〕阿斯特莉特·埃尔主编:《文化记忆理论读本》,余传玲等译,北京大学出版社 2012 年版,第 43—46 页。

② 同上。

③ 同上书,第 55 页。

④ 参见〔法〕莫里斯·哈布瓦赫:《论集体记忆》,毕然、郭金华译,上海人民出版社 2002 年版。

⑤ 参见冯亚琳、〔德〕阿斯特莉特·埃尔主编:《文化记忆理论读本》,余传玲等译,北京大学出版社 2012 年版。

决策和行为，甚至致使文化变迁①。而灾害纪念碑、灾害博物馆、灾害传说、禳灾祛邪仪式等活动是记录灾害记忆的具体"表现"②"表象"③或者"装置"④。灾害记忆可以借由国家权力主导建构，比如建立灾害博物馆、举行国家公祭活动等，其通常具有政治意涵；亦可由社会和个人主导建构，其通常更加侧重灾害意识的提升、情感纽带维系以及心灵慰藉⑤。

5.3　灾害文化与地方性知识⑥

20 世纪 60 年代，一些灾害研究学者就发现灾害常发地的公众为应对灾害，在社会、心理、开发利用自然界时会表现出实际或潜在的适应，在价值观、规范知识和行为等文化诸要素上都有可能有所体现，被称为灾害文化⑦。从 20 世纪七八十年代开始，一些针对第三世界国家的灾害研究和减灾实践项目开始意识到土著居民在当地具体

① ［日］樱井龍彦：《灾害的民俗表象——从"记忆"到"记录"再到"表现"》，虞萍、赵彦民译，《文化遗产》2008 年第 3 期。
② 同上。
③ 沈燕、王晓葵：《灾害记忆何以传承——以一个村落地方神的变迁史为例》，《云南师范大学学报（哲学社会科学版）》2018 年第 5 期。
④ 王晓葵：《灾害文化的中日比较——以地震灾害记忆空间构建为例》，《云南师范大学学报（哲学社会科学版）》2013 年第 6 期。
⑤ 同上。
⑥ 本节部分内容出自孙磊、苏桂武：《自然灾害中的文化维度研究综述》，《地球科学进展》2016 年第 9 期。编入本书时有修订。
⑦ Harry Estill Moore, *From… and the Winds Blew. an Island Within an Island*, The University of Texas, 1964.; Dennis Wenger and Jack Weller, "Disaster Subcultures: The Cultural Residues of Community Disasters", Disaster Research Center Preliminary Paper #9, University of Delaware, 1973; William Anderson, "Some Observations on a Disaster Subculture: The Organizational Response of Cincinnati, Ohio, to the 1964 Flood", Disaster Research Center Research Note #6, Ohio State University, 1965.

的减灾实践中可以发挥独特的作用①。一些学者发现某些地域社会②本土的灾害应对策略，因更加适合本土文化背景，而相比从外部引进而来的灾害应对办法更具有可持续性③。而这些本土的灾害应对策略往往体现在地方性知识④当中，或者他们本身就是一种关于灾害的地方性知识。与灾害文化一样，地方性知识作为人们长期生产生活过程中所习得、积累和传承的地方文化相关知识体系，之于人们防灾减灾的作用与影响，近年来亦被灾害研究者和减灾实践者不断强调。

（1）灾害文化或地方性知识会通过口头的、无形的方式体现在民众的生产生活当中。比如生活在孟加拉国沿海地区的民众，常常基于动物行为和自然现象来判断台风的来临⑤；印度尼西亚锡默卢岛原住民根据当地流传的故事/歌谣来辨识海啸前兆⑥；我国云南

---

① Julie Dekens, *Local Knowledge for Disaster Preparedness: A Literature Review*, International Centre for Integrated Mountain Development (ICIMOD), 2007.

② 地域社会指一种基于地缘关系而建立起来的社会集团，其通常在空间上连续，共享价值观，生活方式相似。

③ Rajib Shaw et al., *Indigenous Knowledge: Disaster Risk Reduction, Policy Note*, UNISDR, 2009；Ilan Kelman, Jessica Mercer, and Jean-Christophe Gaillard, "Indigenous Knowledge and Disaster Risk Reduction", *Geography*, 2012, 97(1), pp.12-21.

④ 尽管不同学科学者都曾对地方性知识的本质和特征进行了探讨，但是至今对"什么是地方性知识？"没有达成共识；具体使用上也有地方性知识（local knowledge）、本土知识（indigenous knowledge）、传统知识（traditional knowledge）等不同提法。不过，总体而言，这些提法都强调这些知识的具有本土性（区域性、地方特性、民族特性）、传统性（跨代传承、世代传承）、价值性（实用性）等特点。本文对"地方性知识""传统知识""本土知识"等不同提法不做区别（实际上各提法也很难做出明确的区分），且统一使用"地方性知识"这一提法。

⑤ Philippa Howell, "Knowledge Is Power? Obstacles to Disaster Preparedness on the Coastal Chars of Bangladesh", *Humanitarian Exchange*, 2001, 18, pp.21-23.

⑥ Syafwina, "Recognizing Indigenous Knowledge for Disaster Management: Smong, Early Warning System from Simeulue Island, Aceh", *Procedia Environmental Sciences*, 2014, 20, pp.573-582.

哀牢山地区民众将连续数日的暴雨、低矮的大雾、漫山遍野的流水、山体裂缝、山体发出轰鸣声等作为判断泥石流来临的依据[①]；等等。

（2）地方性知识也会以文字的、有形的方式体现出来，比如日本沿海经常遭受地震海啸的地区，存有刻有"此高度以下请勿居住"警戒文字的石碑和记录历史洪水水位线的树木标记等[②]；我国云南不少地区穿斗式、五架梁、七架梁等传统房屋建造技艺，增强了房屋的抗震性能[③]；等等。近年来，这些本土性的灾害适应/应对策略对于应对灾害的价值引起了众多研究者、研究组织和研究计划越来越高度的重视。

鉴于传统灾害应对策略对于防灾备灾的价值，灾害研究和减灾实践者们近年来开始不断呼吁、探索和实践如何具体把地方性知识和现代科技相结合，从而更好地进行防灾备灾。比如有学者提出了整合地方性知识和科学知识的减灾框架：社区参与—脆弱性因子识别—本土策略和科学策略识别—策略整合[④]等。而在具体的社区防灾备灾实践中也不乏充分利用地方性知识的成功案例，比如在马纳姆岛（属于巴布亚新几内亚）的减灾实践中，通过将当地传统的房屋建造技艺（建造的房顶可以使火山灰容易滑落）、当地民众火山爆发的判断经验和当地居民自身的诉求，与现代科技知识相结合，消除了当地民众与外来专家之间的不信任，成功地推进了当地火山灾害

---

① 李永祥：《傣族社区和文化对泥石流灾害的回应——云南新平曼糯村的研究案例》，《民族研究》2011年第2期；李永祥：《泥石流灾害的人类学研究——以云南省新平彝族傣族自治县8.14特大滑坡泥石流为例》，知识产权出版社2012年版。

② 王晓葵：《灾害文化的中日比较——以地震灾害记忆空间构建为例》，《云南师范大学学报（哲学社会科学版）》2013年第6期；Miguel Esteban et al., "Analysis of Tsunami Culture in Countries Affected by Recent Tsunamis", *Procedia Environmental Sciences*, 2013, 17, pp.693-702。

③ 张炳才、张洁：《白族地震文化刍议》，《国际地震动态》2004年第4期。

④ Jessica Mercer et al., "Framework for Integrating Indigenous and Scientific Knowledge for Disaster Risk Reduction", *Disasters*, 2010, 34(1), pp.214-239.

治理项目的实施①。在防灾备灾中重视地方性知识等本土性灾害应对策略的作用:一来可以减少当地社会对于外部援助的依赖性,充分利用当地减灾资源,保证减灾活动的连续性和可持续性,以及节约灾害管理成本;二来能够使引进而来的减灾政策措施更加满足当地需求,更易于被当地接受,同时还可以增强本地与外来之间的互信,增强当地社区的自信和自主感②。

　　地域社会本土灾害应对策略的价值不仅仅体现在防灾备灾上,其对于灾时民众的应急响应、灾后恢复的作用也同样得到了灾害研究者的关注。一些学者发现:日本、智利和印度尼西亚等国家一些沿海地区存在海啸灾害文化③;这些海啸灾害文化或地方性知识对于当地居民抵御海啸灾害侵袭、有效地展开自救互救等都具有重要作用。比如2004 年印度洋海啸灾害和 2010 年智利海啸灾害中,印度尼西亚锡默卢岛(Simeulue)的一些当地社区民众和智利的一些沿海渔村居民能够迅速、有效地撤离逃生,很大程度上得益于当地已形成的海啸灾害文化④。2007 年所罗门群岛海啸时,岛内土著民众正是因为拥有有关当地环境的地方性知识,因而可以找到有效的逃生路线和避难地点⑤,而

①　Ilan Kelman, Jessica Mercer, and Jean-Christophe Gaillard, "Indigenous Knowledge and Disaster Risk Reduction", *Geography*, 2012, 97(1), pp.12-21.

②　Julie Dekens, *Local Knowledge for Disaster Preparedness: A Literature Review*, International Centre for Integrated Mountain Development (ICIMOD), 2007.

③　Miguel Esteban et al., "Analysis of Tsunami Culture in Countries Affected by Recent Tsunamis", *Procedia Environmental Sciences*, 2013, 17, pp.693-702.

④　Jean-Christophe Gaillard et al., "Ethnic Groups' Response to the 26 December 2004 Earthquake and Tsunami in Aceh, Indonesia", *Natural Hazards*, 2008, 47(1), pp.17-38; Andrés Marín et al., "The 2010 Tsunami in Chile: Devastation and Survival of Coastal Small-Scale Fishing Communities", *Marine Policy*, 2010, 34(6), pp.1381-1384.

⑤　Brian McAdoo, Andrew Moore, and Jennifer Baumwoll, "Indigenous Knowledge and the near Field Population Response During the 2007 Solomon Islands Tsunami", *Natural Hazards*, 2009, 48(1), pp.73-82.

当地外来移民则因为缺少这些地方性知识而遭受了更为惨重的伤亡。在灾后恢复方面，灾害研究者也发现，受灾地区本土心理干预策略可能更加利于稳定人们情绪、促进心理恢复。比如林淑萍（Ann shu-ping Lin）发现 1999 年台湾集集地震后，很多台湾民众不愿意求助受过严格西方科学训练的心理干预专家，而是倾向于向寺庙僧侣寻求心理宽慰；发现谈话治疗（talk therapy）不是针对台湾震后民众有效的心理治疗手段，灾区民众更愿意从传统仪式（收惊）中得到心理慰藉①。

20 世纪 90 年代以来，地域社会本土的、传统的灾害适应/应对经验及策略对于防灾减灾的作用和影响已逐渐受到国际减灾界的关注。但是，这些地方性知识和（或）灾害文化有时候会被当地民众看作是习以为常，缺少文化自觉②，或者因为时代变迁，难以代际相传，因此如何挖掘、整理、保护和传承它们是今后相关研究中迫切需要关注的问题。当前，随着国际减灾界不断呼吁灾害（风险）治理（governance）理念，逐步重视社区减灾、公众参与③，在未来的灾害

① Ann Shu-ping Lin, "Shou-Jing Versus Talk Therapy: Why Counseling and Not Shou-Jing?", *Cross-Cultural Psychology Bulletin*, 2000, 34(3), pp.10–15.

② "文化自觉"由费孝通先生 1997 年提出，主要指生活在一定文化中的人对其文化有"自知之明"，明白它的来历，形成的过程及在生活各方面起的作用。参见费孝通：《关于"文化自觉"的一些自白》，《民族社会学研究通讯》2003 年第 31 期。

③ UNISDR, "Hyogo Framework for Action 2005–2015", paper presented at The Third UN United Nations World Conference on Disaster Risk Reduction, March 14–18, 2015, Kobe, Hyogo Japan; Mark Pelling, "Learning from Others: The Scope and Challenges for Participatory Disaster Risk Assessment", *Disasters*, 2007, 31(4), pp.373–385; Demetrio Innocenti and Paola Albrito, "Reducing the Risks Posed by Natural Hazards and Climate Change: The Need for a Participatory Dialogue between the Scientific Community and Policy Makers", *Environmental Science and Policy*, 2011, 14(7), pp.730–733; Loïc Le Dé, Jean-Christophe Gaillard, and Ward Friesen, "Academics Doing Participatory Disaster Research: How Participatory Is It?", *Environmental Hazards*, 2015, 14(1), pp.1–15.

研究中,如何充分利用地域社会本土的、传统的灾害适应/应对经验及策略,特别是将其与现代科技相结合,将是未来防灾减灾中文化维度研究的重点。

这里需要特别指出的是:一些地域社会的土著民众至今依然试图通过巫术、祭祀、宗教仪式等祈福消灾、抵御灾害。比如现今的巴基斯坦卡拉什人(Kalash)试图通过屠宰山羊这一仪式来阻止洪水发生[①];我国广西那坡县黑衣壮族将种树活动以一种宗教仪式方式传承至今,并用来祈福消灾、抵御干旱[②]。对这些根植于地方社会文化传统的灾害应对措施,不能认为其是完全的迷信和愚昧,比如广西那坡县黑衣壮族的种树活动尽管被赋予了宗教含义,但是却与现在提倡通过植树种草、保育水土来防御旱灾的科学理念不谋而合。如何梳理这些传统的灾害应对措施对于防灾减灾有益的一面,因地制宜地加以甄别和利用,是今后灾害研究中特别值得关注的地方。

5.4　灾害行为中的文化影响机制

5.4.1　意义给赋

规范、价值观、信仰和世界观等文化要素可以看成群体共享的价值信念和符号体系,它为群体成员的行为提供了基本的意义,是群体互动的基础。比如文化系统提供了"灾害是超自然现象"和"仪式是与超自然力量沟通的方式"等解释框架,在这种意义体系之下,某些仪式自然而然地可以用来阻止灾害发生或者降低影响。这背后的

---

① 　Julie Dekens, *Local Knowledge for Disaster Preparedness: A Literature Review*, International Centre for Integrated Mountain Development (ICIMOD), 2007.

② 　梁家靖:《黑衣壮信仰仪式中应对旱灾的传统智慧与经验》,《科教导刊旬刊》2012 年第 8 期。

文化作用机制就在于文化给赋了这些灾害行为以特定的"减灾"意义,而这些意义会转换为公众具体的减灾行为动机;再比如,无论是描述性规范还是指令性规范对公众灾害行为的规约作用背后,也是因为社会规范给赋了特定灾害行为以"符合社会期待和认同"的意义,使得公众可以以一种适应社会的方式响应灾害。

在社会影响视角下,文化对公众灾害行为的影响体现的是公众对文化影响力或者文化给赋意义的"遵从与一致性"(compliance and conformity)。"遵从"指公众的灾害行为积极响应了社会或者他人的期望,有时候哪怕相应行为并未真正体现出自己的信仰、态度和价值观念;"一致性"则指个体基于自己的价值观、规范认同、自身信仰、信任关系等做出相关的灾害行为决策。人们存在一种以有效和有益方式行事的动机,当人们希望对某种情景做出正确响应的时候,需要基于对于现实的正确感知;人是社会性的,存在与他人建立有意义的社会关系的动机;人具有建构自我概念的需求,人们需要通过以自身信仰、承诺、言辞等相一致的行为来建构一个积极的自我概念[1]。文化提供了有关灾害以及诸多灾害行为意义的解释,提供了面对灾害人们应该采取何"做"的社会规范。文化观念通过融入个体的自我概念中,具体指导公众在灾害情境下的行为决策。

在建立有益社会关系的动机下,人们自然地会参与他人赞同或期许的社会活动当中,因为人们倾向于与他们喜欢和赞同的人建立亲密关系[2]而什么是他人或社会赞同或期许的行为,文化可以提供答案。此外,同属一个文化群体,意味着文化意义上的相似性,这被学者认为是影响遵从的重要因素。信任也意味着一个良好的人际

---

[1] Robert Cialdini and Noah Goldstein, "Social Influence: Compliance and Conformity", *Annual Review of Psychology*, 2004, 55, pp.591-621.

[2] Ibid.

关系。在意义给赋机制下，文化可以通过规范性或信息性[①]影响途径影响公众的灾害行为，前者指公众通过相应的灾害行为获得他人或社会的认可，后者则指公众基于对灾害以及灾害响应现实的理解而做出的正确行为[②]。

在规范性影响路径下，当个体在做出灾害行为决策时——如是否响应灾害预警信息及时撤离危险地，是否对灾害中需要帮助的人施以援助——受到社会压力和社会认同的影响，比如整体文化价值和规范体系鼓励集体合作和助人为乐，那么如果人们不遵循这种集体规范，就有可能得到负面的社会评价，相反在个人主义文化背景崇尚的自力更生和独立自主的价值和规范体系下，公众更可能倾向于自己独立开展灾害准备和自救工作；此外，出于社会认同的动机，即希望某种行为得到社会的接受和认同，个体也会倾向于做出与多数人一致的灾害行为。

信息性影响指的是个体在知识匮乏以及面对不确定性信息时，基于他人的知识、经验和信息来改变和调整自身的行为，规范性影响强调个体追求社会认同和避免社会排斥风险的行为动机，而信息性影响强调个体会依赖他人经验、知识和信息来适应变化的环境。显然，人们依赖何人、依赖到何种程度，跟一个社会群体中的信任机制和积累的社会资本密不可分。也就是说，信任、社会资本等文化因素可以通过信息性影响机制作用于公众灾害行为的决策。

---

① 按照莫顿·多伊奇（Morton Deutsch）和哈罗德·杰拉德（Harold Gerard）的定义，规范性影响（normative influence）指"与他人积极期望一致的影响"而"信息性影响"（informational influence）指"接受从他们那里获取的信息作为有关现实证据的影响"。具体参见 Morton Deutsch and Harold Gerard, "A Study of Normative and Informational Social Influences Upon Individual Judgment", *The Journal of Abnormal and Social Psychology*, 1955, 51(3), pp.629-636。

② Robert Cialdini and Noah Goldstein, "Social Influence: Compliance and Conformity", *Annual Review of Psychology*, 2004, 55, pp.591-621.

5.4.2　认知启发

文化不仅赋予公众行为以特定意义，在某些情况下，更是给公众提供了一种惯习式的自动认知或响应方式，这种响应方式不依赖于理性思考和逻辑判断，而表现为一种认知启发机制。文化信念和地方性知识体系中包含了多种既定的因果或相关关系，比如某些禁忌与灾害负面后果的联系。既有文献中，将人们头脑中所形成的具有组织化、规律性和稳定性的概念属性链接称为"图式"（schema）①。有学者认为宗教信仰体系可以看作是信众建立起来的关于上帝（或者信仰对象）本质、上帝意志或目的、上帝影响方式以及这些信仰之间相互关系的认知图式②。面对层出不穷的外界刺激，人们倾向于将新的知识融入既有的图式中，即同化（assimilation），通过调整旧有图式以适应（accomodation）新的刺激，并且基于既有图式的信息处理方式快于处理非图式信息③。这些图式作为公众重要的认知资源，会形成稳定的心理认知结构（cognitive structure）或者心理表征（mental representation）。甚至有学者指出，人们只会注意到"他们已建立图式中的事物，而漠视其余的一切"④。在一些灾害信息刺激下，一些文化信念作为图式资源会得以启发、影响人们的灾害认知，从而左右

① 胡安宁：《实质认同与图式关联：对文化作用机制的社会学分析》，《学术月刊》2022 年第 11 期；Daniel McIntosh, "Religion-as-Schema, with Implications for the Relation between Religion and Coping", *The International Journal for the Psychology of Religion*, 1995, 5(1), pp.1–16。

② Ulric Neisser, *Cognition and Reality: Principles and Implications of Cognitive Psychology*, Freeman, 1976.

③ Daniel McIntosh, "Religion-as-Schema, with Implications for the Relation between Religion and Coping", *The International Journal for the Psychology of Religion*, 1995, 5(1), pp.1–16.

④ Ulric Neisser, *Cognition and Reality: Principles and Implications of Cognitive Psychology*, Freeman, 1976, p.80.

公众的灾害行为。比如在污名化对于公众风险感知和风险调适行为的影响中,当特定的文化观念中已经建立起了某些事物与负面标记(比如核技术与高辐射、比如某些禁忌行为与灾害负面后果)的链接,这些既有的图式关系将成为特定的启发式认知资源,影响了公众的灾害认知和相应的行为决策。再比如,人们把专家、权威机构或人物与信任要素相关联,在灾害情境下,相关图式资源得以启发,公众会基于专家或权威机构的信息做出响应行为。

5.4.3 赋权增效

"权力"(power)可以在不同维度得以体现,比如掌握影响决策结果的资源、控制决策制定和实施的过程、塑造规范使得行为合法化等[①]。人们在复杂的人地关系中,需要不断争取对灾害的控制权力,从而满足自身生存发展需要。文化可以通过赋权增效的机制来影响公众的灾害行为。首先,文化体系中本身含有诸多灾害应对的资源。比如基于特定价值观、信仰和信任所形成的认知社会资本和结构社会资本,再比如关于灾害应对的地方性知识,这些文化资源提高了一个地域社会共同体的灾害韧性和集体效能。这些文化意义上的资源并非为特定的个体独有,而为同一文化群体内成员所共享,此外,当面临共同的灾害风险时,与灾害应对相关的诸多仪式或习俗会以集体活动形式开展,群体内的所有成员自觉地加入集体活动,而非因身份、地位等差异被隔离在集体决策之外,文化自带赋权属性。其次,个体在社会和文化环境互动中会逐步形成对自己文化身份和归属的认知,习得与之文化信念相适应的社会规范,而一些灾害行为因其

---

① Steven Appelbaum, Danielle Hébert, and Sylvie Leroux, "Empowerment: Power, Culture and Leadership — a Strategy or Fad for the Millennium?", *Journal of Workplace Learning*, 1999, 11(7), pp.233-254.

符合既有社会规范得以合法化，比如集体主义文化中的灾后助人行为。

5.5 小结

文化是一个群体的生活方式，包含了世界观、价值观、信仰、仪式、艺术、传统习俗、语言和知识等不同成分。文化影响了公众如何认知和应对灾害，同时也体现了一个群体对于灾害的适应和生存智慧。综合来看，当前以文化和灾害为主体的研究整体呈现出两种主要取向。其一，以"文化影响着人们看待事物的角度、实践中的行为选择与认同以及彼此间互动的方式"为基础出发点，探讨价值观、规范、习俗、信仰等因素对人们认识灾害和应对灾害的影响，也即关注因果关系的"科学"取向。其二，聚焦不同文化背景社会中的灾害文化和（或）地方性知识，梳理这些本土、传统和具有实用趋向知识与技能体系中所蕴含的灾害应对经验、智慧和策略，也即关注"文化＋灾害"的整体取向。此外，也有一些学者从对比分析的视角研究不同群体灾害认知和行为的差异，并上升到文化意义，将这些差异归结为文化差异。

文化体系将灾害情境结构化为日常生活中的预期风险，并为灾害为什么会发生、意味着什么、会以什么样的方式造成威胁提供了文化意义上的解释。文化因素也会影响公众的灾害风险感知和应对灾害的效能感知等，也即文化背景是公众灾害的重要认知资源。价值观、信仰、规范、习俗、信任、社会资本、地方依恋以及灾害记忆等要素也在形塑一个地域共同体或者文化群体应对灾害的模式。整体而言，基于我国背景，具体探讨习俗、价值观、规范、信仰以及社会网络、社会资本等综合性文化相关因素如何影响人们认识灾害和应对灾害的研究目前尚十分有限。中华文化历史悠久且独具特色；不仅如此，我国幅员辽阔，不同地区的文化又往往各具特点。研究这些不同特点的文化之于人们认识灾害和应对灾害的启示与价值，具有广阔的背景基础和深远的理论与实际意义。针对灾害和防灾减灾的地方性知识研究已取得一些进展，但主要集中在文化人类学和人类生态学领域，且重点关注少数民族地区。探索地方性灾害知识与现代科学技术和我国自上而下灾害管理体制间的有机契合点，进而促进全社会整体防灾减灾能力的提升，将是一个兼具理论与实践意义的重要方向。

第 6 章

灾害行为研究的认知视角与变量

灾害研究被认为是一项兼具理论和实践关怀的领域,甚至有时候相较于建立理论,其应用取向更为明显。尤其是近些年来,在越来越多的声音开始呼吁社会科学研究应该从象牙塔中走向实践之际,很多研究者希望他们的研究工作能够切实转化为应急管理对策建议,或者至少在实践部门制定相关策略时候提供一些启示和参考。很多社区的减灾项目和灾害教育项目都以改变公众的灾害意识、提高公众的灾害应对能力为目标。而基于公众灾害认知—行为规律的策略设计将有助于项目目标实现。比如设计基于公众灾害认知—行为规律的风险沟通策略,有助于动员公众在灾害来临前及时采取防护措施或者撤离危险地带,避免损失加剧。当前灾害认知—行为研究的重要性已得到国内外不同学者的关注,美国"9·11"恐怖袭击事件后,苏珊·卡特提出了 9 项值得灾害研究学者开展跨学科研究的议题,认知—行为(perception-behavior linkages)议题赫然在列①。

①　Susan Cutter, *"Are We Asking the Right Question?"*, in Ronald W. Perry and E. L. Quarantelli, eds., *What Is a Disaster? New Answers to Old Questions*, Xlibris, 2005, pp.39-48.

人们不是直接对灾害进行响应,而是对灾害在人们心中所形成的意象进行响应。社会建构主义视角下的观点认为,人们对"灾害"所建构的集体共识构成了人们灾害行为的基础。本章将主要讨论灾害行为分析的认知转向,然后分析公众灾害成因认知、风险感知、效能感知和责任感知等灾害行为分析的重要认知变量及其作用。

6.1 灾害行为的分析范式

6.1.1 刺激-响应分析范式

行为被认为是一种个体针对外部刺激进行的反应,阿尔伯特·班杜拉称这种行为分析范式为行为主义原则(behavioristic principles),它将人们的心智简化为一个连接环境输入和行为输出的内部管道,但是这个管道本身却对行为不施加影响,也就是说在这种行为主义原则认识视角下人类行为主要由外界环境刺激机械地塑造和控制[①]。在这种分析视角下,如果我们把灾害当作一种外部刺激,则相应的灾害行为即是人类对灾害这一环境刺激的响应。刺激-响应分析范式下,灾害与灾害行为之间被视为存在一种因果关系(如图6-1所示)。

图 6-1   灾害行为研究的刺激-响应分析范式

(资料来源:作者自制)

---

① Albert Bandura, "Social Cognitive Theory: An Agentic Perspective", *Annual Review of Psychology*, 2001, 52(1), pp.1-26.

　　我们可以从不同方面对灾害这种环境刺激进行描述,从而建立描述灾害的属性参数与具体灾害行为之间的关系。在伊恩·伯顿等学者的研究中,这些描述灾害的参数包括了致灾因子的强度(magnitude)、频率(frequency)、持续时间(duration)、空间范围(areal extent)、始现速度(speed of onset)①、空间展布(spatial dispersion)、时间间隔(temporal spacing)②。除了"具体情况具体分析"这个似乎对任何社会科学研究案例都适合的权变分析策略外,一般而言,刺激-响应范式的灾害行为应该遵循这样的理论逻辑:致灾因子的强度越大,人们可用技术控制或减轻致灾因子影响的能力就越不足,从而致灾因子事件发生的频率越高,就越需要公众对其采取行为去应对或者适应它们;而致灾因子的空间影响范围越大,其可能受到的损失或干扰的社会群体就越广泛,始现速度的大小将会影响到预警系统的有效性以及公众的灾害准备程度③。在刺激-响应的分析范式下,灾害行为主要是上述不同灾害参数的函数。

　　刺激-响应视角下的灾害行为研究尽管直观简洁,但是存在固有局限性。首先,这种分析视角难以解释为什么有些人面对灾害威胁却无动于衷,也即不作任何响应。比如为什么有些地方频频受灾,但是当地居民世代栖居,故土难离。第二,刺激-响应分析视角难以解释公众灾害行为的个体差异、家庭差异和社区差异。比如沿海居民同时都收到了台风即将到来的预警信息,为什么有些居民会积极地采购物资,停止户外活动,加固门窗,而有些居民则会选择漠视这些

---

①　始现速度与事件首次出现征兆与其峰值之间的时间长度。比如地震具有迅速的始现速度,为突发性灾害(fast-onset disaster),而干旱具有缓慢的始发速度,为缓发性灾害(slow-onset disaster)。

②　Ian Burton, Robert Kates, and Gilbert White, *The Environment as Hazard*, 2nd edition, The Guilford Press, 1993.

③　Ibid.

信息一切照旧；再如为什么同处一个洪泛区的居民，有些家庭会积极购买洪水灾害保险，会修葺房屋，而有些家庭却无动于衷。由于单纯的刺激-响应分析视角很难解释公众的漠视灾害风险行为以及相同灾害刺激下不同群体的灾害行为差异，这让我们不得不寻求对公众灾害行为的其他解释，即在环境刺激与行为响应之间，存在其他重要的中介机制，而中介变量的差异造成了群众响应行为的差异。第三，刺激-响应分析视角，暗含了公众只是被动的灾害刺激响应者，而非主动灾害应对者的认识。这与灾害研究者经常强调的人们可以主动采取行为去适应和应对灾害的思想存在认识论层面的矛盾。

6.1.2　认知-响应分析范式

20 世纪 50 年代，地理学家吉尔伯特·怀特等学者注意到尽管美国联邦政府大幅提高了防洪资金投入，但是这并没有减轻洪水灾害给美国带来的损失，政府对河流的保护和洪水控制工程反而带来当地民众对于河流下游河漫滩的侵占和开发；吉尔伯特·怀特等学者认为人们对于洪水灾害的响应行为不符合成本效益分析视角下的经济合理模式，尽管难以对相关行为的逻辑进行清楚阐释，但是认为当地居民的乐观态度、洪水风险感知以及低灾害意识可能在公众洪水灾害响应行为中发挥了重要作用，公众灾害行为分析中的认知视角初现端倪（如图 6-2 所示）①。

---

① Roger Kasperson and Kirstin Dow, "Hazard Perception and Geography", in Tommy Gärling and Reginald G. Golledge, eds., *Advances in Psychology*, North-Holland, 1993, pp. 193 – 222; Paul Slovic, Howard Kunreuther, and Gilbert White, "Decision Processes, Rationality and Adjustment to Natural Hazards", in Gilbert Fowler White, ed., *Natural Hazards: Global, National, and Local*, Oxford University Press, 1974, pp.187-205.

图 6-2　灾害行为研究的认知-响应分析范式

（资料来源：作者自制）

20 世纪 70 年代，美国开展的两个大的灾害研究项目进一步促进了灾害认知研究：一项是针对美国旱灾、地震、海啸、洪水、飓风、火山喷发、霜冻、雪崩等灾害的评估和管理；一项是涉及 16 个国家、9 种不同灾害和 28 个灾区有关灾害特征、感知和行为决策对比的研究项目[①]。大体而言，基于这些项目研究成果，学者提出了在认知视角下人们应对灾害的一个宏观解释模型：评估灾害事件发生的概率和强度，辨识感知到的可用于减轻灾害的措施，评估采取不同减灾措施带来的潜在后果，选择具体的减灾行为[②]。罗杰·卡斯帕森（Roger Kasperson）和克尔斯汀·道（Kirstin Dow）认为这些早期有关灾害认知的研究影响至少在灾害认知相关的四个研究方向中得以体现：灾害认知中的社会影响因素、认知—行为之间的关系、探索提高灾害预警有效性方法以及探索提高公众灾害意识的灾害教育策略[③]。时至今日，这四个研究方向仍是灾害认知与行为研究中的核心议题，

---

① Roger Kasperson and Kirstin Dow, "Hazard Perception and Geography", in Tommy Gärling and Reginald G. Golledge, eds., *Advances in Psychology*, North-Holland, 1993, pp.193−222.

② Paul Slovic, Howard Kunreuther, and Gilbert White, "Decision Processes, Rationality and Adjustment to Natural Hazards", in Gilbert Fowler White, ed., *Natural Hazards: Global, National, and Local*, Oxford University Press, 1974, pp.187−205.

③ Roger Kasperson and Kirstin Dow, "Hazard Perception and Geography", in Tommy Gärling and Reginald G. Golledge, eds., *Advances in Psychology*, North-Holland, 1993, pp.193−222.

只不过相较于早期研究中更多偏向宏观层面的研究外,当下很多研究还重视微观层面的心理学和社会学解释。灾害研究者很早就意识灾害情境下,人们进行理性决策的困难。比如在上述灾害认知—行为解释模型当中,个体很难准确地评估灾害事件发生的概率和强度,人们也很难知晓所有可能用于应对灾害的举措,灾害情境下的决策是有限理性决策有其必然性[①]。

以下多种理论视角或观点有助于我们进一步理解在分析灾害行为的特征和机制时,灾害认知的重要性,某种程度上,相关理论观点也促使了灾害行为研究的认知转向。

(1)环境心理学中环境感知与行为研究可能是推动灾害行为分析策略向认知转变的重要力量。因为从致灾因子角度看,灾害事件可以看作是环境事件的一类,那么在一个宽泛的意义上,公众的灾害行为也可以归属为一类特殊的环境行为。19世纪早期的心理学家在关注人与环境刺激关系时候,主要是通过人类不同的感知系统(sensory modalities)建立光、热和声音等不同的物理能量刺激和行为反应之间的直接因果关系,但是学界后来逐步意识到人类的认知系统(cognitive system)中拥有巨大的、存储过去知觉痕迹的能力,以及基于这些过去知觉痕迹处理新的刺激输入的能力[②]。因此,一种重要的人与环境关系认识观点应运而生,即人们的心智模型并不是对知觉信号的被动转换器(convertor),而是一种积极主动的环境内部表征的建构者(constructor),这个建构过程涉及了理解的产生以及对知觉的信号给赋意义,包括了将新的输入与过去经验相吻合,然后接收

---

① Ian Burton, Robert Kates, and Gilbert White, *The Environment as Hazard*, 2nd edition, The Guilford Press, 1993.

② Nick Pidgeon et al., "Risk Perception", in *Risk: Analysis, Perception and Management: Report of a Royal Society Study Group*, The Royal Society, 1992, pp. 89-134.

新的刺激时扩展和修改已存储的经验或者知识结构[1]。这一源于心理学的环境感知研究推动了公众灾害行为认知视角的转变。

（2）社会建构主义（social constructionism）灾害研究的影响。在社会科学领域，社会建构主义通常指的是人们通过自己建构的概念去理解世界。灾害研究中，社会建构与社会生产（social produced）不同，后者主要强调灾害内生于社会历史进程和社会结构[2]。凯瑟琳·蒂尔尼指出建构主义视角下的灾害研究认为虽然自然环境客观存在，比如人们无法否认地球重力、地震和台风的作用，但是人们的相关活动实际上围绕着人们集体赋予自然环境的"意义"所展开，而正是这些"意义"才是合适的研究对象，因为它们构成了个人或者社会行动的基础[3]。某种程度上，公众对于灾害的认知情况即反映了人们对于灾害意义的集体建构，因此灾害认知的诸多要素就构成了灾害行为的基础。

（3）有关心理意象的观点也有助于我们理解公众的灾害行为。如图 6-3 所示，个体通过感觉器官从现实世界捕捉信息，然后经过感知和认知[4]的心理过程形成心理意象（mental image），而心理意象与客观的物象之间并不是一一对应的，心理意象和客观物象之间存在偏差[5]。

---

[1]　Nick Pidgeon et al., "Risk Perception", in *Risk: Analysis, Perception and Management: Report of a Royal Society Study Group*, The Royal Society, 1992, pp.89-134.

[2]　Lei Sun and A. J. Faas, "Social Production of Disasters and Disaster Social Constructs: An Exercise in Disambiguation and Reframing", *Disaster Prevention and Management: An International Journal*, 2018, 27(5), pp.623-635.

[3]　参见 Kathleen Tierney, "*Culture and the Production of Risk*", in Kathleen Tierney, *The Social Roots of Risk: Producing Disasters, Promoting Resilience*, Stanford University Press, 2014。书中第 51 页有关灾害研究中社会建构主义观点的论述。

[4]　有关"感知"和"认知"差异的进一步解释详见下一小节。

[5]　［美］雷金纳德·戈列奇、［澳］罗伯特·斯廷林：《空间行为的地理学》，柴彦威、曹小曙、龙韬译，商务印书馆 2013 年版，第 161—191 页。

源于客观现实世界的灾害会在个体心智中形成心理意象,因而人们不是直接对客观的灾害环境进行响应,而是针对灾害心理意象进行响应。这种心理意象观点也体现在有关公众灾害风险沟通的相关研究当中,比如认为并不是风险信息本身会影响公众的行为,而是在公众的既有灾害经验、信念和期望背景下人们对相关信息的理解方式最终影响了行为[①]。外在的环境可能是客观的、统一的,但是个体或者群体对于灾害的心理意象却可能是差异的,灾害行为作为心理意象的外化行为因此也就可能存在个体、家庭和社区差异。

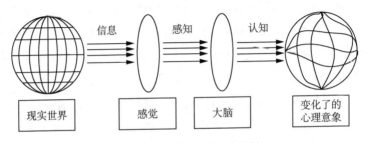

图 6-3 心理意象的形成机制

(资料来源:[美]雷金纳德·戈列奇、[澳]罗伯特·斯廷林:《空间行为的地理学》,柴彦威、曹小曙、龙韬译,商务印书馆 2013 年版,第 164 页)

(4)在灾害的刺激-响应中,个体信息处理(information-processing)机制发挥了最为重要的中介机制。个体信息处理机制不是强调灾害参数(刺激)不同,也不是强调灾害心理意象差异,而是强调不同个体对于所获取的灾害信息处理机制差异导致了最终灾害行为的差异。在信息处理分析视角下,个体行为和外在环境之间经由复杂的信息处理过程中介,因此个体所做的行为决策依赖于个体

---

① Douglas Paton, "Risk Communication and Natural Hazard Mitigation: How Trust Influences Its Effectiveness", *International Journal of Global Environmental Issues*, 2008, 8(1/2), pp.2–16.

对于所获得信息的认知评估①。

（5）"适应"作为达尔文进化论中的关键概念,主要指物种在漫长的生物进化过程中所形成的、适应周遭生态环境和压力的能力或状态。个体在与自然环境的交互过程中达到一种稳定适应的状态,当环境发生改变,比如灾害发生时,个体与自然环境已建立的稳定适应状态被打破,产生一个新的心理适应状态值,而灾害情境下个体的心理适应状态值与正常自然环境下的心理适应状态值存在差异,而这种差异是导致公众灾时行为响应的重要因素②。个体的灾害意识或者预期的灾害损失容忍程度会存在一个阈值,只有当个体意识到面临的威胁达到这种心理阈值之后才会启动后续不同灾害行为决策后果评估,而不同的个体所设定的阈值不同,因此面临相同的外界环境风险,有些人会选择忽视,而有些人则会进行响应③。

最后,需要指出的是,近 20 年来,很多学者寻求从认知变量入手去解释和预测公众的灾害行为,这不仅仅是源于理论视角的改变,也源于实践领域需求的推动。因为在刺激-响应视角下,单纯建立的灾害-行为模型或者灾害行为人口统计学差异发现的政策启示意义不是那么容易显现,比如不可能基于一项"性别、年龄是否对公众备灾行为有影响"的研究发现去提出通过改变公众人口统计学特征的方式去提高公众的备灾水平④。但是相对而言,得出何种认知变量会

①　Tommy Gärling and Reginald Golledge, "Understanding Behavior and Environment: A Joint Challenge to Psychology and Geography", in Tommy Gärling and Reginald G. Golledge, eds., *Advances in Psychology*, North-Holland, 1993, pp.1-15.

②　朱华桂:《突发灾害情境下灾民恐慌行为及影响因素分析》,《学海》2012 年第 5 期。

③　Ian Burton, Robert Kates, and Gilbert White, "Individual Choice", in Ian Burton, Robert W. Kates, and Gilbert F. White, eds., *The Environment as Hazard*, 2nd edition, The Guilford Press, 1993.

④　Michael Lindell and David Whitney, "Correlates of Household Seismic Hazard Adjustment Adoption", *Risk Analysis*, 2000, 20(1), pp.13-25.

对公众灾害准备、应急响应、社会越轨行为产生决定影响后,我们就可以进而从中得到通过改变何种认知情况可以影响行为的政策启示。

本书行文至此,尽管多次使用了"灾害认知"这一术语,但是实际上尚未对这一概念本身进行严肃的界定。本章接下来将对灾害认知的内涵以及另一个在防灾减灾研究和政策文本中的高频术语"灾害意识"进行讨论,继而分析当前认知视角下影响公众灾害行为的主要变量。

6.2　灾害认知与灾害意识

6.2.1　感知与认知

在很多情况下,人们在使用"感知"一词时候,倾向于把感知的主体作为一种信息传感器或者信息搜集器。这里所说的感知主体不是单纯指哲学意义上具有认识和能动性的人,也可能是物。比如一些应急管理技术研究者会将一套能够及时捕捉到环境中风险信号的风险监测系统描述成这套系统具有很强的风险感知能力。当然,人类个体通过其视听嗅触等系统捕捉到外界各种刺激和信号,也是其感知环境的过程。只不过相较于物而言,人类个体感知环境并不一定需要来自环境的直接刺激,往往依靠经验、知识、记忆等也可以实现个体对于客体的感知。此外,人们通过与他人或媒体互动也可以获知对环境的理解,这一点对于人们灾害认知的过程很重要,因为对于火山、破坏性地震等具有显著小概率、大影响特征的"黑天鹅"事件而言,公众对于此类灾害的认识、理解和意识很大程度上是源于间接渠道或者间接经历。这也是近些年来,一些灾害研究学者强调替代性经历(vicarious experience)对于公众灾害信念或者灾害行为具有重要作用的原因[①]。

　　行为地理学家对于感知和认知的使用方式可以帮助我们去区别这两个概念的差异。雷金纳德·戈列奇（Reginald Golledge）介绍道：地理学家倾向于在于"事物被人记住或者忆起这样的意义中"使用"感知"这一概念，且多强调感知为"一种或者多种感觉对环境信息形成的即时理解"[②]；把认知看作是个体通过编码、存储和组织等活动处理外界信息，并形成与其既有知识或价值体系相适应的一种精神过程，无论是感知还是认知，其最终的结果都将对应于个体对客观环境的心理表征[③]。在功能主义视角下，感知具有重要的功能，人们通过感知赋予客体（感知对象）意义，个体通过感知识别具体的环境对象并预设其属性概念；也有观点认为，感知是一种个体对环境信息的选择与编码过程，个体头脑中存在一系列概念模板，个体通过感知这一过程将接收到信息编码整合到个体头脑中既有的模板体系当中[④]。很多情况下，我们可以把感知作为认知的一项重要环节或者组成部分。

　　尽管行为地理学、心理学领域的学者对感知和认知这两个概念进行了区别。但是在灾害行为相关研究文献中，我们更多看到的是认知和感知这两个术语的混用。造成这一现象的原因可能是多方面的。第一，大家对"perception"选择了不同的翻译方式，也就是说，

① Julia Becker et al., "The Role of Prior Experience in Informing and Motivating Earthquake Preparedness", *International Journal of Disaster Risk Reduction*, 2017, 22, pp.179-193; Lei Sun and Lan Xue, "Does Non-Destructive Earthquake Experience Affect Risk Perception and Motivate Preparedness?", *Journal of Contingencies and Crisis Management*, 2020, 28(2), pp.122-130.

② [美]雷金纳德·戈列奇、[澳]罗伯特·斯廷林:《空间行为的地理学》,柴彦威、曹小曙、龙韬译,商务印书馆2013年版,第162页。

③ 同上书,第161—191页。

④ 同上。

在中文语境下一些作者使用了感知，一些作者使用了认知，实际上都对应着英文术语"perception"。第二，源于学科背景的差异，比如一些心理学家[①]和地理学家[②]在对"个体对客观灾害风险的主观判断与感受"这一现象的描述上分别倾向使用风险感知和风险认知。第三，选择使用认知还是感知可能仅仅体现的是不同学者或者不同研究团队的概述术语使用偏好，即不对认知和感知做进一步区分，之所以会较多地使用灾害认知和风险感知这种搭配主要取决于使用习惯。

本书主要使用"灾害认知"这一表述，这体现了笔者对于何为灾害认知的一种理论倾向，即公众对于灾害的认知应作为一种个体接收、理解和处理灾害信息，并形成与其既有灾害经验、知识和价值体系相符合的一种复杂心理过程或者结果（比如灾害心理意象）。而在与具体的灾害相关属性比如灾害风险、灾害应对效能搭配时候，主要倾向使用风险感知、效能感知这样的表述。需要强调的是，这并不意味着笔者倾向于把公众对灾害风险的感知或者应对效能的感知看成是公众对各种内外环境信息所形成的一种即时理解，而应该把作者这种术语选择方式归结为一种不带有学术批判立场的术语使用的习惯或者偏好。

6.2.2　灾害认知

在本章具体讨论何为灾害认知的内涵之前，我们先对其他一些与灾害概念密切相关的概念进行界定，这些概念包括致灾因子、脆弱性、灾害风险和韧性。实际上，目前灾害研究领域对于这些概念也

---

① 谢晓非、徐联仓：《风险认知研究概况及理论框架》，《心理学动态》1995 年第 2 期。
② 苏筠、刘江南、林晓梅：《社会减灾能力信任及水灾风险感知的区域对比——基于江西九江和宜春公众的调查》，《长江流域资源与环境》2009 年第 1 期。

缺乏统一的界定[1]，由于具体探讨这些概念本身不是本书的重点，为了方便行文，我们主要参考联合国国际减灾战略机构（UNISDR）对这四个概念的定义[2]。因为相对而言，UNISDR 给出的这四个定义更容易被学术界、政策制定者和实务工作者共同接受（参见表 6-1）。

表 6-1　致灾因子、脆弱性和韧性的定义

概念	定义
致灾因子	一种危险的现象、物质、人的活动或局面，它们可能造成人员伤亡，或对健康产生影响，造成财产损失，生活服务设施丧失，社会和经济被搞乱，或环境损坏。
脆弱性	一个社区、系统或资产的特点和处境使其易于受到某种致灾因子的损害。
灾害风险	潜在的生命、健康状况、生计、资产和服务系统的灾害损失，他们可能会在未来某个时间段里、某个特定的社区或社会发生。
韧性[1]	暴露于致灾因子下的系统、社区或社会及时有效抵御、吸纳和承受灾害的影响，并从中恢复的能力，包括保护和修复必要的基础工程及其功能。

资料来源：UNISDR, *UNISDR Terminology on Disaster Risk Reduction*, UNISDR, 2009.
注：1. 中文中并没有与"resilience"的含义完全一致的概念，国内常见的翻译有"韧性""弹性""弹韧性""恢复力""复原力""御灾力"等。在《联合国国际减灾战略减轻灾害风险术语（2009 年版）》中，"resilience"被翻译为"御灾力"，本书为保持前后概念术语使用的一致性，采用"韧性"的译法。

致灾因子、脆弱性、灾害风险和韧性这四个概念之间存在如下理论关系：

$$灾害风险 = \frac{致灾因子 \times 脆弱性}{韧性}$$

而从既有研究来看，除了最为常见的灾害风险感知以外，在致灾

①　Lei Sun and Xingyu Liu, "Identifying Different Frames of Resilience-Vulnerability Nexus in Disaster Study", *Environmental Hazards*, 2024, 23(2), pp.113-129.

②　UNISDR, *UNISDR Terminology on Disaster Risk Reduction*, UNISDR, 2009, pp.17, 24, 25, 30.

因子、脆弱性和韧性方面,也都有学者从主观认知维度来进行研究——即研究人们对致灾因子的认知、对自身脆弱性和韧性的认知情况。比如有学者从社会建构主义视角分析了菲律宾公众对于气象和地质灾害的超自然认知情况,并强调了对自然致灾因子的超自然建构有助于理解公众灾害行为的复杂性[①];亦有研究关注了2013年加拿大卡尔加里市在遭遇大洪水后,城市居民的洪水风险感知和脆弱性感知情况,发现公众的撤离和疏散经历影响了公众的洪水脆弱性感知,洪涝灾害的撤离和疏散经历使得受访者感知到他们可能生活在离着洪水淹没区更近的地方,因而即使一些居民的居住地与淹没区的物理距离相同,但相较于没有撤离疏散的居民相比,有此经历的受访者感知到更高的洪水脆弱性[②];沈文伟(Sim Timothy)等基于中国西北黄土高原、平原和山地三个地处不同地貌类型的村庄调查数据,考察了中国西北农村居民灾害准备活动与他们对社区灾害韧性感知水平之间的关系,发现当地居民的备灾意识和实际准备行为正向影响了当地居民对于社区灾害韧性的感知,相较于黄土高原的村民,来自平原和山地村民对于社区灾害韧性的感知水平更高[③]。

但是需要指出的是,由于不同学者对于上述概念内涵理解和界

[①] Greg Bankoff, "In the Eye of the Storm: The Social Construction of the Forces of Nature and the Climatic and Seismic Construction of God in the Philippines", *Journal of Southeast Asian Studies*, 2004, 35(1), pp.91-111.

[②] Alexa Tanner and Joseph Árvai, "Perceptions of Risk and Vulnerability Following Exposure to a Major Natural Disaster: The Calgary Flood of 2013", *Risk Analysis*, 2018, 38(3), pp.548-561.

[③] Timothy Sim et al., "Disaster Preparedness, Perceived Community Resilience, and Place of Rural Villages in Northwest China", *Natural Hazards*, 2021, 108(1), pp.907-923.

定的差异,尽管有学者使用了致灾因子感知①、脆弱性感知②或者灾害风险感知③等不同术语,但是在具体测量或者描述相关概念时,存在一定程度上的重叠,甚至混用情况④。比如在一项针对飓风灾害认知的研究中,研究者把飓风认知(hurricane hazard perception)界定为公众对飓风灾害的期望,对飓风危险性的担忧以及他们对自身相对于飓风脆弱性的信念⑤。

　　鉴于在灾害成灾机理层面,致灾因子、脆弱性、灾害风险和韧性等概念与灾害概念本身的密切关系⑥,本书把致灾因子、脆弱性、灾害风险和韧性认知都归结为灾害认知范畴之下。灾害认知是承灾的个体与灾害情景的互动方式和主观联系。这里所说的灾害情景不仅仅包括灾害发生后的破坏性情景,也包括了灾害发生前的风险不确定性情景和灾害发生时需要个体作出迅速决策的高时间压力情景。

---

①　在一些中文文献中,"hazard"有时候也被翻译为危险性,因此"hazard perception"这里也可以翻译为危险性感知。参见 David Johnston, Bruce Houghton, and Douglas Paton, "Volcanic Hazard Perceptions: Comparative Shifts in Knowledge and Risk", *Disaster Prevention & Management*, 1999, 8(2), pp.118-126; Roger Kasperson and Kirstin Dow, "Hazard Perception and Geography", in Tommy Gärling and Reginald G. Golledge, eds., *Advances in Psychology*, North-Holland, 1993, pp.193-222。

②　Nirupama Agrawal, "Disaster Perceptions", in Nirupama Agrawal, ed., *Natural Disasters and Risk Management in Canada*, Springer, 2018, pp.193-217.

③　Sandra Appleby-Arnold et al., "Applying Cultural Values to Encourage Disaster Preparedness: Lessons from a Low-Hazard Country", *International Journal of Disaster Risk Reduction*, 2018, 31, pp.37-44.

④　David Johnston, Bruce Houghton, and Douglas Paton, "Volcanic Hazard Perceptions: Comparative Shifts in Knowledge and Risk", *Disaster Prevention & Management*, 1999, 8(2), pp.118-126.

⑤　John Cross, "Longitudinal Changes in Hurricane Hazard Perception", *International Journal of Mass Emergencies*, 1990, 8(1), pp.31-47.

⑥　Ben Wisner et al., *At Risk: Natural Hazards, People's Vulnerability and Disasters*, 2nd edition, Routledge, 2004.

具体而言，灾害认知体现了个体对于"灾害为什么会发生""灾害多大程度上会发生，有什么影响""如何防范和应对灾害发生""谁应该去应对灾害"的解释和主观判断。本书将个体灾害认知界定为个体对灾害本身及其相关属性的主观判断、感受、认识和情感联系，具体可分为四个维度：成因认知、风险感知、效能感知、责任认知（如图6-4所示）。不同维度之间相互独立，但是又能够

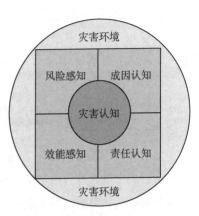

图6-4 灾害认知的概念框架
（资料来源：作者自制）

彼此产生影响。比如对于地震灾害而言，如果个体把地震灾害成因归结为"神谴"等超自然原因，会进而影响其应对地震灾害的效能感和地震灾害风险感知，灾害应对效能较低的人倾向于高估灾害风险，将相关的灾害破坏和损失归结为自己对于灾害的不可控，同样高风险感知也可能会导致较低的应对效能感知。

6.2.3 灾害意识

灾害意识（disaster awareness）是防灾减灾相关文献中经常使用的一个概念，但是很少有学者去具体研究灾害意识的具体内涵或者灾害意识的构成维度。联合国际减灾战略机构把灾害意识界定为"公众对灾害成因、灾害风险和可减少灾害暴露与降低灾害脆弱性的行动（个人的和集体的）等方面的了解程度"[①]。这一界定可能不会让所有灾害管理者和减灾实践者满意，因为对于实务工作者而言，单纯

———————————

① UNISDR, *UNISDR Terminology on Disaster Risk Reduction*, UNISDR, 2009, p.22.

对于灾害成因、风险及减灾措施的了解尚不足以转化为实际的减灾效益,培养公众积极的防灾减灾态度和主动的防灾减灾意愿也很重要。

笔者倾向于在上述灾害意识定义的基础上,增加态度和意愿维度,也即把灾害意识界定为:公众对于灾害成因、灾害风险、防灾减灾措施的了解程度及相应的防灾减灾态度和意愿。公众的灾害意识与其灾害认知密切相关,除了灾害认知所强调的成因认知、风险感知、效能感知和责任认知以外,灾害意识还应该包括"防灾减灾知识"这一重要方面。尽管公众的灾害意识形成可能存在某些先赋因素的影响,比如乐观特质的人可能更容易低估风险而不愿去进行灾害准备,但是整体上,本书认为公众灾害意识应该主要理解为公众的一种后天习得的倾向,是一系列社会学习过程后的结果。否则的话,如果把灾害意识界定为一种由个体先赋因素主导形成的意识状态,那么防灾减灾和灾害管理研究者一直提倡的实践主张——通过设计合理有效的防灾减灾应急演练、培训、科普以及风险沟通活动来提高公众防灾减灾意愿——将会失去重要的理论前提。

6.3 灾害行为分析的认知变量

6.3.1 成因认知

正常化(normalization)是基于现有方案(或派生出的新方案),将不寻常和陌生的事件置于有意义的框架中,使其能够被理解和应对的过程①。灾害的发生通常导致既有价值规范体系受到威胁,社会

---

① Anderson Jon, "Cultural Adaptation to Threatened Disaster", *Human Organization*, 1968, 27(4), pp.298–307.

功能遭到中断。对于灾民或者潜在灾民而言，需要一种正常化机制将灾害的发生与已知的或者已熟悉的框架体系融合，以便灾害被更好地理解和应对。在这种正常化机制中，既有的社会文化体系将灾害情境结构化为日常生活中的预期风险，并为灾害为什么会发生，意味着什么，会以什么样的方式造成威胁提供解释，这主要体现在公众对于灾害成因的认知上。灾害成因认知总体上呈现出三种主要取向：灾害是超自然意志的体现、灾害是客观的自然现象或者自然过程、灾害是社会生产或者人为活动的结果。不同的灾害成因认知方式可能会导致不同风险感知及减灾意愿和对相应政策的接受度。比如有研究指出相较于将气候变化归结为自然过程的公众，那些将气候变化归为人类活动的受访者会认为其在 2017 年美国飓风中遭受的损失和感受的痛苦更大[1]。也即灾害成因认知影响了公众的灾害损失和风险的感知情况。

近代科学诞生以前，灾害事件通常被认为是神的意志或行为，灾害事件独立于社会系统之外，且通常被认为是具有一定社会启示意义[2]。不具备相关自然科学知识的人类面对自然灾害的巨大威胁，其畏惧、困惑与无奈等心理，常常使其将灾害归结为上天惩罚、恶灵作怪、妖怪作祟、触犯禁忌、因果报应等非自然力的结果。比如 19 世纪日本民众曾认为地底鲶鱼翻动导致地震发生[3]，我国明清时期江南

---

① Gea Hoogendoorn, Bernadette Sütterlin, and Michael Siegrist, "The Climate Change Beliefs Fallacy: The Influence of Climate Change Beliefs on the Perceived Consequences of Climate Change", *Journal of Risk Research*, 2020, 23(12), pp.1577–1589.

② Russell Dynes and Thomas Drabek, "The Structure of Disaster Research: Its Policy and Disciplinary Implications", *International Journal of Mass Emergencies and Disasters*, 1994, 12(1), pp.5–23；夏明方：《继往开来：新时代中国灾害叙事的范式转换刍议》，《史学集刊》2021 年第 2 期。

③ Gregory Smits, "Conduits of Power: What the Origins of Japan's Earthquake Catfish Reveal About Religious Geography", *Japan Review*, 2012, 24, pp.41–65.

等地民间曾把水患归结为水神、龙王等神灵所为[①]，等等。此外，在中国传统的历史灾害叙事中，所谓的"天灾"也会被归因为包含统治者在内的人类行为不当所致，因此在灾害史学家看来防灾减灾救灾不仅是对人类行为和现有制度的及时调适，也是对天人合一宇宙观下的天命观和灾异论的适应性调整[②]。而在西方的灾害叙事体系下，尽管上帝或其他神祇等对灾害的发生负责，但是其"意志"或者"惩罚"行为也可能是随机的，因此任何遭遇灾害冲击的灾民都应该得到同情和及时救助[③]。1775 年葡萄牙里斯本发生了一次巨大地震，被灾害学家拉塞尔·戴恩斯称为第一次现代意义上的灾害（the first modern disaster）[④]。因为这次大地震是发生在欧洲启蒙运动时期，传统的宗教权威正遭受知识自由和理性的不断挑战，相应的，神学和现代理性也在争夺对这场大地震灾害的"合理"解释。人类自身的行为（比如城市布局、建筑物类型和选址等）要为地震后果负责的观点开始对地震是"天灾""神谴"等神学观点进行挑战[⑤]。

　　进入工业化社会之后，尤其是受到近代自然科学发展的影响，灾害开始被当作是一种自然现象，也即对当下灾害科学概念体系中致灾因子和灾害不做进一步区分。而科学技术的发展将为人类防灾减灾救灾提供具体的方案。比如通过加固房屋、提高房屋抗震性能来减轻地震灾害

[①]　丁贤勇：《明清灾害与民间信仰的形成——以江南市镇为例》，《社会科学辑刊》2002 年第 2 期。

[②]　夏明方：《继往开来：新时代中国灾害叙事的范式转换刍议》，《史学集刊》2021 年第 2 期。

[③]　Russell Dynes and Thomas Drabek, "The Structure of Disaster Research: Its Policy and Disciplinary Implications", *International Journal of Mass Emergencies and Disasters*, 1994, 12(1), pp.5–23.

[④]　Russell Dynes, "The Dialogue between Voltaire and Rousseau on the Lisbon Earthquake: The Emergence of a Social Science View", *International Journal of Mass Emergencies & Disasters*, 2000, 18(1), pp.97–115.

[⑤]　Ibid.

影响,通过修建大坝来抵御洪水冲击。这种把灾害发生归因于自然因素,且通过科学技术防灾减灾的理念影响深远。这种灾害成因观念和减灾理念至今仍然主导着绝大多数地区以及公众的减灾模式。

此外,现代灾害研究也发现,即使是当代,一些地区的人们尽管已经知道了灾害的自然属性,但是这并不意味着他们会完全摒弃原有基于信仰和禁忌等文化因素建立的灾害成因观念。也就是说,时至今日,世界很多社区居民仍然会把灾害的发生看作是一种超自然现象。这种超自然的认知有时候会与公众的宗教或者民间信仰紧密相关,而且可能会与公众的世俗化的、"科学的"灾害认知相互交织[1]。比如有学者在调查 2004 年印度洋海啸对泰国兰塔岛(Koh Lanta)和皮皮岛(Koh Phi Phi)等地的社会经济影响时发现:当地一些民众认为此次海啸既是地震引起的自然现象,同时也是上天对人类罪恶的惩罚[2]。亦有针对印度尼西亚爪哇岛民众的地震灾害认知调查研究发现:尽管当地民众知道地震是地球构造运动的结果,但他们同时认为 2006 年 5 月 27 日发生在该岛的地震,是"南海女王"(Ratu Kidul)对当地统治者不尊重传统仪式而发出的警告[3]。

公众将自然灾害归结为上天意志、触犯禁忌、因果报应等非自然力的结果,通常与其宿命(fatalistic)和顺从的(submissive)人生态度有关。这些根植于信仰、禁忌等文化因素中的灾害观念,会对民众在灾害发生时采取何种应对灾害行为等产生重要的影响,有时甚至会导致不积极、不主动和不恰当的灾害应对态度与行为。在巴西萨尔

[1] Lei Sun, Yan Deng, and Wenhua Qi, "Two Impact Pathways from Religious Belief to Public Disaster Response: Findings from a Literature Review", *International Journal of Disaster Risk Reduction*, 2018, 27, pp.588-595.

[2] Jonathan Rigg et al., "The Indian Ocean Tsunami: Socio-Economic Impacts in Thailand", *The Geographical Journal*, 2005, 171(4), pp.374-379.

[3] Judith Schlehe, "Anthropology of Religion: Disasters and the Representations of Tradition and Modernity", *Religion*, 2010, 40(2), pp.112-120.

瓦多(El Salvador)地区,福音新教徒(Evangelical Protestants)将灾害看成是"上帝的惩罚",而天主教徒(Catholics)则将灾害看成一种对生活的考验;这两种不同的灾害观念导致福音新教徒的备灾态度远较天主教徒的备灾态度消极[①]。在我国云南玉溪市新平县 2002 年"8·14 滑坡泥石流"灾害应对过程中,有的灾民认为"吃饭时不会发生自然灾害,雷都不打吃饭人……我们没有做过坏事,所以吃饭的时候不会发生泥石流";他们因此"拒绝"采取自救行为,有的甚至在紧急时刻用"烧香求神保佑"的方法代替紧急逃生[②]。另一方面,这些带有深刻文化烙印的灾害观念,也可能对于提高民众的防灾减灾能力、促进其适应灾害存在积极的影响。一些灾害研究者强调:对于那些在困境中缺少足够能力和资源来调整心理压力的民众来说,这种带有宿命论的灾害观念,在某种程度上也是他们对灾害做出的文化和心理上一种适应[③]。一些带有万物有灵论色彩的灾害观念同样也可以促进当地民众对环境的适应。比如我国的诺苏[④]彝人,他们相信灾祸与福气都是由神灵带来的,有的山岭不能随意动土、巨石不能随意开凿和爆破,否则灾祸就会到来[⑤];显然,这种灾害观念对于当地生态环境的保护和避免人为加剧地质灾害等具有重要意义。

---

① Marion Davis, "Culture and Disaster: Questions Overdure for Exploration"(2011), https://www.sei-international.org/news-and-media/2050, retrieved 1 May, 2016.

② 李永祥:《傣族社区和文化对泥石流灾害的回应——云南新平曼糯村的研究案例》,《民族研究》2011 年第 2 期;李永祥:《泥石流灾害的人类学研究——以云南省新平彝族傣族自治县 8.14 特大滑坡泥石流为例》,知识产权出版社 2012 年版。

③ David Hutton and Emdad Haque, "Patterns of Coping and Adaptation among Erosion-Induced Displacees in Bangladesh: Implications for Hazard Analysis and Mitigation", *Natural Hazards*, 2003, 29(3), pp.405-421.

④ 我国凉山等地的彝族自称"诺苏"。他们认为"木尔木色"主管着干旱、洪涝、雨雪等一切自然灾害。迄今,凉山彝区民众仍然保留着祭祀"木耳木色"来祈福消灾的仪式。

⑤ 叶宏:《地方性知识与民族地区的防灾减灾——人类学语境中的凉山彝族灾害文化和当代实践》,西南民族大学博士学位论文,2012 年,第 49 页。

20世纪七八十年代以来，一些灾害研究学者对于把灾害的发生归因于自然因素，并单纯依靠科学技术指导和设计防灾减灾策略的做法提出深刻批评。灾害不仅仅是一种自然现象，灾害还作为一种社会现象。作为社会现象的灾害主要是社会生产的结果。地震、洪水、台风等自然事件之所以能给社会造成严重破坏，是因为人们本身具有灾害脆弱性，而灾害的脆弱性源于人们的观念、行为以及所处社会结构的位置。人们当然可以通过减缓、控制和预测地震、洪水以及其他致灾因子的方式来避免损失的发生，但是某些情况下，改变人类自身观念和行为可能对于减轻灾害风险或损失而言更为有效。接受这种灾害成因认知方式（即认识到灾害自然与社会的双重属性），不论是对政策制定者，还是减灾实务工作者和具体普通大众，都具有积极的意义。从行为科学角度来看，接受这种灾害成因理念可能更容易形成灾害调适、避险和自救互救行为的动机。

6.3.2 风险感知

沿袭心理学研究取向的学者通常会把"风险感知"界定为个体对于风险的主观判断和感受，在英文文献中存在"risk perception"和"perceived risk"两种常见的表达方式；而在保护动机理论中，这一过程则被描述为威胁评价（threat appraisal）。

尽管将风险感知描述为"对负面后果发生可能性的主观判断和感受"是很多灾害学者接受和采用的方式，但这种界定方式可能由于不够全面，而招致一些社会学和人类学的研究者批评，因为在他们看来有时候人们对于"什么是风险"的看法和判断体现的是一种生活方式或者文化选择[①]。比如在中国和美国这两种不同文化环境下，两国

---

① Mary Douglas and Aaron Wildavsky, *Risk and Culture: An Essay on the Selection of Technological and Environmental Dangers*, University of California Press, 1982.

公众会对合餐制和个人拥有枪支的风险存在不同的看法,这已不仅仅体现着个体对于风险事件的主观看待和感受,很大程度上体现着两国公众不同的生活方式或文化选择,因为前者崇尚集体主义,后者更强调个人价值。因此,更宽泛意义上,风险感知也被定义为"人们对危险和收益的信念、态度、判断和情感,以及更广泛意义上的社会或者文化倾向"[①]。

保罗·斯洛维奇(Paul Slovic)认为风险感知研究将为理解和预测人们如何响应威胁事件提供重要理论基础,同时可以提高普通大众、专家和政策制定者之间风险沟通的质量[②]。风险感知的研究者强调:为了提高公众的健康和安全水平,需要对人们如何认知和响应风险有所了解,否则一些出发点很好的政策往往达不到预期的政策效果[③]。因此,总结上述观点,我们发现研究风险感知的意义和价值主要包括三个方面——增进对人们在不确定性情境下行为决策机制的了解、提高不同利益相关者之间的风险沟通水平、助力提出基于科学实证(evidence-based)的风险应对政策建议。

心理学研究中,劝服沟通(persuasive communication)方式试图通过恐惧唤起(fear-arousing)或者威胁诉求(negative threat appeals)策略来促使公众行为发生改变[④]。在 20 世纪六七十年代,早期的相关研究大多认为与潜在威胁事件相关的变量(如威胁严重性)或者与行为主体相关的变量(比如知识)会决定风险沟通的效果,但是后期的相关研究

---

① Nick Pidgeon et al., "Risk Perception", in *Risk: Analysis, Perception and Management: Report of a Royal Society Study Group*, The Royal Society, 1992, pp.89-134.

② Paul Slovic, "Perception of Risk", *Science*, 1987, 236(4799), pp.280-285.

③ Ibid.

④ Shelley Duval and John-Paul Mulilis, "A Person-Relative-to-Event (Pre) Approach to Negative Threat Appeals and Earthquake Preparedness: A Field Study", *Journal of Applied Social Psychology*, 1999, 29(3), pp.495-516.

逐渐发现主体相关变量（如效能）和事件相关变量（严重性、发生可能性）共同决定了风险沟通效果①。此外，也有学者使用脆弱性感知（perceived vulnerability）来描述人们对于自身是否容易遭受灾害侵袭的主观感知②。一些灾害行为的实证研究结果表明，人们的脆弱性感知越高，越有可能响应灾害预警信息，进而采取防护行为的可能性越大③。

6.3.3　效能感知

"效能"与"效能感"是跟能力有关的一种信念，是个体对自身是否有能力采取特定行为的主观认知或感受。1977 年，阿尔伯特·班杜拉提出了"自我效能"的概念，对人类行为的产生机制提出一种新的解释思路④。自我效能是个体对自己在具体情境下是否有能力进行某种行为的期望⑤。这种期望主要包含了个体对自己是否能有力实施某项行为的信念、主观判断和自我感受，其中个体对要实施达到指定目的行动能力的主观判断被称为自我效能感知（perceived self-efficacy），其结果是个体的自我效能感（sense of self-efficacy），而自我效能感内化到价值系统就成为自我效能信念（belief of self-efficacy），反映的是个体是否具有进行某项行为能力判断的认知取向⑥。班杜

---

①　Shelley Duval and John-Paul Mulilis, "A Person-Relative-to-Event (Pre) Approach to Negative Threat Appeals and Earthquake Preparedness: A Field Study", *Journal of Applied Social Psychology*, 1999, 29(3), pp.495-516.

②　David Johnston, Bruce Houghton, and Douglas Paton, "Volcanic Hazard Perceptions: Comparative Shifts in Knowledge and Risk", *Disaster Prevention & Management*, 1999, 8(2), pp.118-126.

③　Ibid.

④　Albert Bandura, "Self-Efficacy: Toward a Unifying Theory of Behavioral Change", *Psychological Review*, 1977, 84(2), pp.191-215.

⑤　Ibid.

⑥　Albert Bandura, *Social Foundations of Thought and Action*, Prentice-Hall Inc, 1986；高建江：《班杜拉论自我效能的形成与发展》，《心理科学》1992 年第 6 期。

拉认为：个体对特定行为能否取得预期结果的期望（结果期望），以及个体能否成功进行某一行为的期望（自我效能）是决定行为的关键因素[①]。个体既往行为的成败经验（直接经验）、观察他者行为而获得的替代性或间接性经验、言语说服（他者规劝和自我规劝）、个体情绪和生理状态是影响自我效能感的重要因素[②]。此后，与效能相关的理论和观点逐渐对人类行为研究产生了深远影响。

20 世纪 80 年代，"集体效能"概念被提出，将效能研究从个体层面扩展到了集体层面。与个体效能相对，集体效能指的是集体成员对集体完成某项工作能力的主观判断和认识，是集体成员对作为一个整体的团队运作能力进行的评估[③]，这种评估受到集体能力影响。同一集体的成员的集体效能感会存在一定趋同性，但是同样也会存在个体差异。直接经验、间接经验、言语说服、个体情绪和生理状态等影响个体自我效能感的因素同样也会对集体效能形成产生影响。除此之外，集体层面的因素如成员构成、领导能力等也会对集体效能产生影响[④]。

至于灾害行为研究领域，效能认知相关变量被认为是影响公众灾害行为的重要因素之一。在不同的灾害行为研究中，研究者会通过后果期望（outcome expectancy）或者对行为的效能感知（response efficacy）来界定个体对特定灾害行为能够减轻灾害影响程度的信念情况。基本的理论

① Albert Bandura, "Self-Efficacy: Toward a Unifying Theory of Behavioral Change", *Psychological Review*, 1977, 84(2), pp.191-215.

② Albert Bandura, "Self-Efficacy: Toward a Unifying Theory of Behavioral Change", *Psychological Review*, 1977, 84(2), pp.191-215；周国韬、元龙河：《班杜拉的自我效能感理论述评》，《教育评论》1991 年第 6 期。

③ 姜飞月、郭本禹：《从个体效能到集体效能——班杜拉自我效能理论的新发展》，《心理科学》2002 年第 1 期；Albert Bandura, "Exercise of Human Agency through Collective Efficacy", *Current Directions in Psychological Science*, 2000, 9(3), pp.75-78.

④ 姜飞月、郭本禹：《从个体效能到集体效能——班杜拉自我效能理论的新发展》，《心理科学》2002 年第 1 期。

观点认为，一旦在公众的认知体系中，采取某项行为对于减轻灾害风险或者灾害损失是徒劳无功的，则公众采取这项行为的意向或者动机很难形成。除了对自身固有的应对能力认知之外，公众应对灾害的效能感也受到自身资源认知的影响。具体而言，个体采取行为需要一定的资源支持，比如需要花费一定时间，投入一定的经济资源，需要采取相关行为的知识和技能①。资源不足则意味着采取相关行为存在障碍和执行难度。尽管资源的实际拥有量是客观的，但是针对某一项或者一些灾害调适行为而言，其是否拥有足够的资源则可能是主观的。很多情况下，需要投入多少时间和经济成本，以及采取某项行为的知识门槛有多高也并没有一个客观的标准。高资源认知可能会带来较高的灾害应对效能感知。PrE理论②提出了一个关于个体资源认知、风险感知和行为之间的关系命题，即当个体感知到自己拥有足够的资源来应对潜在威胁时，其聚焦解决问题的应对策略是威胁感知的直接函数，提高公众对于威胁严重程度的感知程度将直接提高公众的响应水平，反之当个体认为自己拥有的资源不足以应对潜在威胁时候，提高公众对威胁的感知程度将会降低其响应水平③。

此外，既有研究还发现，在不同文化背景群体中，效能感知-灾害行为之间作用机制和影响路径可能会存在一定文化差异。比如有研究就日本和新西兰两国社区地震备灾上的比较研究显示：对备灾措施有效性的认识、效能感知、邻里关系，以及对政府的信任等是影响两地社区民众备灾意愿的共同因素；但是，这些因素的具体影响程度

---

① Michael Lindell and Carla Prater, "Risk Area Residents' Perceptions and Adoption of Seismic Hazard Adjustments", *Journal of Applied Social Psychology*, 2002, 32(11), pp.2377-2392.

② 关于PrE理论介绍，可参见本书第3章。

③ Shelley Duval and John-Paul Mulilis, "A Person-Relative-to-Event (Pre) Approach to Negative Threat Appeals and Earthquake Preparedness: A Field Study", *Journal of Applied Social Psychology*, 1999, 29(3), pp.495-516.

和方式在两国社区间,却存在显著的差异:例如较之于新西兰,邻里关系的影响在日本更大,且邻里互动能增加日本民众的集体效能感和增强对于政府的信任,进而进一步增强日本社区民众的备灾意愿;而在新西兰社区,这样的影响方式和影响过程不存在[①]。在一项关于美国西雅图、日本大阪和土耳其伊兹密尔三地公众地震灾害认知和行为的跨文化对比研究中,研究者发现:三地公众的地震灾害认知访谈中都谈到了控制、能动性和效能感方面的内容,尽管三地受访者都表示对防震减灾措施有所了解,并且他们可以事先采取一些措施来降低地震灾害风险,但是与此同时,在受访者的地震灾害认知观念体系中,上述认知与地震宿命文化观念存在竞争[②]。该项研究指出土耳其公众的地震灾害宿命文化观念更为明显和普遍,整体而言,土耳其公众更倾向于把地震的发生归结为上天行为,而美国和日本的受访者则更倾向于把地震归结为一种自然现象[③]。

　　宿命论(fatalism)与公众灾害应对效能感之间的关系是灾害行为研究学者经常关注的议题。现有研究表明,持有宿命论信念的人可能认为他们几乎没有办法避免或保护自己免受风险的影响,认为生活事件的控制权不在他们自己手中[④]。比如对于地震灾害而言,

① Douglas Paton et al., "Predicting Community Earthquake Preparedness: A Cross-Cultural Comparison of Japan and New Zealand", *Natural Hazards*, 2010, 54(3), pp.765-781.

② Helene Joffe et al., "Social Representations of Earthquakes: A Study of People Living in Three Highly Seismic Areas", *Earthquake Spectra*, 2013, 29(2), pp.367-397.

③ Ibid.

④ Michael Lindell and Ronald Perry, *Behavioral Foundations of Community Emergency Planning*, Hemisphere Publishing Corporation, 1992; Julian Rotter, "Generalized Expectancies for Internal Versus External Control of Reinforcement", *Psychological Monographs*, 1966, 80(1), pp.1-28; John McClure, Michael Allen, and Frank Walkey, "Countering Fatalism: Causal Information in News Reports Affects Judgements About Earthquake Damage", *Basic and Applied Social Psychology*, 2001, 23(2), pp.109-121.

持地震宿命文化观念的人会把地震损害的原因完全归因于地震本身的力量[1]或超自然力量等其他无法控制的因素[2]，而不是个体行为。这种宿命灾害认知一方面源于深刻的文化信仰，但与此同时，也可能是一个人一般宿命论认知取向的具体表现[3]。

控制点理论解释了宿命论、效能感和公众灾害行为之间的因果逻辑[4]。控制点理论研究了个体对于事件和事件后果的掌控信念，即个体认为自己对于自己的生活和环境有多大程度的控制权[5]。具有内部控制定位的人判断他们的处境在很大程度上由他们自己的

---

[1] John McClure, Michael Allen, and Frank Walkey, "Countering Fatalism: Causal Information in News Reports Affects Judgements About Earthquake Damage", *Basic and Applied Social Psychology*, 2001, 23(2), pp.109-121.

[2] Lei Sun, Yan Deng, and Wenhua Qi, "Two Impact Pathways from Religious Belief to Public Disaster Response: Findings from a Literature Review", *International Journal of Disaster Risk Reduction*, 2018, 27, pp.588-595; Lei Sun et al., "Religious Belief and Tibetans' Response to Earthquake Disaster: A Case Study of the 2010 Ms 7.1 Yushu Earthquake, Qinghai Province, China", *Natural Hazards*, 2019, 99, pp.141-159.

[3] Lei Sun, Xingyu Liu, and Yuqi Yang, "Source of Fatalistic Seismic Belief: The Role of Previous Earthquake Experience and General Fatalism", *International Journal of Disaster Risk Reduction*, 2022, 83, p.103377.

[4] Michael Lindell and Ronald Perry, *Behavioral Foundations of Community Emergency Planning*, Hemisphere Publishing Corporation, 1992; Julian Rotter, "Generalized Expectancies for Internal Versus External Control of Reinforcement", *Psychological Monographs*, 1966, 80(1), pp.1-28; Julian Rotter, "Cognates of Personal Control: Locus of Control, Self-Efficacy, and Explanatory Style", *Applied and Preventive Psychology*, 1992, 1(2), pp.111-117; Ralph Turner, Joanne Nigg, and Denise Paz, *Waiting for Disaster: Earthquake Watch in California*, University of California Press, 1986.

[5] Julian Rotter, "Cognates of Personal Control: Locus of Control, Self-Efficacy, and Explanatory Style", *Applied and Preventive Psychology*, 1992, 1(2), pp.111-117; Myra Schiff, "Hazard Adjustment, Locus of Control, and Sensation Seeking", *Environment and Behavior*, 1977, 9, pp.233-254.

行为决定,也即个体自己的决策和努力能左右事件的后果[①]。然而,具有外部控制定位的人判断结果主要由事件的属性、他们自己的命运或不完全依赖于他们的行为的任何外在因素决定[②]。在这种情况下,人们认为事件结果由运气、机会和命运决定,或者受到强大的外界力量的控制[③]。这些认识或者信念会转化为行为;也就是说,具有外部控制定位的人往往比具有内部控制定位的人对自己的处境施加更少的控制[④]。宿命论主义通常遵循外部定位行事的逻辑[⑤]。在一些有关灾害行为的实证研究中,这种灾害宿命论、效能感和灾害行为意愿或者实际灾害行为之间的关系链条已被证实。比如之于地震灾害而言,已有研究发现,地震宿命文化观念影响了公众对于地震灾害的响应行为[⑥]。有关地震调适行为的研究表明,宿命论地震观念对

---

①　Julian Rotter, "Cognates of Personal Control: Locus of Control, Self-Efficacy, and Explanatory Style", *Applied and Preventive Psychology*, 1992, 1(2), pp.111-117.

②　Hoda Baytiyeh and Mohamad Naja, "The Effects of Fatalism and Denial on Earthquake Preparedness Levels", *Disaster Prevention and Management*, 2016, 25(2), pp.154-167; Julian Rotter, "Generalized Expectancies for Internal Versus External Control of Reinforcement", *Psychological Monographs*, 1966, 80(1), pp.1-28.

③　Ibid.

④　Julian Rotter, "Cognates of Personal Control: Locus of Control, Self-Efficacy, and Explanatory Style", *Applied and Preventive Psychology*, 1992, 1(2), pp.111-117.

⑤　Michael Lindell and Ronald Perry, *Behavioral Foundations of Community Emergency Planning*, Hemisphere Publishing Corporation, 1992; Ralph Turner, Joanne Nigg, and Denise Paz, *Waiting for Disaster: Earthquake Watch in California*, University of California Press, 1986.

⑥　Ralph Turner, "Waiting for Disaster: Changing Reaction to Earthquake Forecasts in Southern California", *International Journal of Mass Emergencies and Disasters*, 1983, 1, pp.307-334.

公众灾害调适行为产生了负面影响[1],其基本的因果逻辑是宿命主义使人们相信他们无法采取任何行动来减少地震灾害的不利影响,这种低效能感进而降低了他们采取行动的意愿[2]。

在海伦娜·约菲(Helene Joffe)等人对于美国、日本和土耳其三国公众的地震灾害认知与行为研究中发现公众的灾害认知观念体系中可能存在一些看似"不协调"的观念,比如一方面认识到可以采取多种措施去减轻地震灾害的风险,一方面又存在"地震灾害影响是人们无法控制的事情"这样的低效能感[3]。研究者认为在人们的思维体系中可能存在多种机制来调和这种矛盾:比如尽管公众认识到可以采取一些措施来减轻灾害影响,但是在重大灾害面前,这些措施的

---

[1] John McClure, Michael Allen, and Frank Walkey, "Countering Fatalism: Causal Information in News Reports Affects Judgements About Earthquake Damage", *Basic and Applied Social Psychology*, 2001, 23(2), pp. 109-121; Hoda Baytiyeh and Mohamad Naja, "Can Education Reduce Middle Eastern Fatalistic Attitude Regarding Earthquake Disasters?", *Disaster Prevention and Management*, 2014, 23(4), pp.343-355; Arezoo Yari, Yadolah Zarezadeh, and Abbas Ostadtaghizadeh, "Prevalence of Fatalistic Attitudes toward Earthquake Disaster Risk Management in Citizens of Tehran, Iran", *International Journal of Disaster Risk Reduction*, 2019, 38, p.101181; Xingyu Liu and Lei Sun, "Examining the Impact of Fatalism Belief and Optimism Orientation on Seismic Preparedness: Considering Their Roles in the Nexus between Risk Perception and Preparedness", *Journal of Contingencies and Crisis Management*, 2021, 30(4), pp.412-426.

[2] Hoda Baytiyeh and Mohamad Naja, "Can Education Reduce Middle Eastern Fatalistic Attitude Regarding Earthquake Disasters?", *Disaster Prevention and Management*, 2014, 23(4), pp.343-355; Xingyu Liu and Lei Sun, "Examining the Impact of Fatalism Belief and Optimism Orientation on Seismic Preparedness: Considering Their Roles in the Nexus between Risk Perception and Preparedness", *Journal of Contingencies and Crisis Management*, 2021, 30(4), pp.412-426.

[3] Helene Joffe et al., "Social Representations of Earthquakes: A Study of People Living in Three Highly Seismic Areas", *Earthquake Spectra*, 2013, 29(2), pp. 367-397.

减灾效果有限,因此知晓这些措施并没有带来效能感的提升;再者,如前文提到资源认知是公众灾害认知体系中的一个重要组成成分,因此公众在认知到可以采取很多措施去减轻灾害影响同时也意识到自身拥有资源的限制(比如经济、知识和时间);最后,理性和情绪在灾害认知—行为中同时发挥了作用,人们理性上认知到可以采取一些措施减轻灾害影响,但是这种理性认知受到了灾害恐惧情感的影响,在恐惧情感的支配下,人们感受到了灾害面前的无力感,认为采取任何行为可能都是徒劳的[①]。

6.3.4　责任认知

责任归属认知或者责任感(sense of self-responsibility),也即公众对谁应该承担采取相关行为责任的认知也是影响公众是否会采取相关行为的重要认知变量。研究认为个体责任感是个人灾害调适行为的重要影响因素[②]。一项基于 PrE 理论模型分析发现,在个体认为自己应该承担备灾责任时,个体在感知到自己拥有足够的资源去应对感知到的风险的情况下,个体才会采取更多的灾害准备行为;而在个体不认为自己应该承担备灾责任时,这种资源认知-风险感知相对关系对个体备灾行为的影响微乎其微[③]。

① Helene Joffe et al., "Social Representations of Earthquakes: A Study of People Living in Three Highly Seismic Areas", *Earthquake Spectra*, 2013, 29(2), pp. 367-397.

② Michael Lindell and David Whitney, "Correlates of Household Seismic Hazard Adjustment Adoption", *Risk Analysis*, 2000, 20(1), pp.13-25; Jiuchang Wei, et al., "Household Adoption of Smog Protective Behavior: A Comparison between Two Chinese Cities", *Journal of Risk Research*, 2017, 20(7), pp. 846-867.

③ John-Paul Mulilis and Shelley Duval, "The Pre Model of Coping and Tornado Preparedness: Moderating Effects of Responsibility", *Journal of Applied Social Psychology*, 1997, 27(19), pp.1750-1766.

尽管既有研究还不是很充分,但是一些灾害跨文化比较研究表明:公众对于灾害应对的责任归属认知(比如政府还是社会应当更多地承担灾害应对的责任)以及灾害应对效能认识方面可能存在文化背景的烙印。公众对于防灾减灾责任归属认知是一种由社区成员共享的文化观念,在不同时期和不同地区存在差异[①]。比如一项对比日本金泽市(Kanazawa)民众和美国圣法南度谷区(San Fernando Valley)民众的地震灾害风险感知和灾害应对行为的研究发现:相对于崇尚个人主义的美国民众,日本民众(崇尚集体主义文化)认为政府应该承担更多应对地震灾害的责任,因而更加支持政府增加税收来开展防震减灾活动[②]。相较于日本民众,美国民众更有可能采取地震备灾行为、灾害应对效能感更高、灾害后果预期更为乐观[③]。

6.4 小结

单纯的刺激-响应分析传统强调刺激之于行为的决定性影响,忽略人的主体能动作用,因而难以解释为什么在不同的个体或者群体置身于相同的情景,却会作出不同的行为决策。此外,理性人假设对于公众灾害行为的解释力度也有其局限性,很多研究都发现人们采取的灾害行为并不符合理性经济人模型假设,这意味着公众灾害成因认知、风险感知等认知因素可能在其中发挥

[①] Helene Joffe et al., "Social Representations of Earthquakes: A Study of People Living in Three Highly Seismic Areas", *Earthquake Spectra*, 2013, 29(2), pp.367-397.

[②] Risa Palm, "Urban Earthquake Hazards: The Impacts of Culture on Perceived Risk and Response in the USA and Japan", *Applied Geography*, 1998, 18(1), pp.35-46.

[③] Risa Palm and John Carroll, *Illusions of Safety: Culture and Earthquake Hazard Response in California and Japan*, Routledge, 1998.

了重要作用。

在人们应对灾害的过程中,公众的人口统计学特征[①]、灾害经历[②]、灾害信息渠道[③]、知识水平[④]、文化因素[⑤]等都被揭示出有可能对具体灾害响应行为模式产生影响,而这些因素某种程度上都有可能通过影响公众的灾害认知因素进而影响行为,换句话说灾害认知是公众灾害行为的重要近效应(proximal effects)因素。本书进一步将个体灾害认知定义为个体对灾害本身及其相关属性的主观判断、感受、认识和情感联系,分为成因认知、风险感知、效能感知和责任认知四个维度。可以预见的是,未来有关灾害认知视角下的灾害行为研究会主要沿着三个方向展开:一是灾害认知特点及其影响因素的探索,二是灾害认知—行为关系的讨论,三是基于认知—行为特点和关系的询证防灾减灾策略设计。这三个方向都跨越了既有单一学科的知识边界,需要整合不同学科、不同领域的知识,展开跨学科交流与合作。

---

① Kimberley Shoaf et al., "Injuries as a Result of California Earthquakes in the Past Decade", *Disasters*, 1998, 22(3), pp.218-235; Sudha Arlikatti et al., "'Drop, Cover and Hold on' or 'Triangle of Life' Attributes of Information Sources Influencing Earthquake Protective Actions", *International Journal of Safety and Security Engineering*, 2019, 9(3), pp.213-224.

② Julia Becker et al., "The Role of Prior Experience in Informing and Motivating Earthquake Preparedness", *International Journal of Disaster Risk Reduction*, 2017, 22, pp.179-193.

③ Kimberley Shoaf et al., "Injuries as a Result of California Earthquakes in the Past Decade", *Disasters*, 1998, 22(3), pp.218-235.

④ 孙磊:《民众认知与响应地震灾害的区域和文化差异——以 2010 玉树地震青海灾区和 2008 汶川地震陕西灾区为例》,中国地震局地质研究所博士学位论文,2018 年。

⑤ Lei Sun et al., "Religious Belief and Tibetans' Response to Earthquake Disaster: A Case Study of the 2010 Ms 7.1 Yushu Earthquake, Qinghai Province, China", *Natural Hazards*, 2019, 99, pp.141-159.

第 7 章

灾害风险感知及其与公众灾害行为关系的再审视

人类能够改造人文和物理环境,降低各种灾害发生的风险,但是与此同时也在创造新的灾害风险。感知到风险并采取相应行为对于人类生存发展来说至关重要。专家通过各种技术评估手段来评估灾害发生的概率以及潜在负面影响的大小,对灾害风险进行测量。但是对于多数普通公众而言,他们往往会依靠自身的经验或者情感进行风险判断,这就是所谓的"风险感知"①。如果要问在既有的灾害行为研究文献当中,哪一个认知变量获得了最多的学术注意力,风险感知一定会榜上有名。自 20 世纪 80 年代至今,致力于分析公众灾害风险感知和灾害行为关系的文章层出不穷。很多研究都报告了公众会依赖于他们对灾害风险的主观判断来做出相应行为决策,通常认为风险感知与灾害行为存在正相关关系。比如公众的灾害风险感知水平越高,就越可能会提前准备一些应急物资、学习一些防灾减灾知识等,但是与此同时,又有很多研究不断地对风险感知-灾害行为这一关系发起挑战。

---

① Paul Slovic, "Perceptions of Environmental Hazards: Psychological Perspectives", in Tommy Gärling and Reginald G. Golledge, eds., *Behavior and Environment: Psychological and Geographical Approaches*, North Holland, 1993, pp. 223 - 248.

作为灾害行为因果机制研究中最经典的问题之一，灾害风险与灾害行为之间的关系引发了诸多讨论和争议。支持者认为公众灾害风险感知水平是其灾害响应决策的重要前置因素，反对者指出灾害风险感知和灾害行为决策之间不存在或者存在较弱的相关关系。在此背景下，本章将讨论公众灾害风险感知研究、测量方式，并重新审视灾害风险感知-灾害行为这一经典关系。

7.1 理解风险

与"什么是灾害"相似，关于"何为风险"的争论同样旷日持久，风险并没有统一的定义。但是很多情况下，风险会被界定一种负面后果（negative consequence）与发生概率（probability）的一种组合。有时候，我们并没有足够的知识和信息去准确地评估或者感知风险事件发生的概率，那这就意味着风险事件具有一种高度不确定性（uncertainty）。积累有关风险的知识、增加关于风险的信息是消除风险事件不确定性的重要方式。

与灾害更多强调已然的负面后果不同，风险主要指向负面后果还未出现之前的未然状态。风险研究者可以通过历史数据或者物理机制模型对负面事件发生的概率以及事件一旦发生所造成的损失进行估算，这种风险我们可以称为客观风险（objective risk）或者统计风险（statistical risk）。

风险不仅仅是一种所要描述对象（比如技术活动或者自然事件）的一种可量化的危险属性，也是人们的主观建构，是一种无论是对专家还是对普通大众都有意义的，可以对之思考、判断和感受的体验①，也即

---

① Harry Otway and Kerry Thomas, "Reflections on Risk Perception and Policy", *Risk Analysis*, 1982, 2(2), pp.69-82.

风险也是主观的。风险的主观维度是风险感知的重要研究议题,所谓风险感知,前一章已经提到,即感知主体"对危险和收益的信念、态度、判断和情感,以及更广泛意义上的社会或者文化倾向"①。对于风险承担者(risk-bearer)而言,尽管面临相同的客观威胁,但不同个体的风险感知可能不同,同样个体在不同的情境、不同的时间对同一客观事件的风险感知也可能不同。需要指出的是,尽管灾害事件可能造成的人员伤亡数、环境破坏程度等可归结为风险的客观维度,但是当我们对这些风险进行评估的时候,无论是依靠个体的态度,或群体所共有的文化信念,还是依靠数学模型,都无法逃离人类自身的判断,因此有观点认为,在一定程度上,针对客观风险的量化评估也有主观的成分,只是主观程度大小的问题②。

危机也是灾害研究中经常会出现的术语,但是风险与危机的内涵不尽相同。在既有研究当中,危机通常是从系统和组织视角来理解的,表示一种需要及时防范更大风险的无序状态,比如在阿金·伯恩等人所著的《危机管理政治学——压力之下的公共领导能力》中,危机被描述为这样一种情景,即"一个体系的基本结构或者根本价值观和行为模式受到严重威胁,并且在有时间压力和非常不确定的情况下,这一体系必须作出至关重要的决定"和"一个在表面上正常发展的系统的无序状态"③。

与风险概念密切相关的另一个术语是突发事件。在我国《突发事件应对法》中,"突发事件"被界定为"突发发生,造成或者可能造成

① Nick Pidgeon et al., "Risk Perception", in *Risk: Analysis, Perception and Management: Report of a Royal Society Study Group*, The Royal Society, 1992, pp.89-134.

② Ibid.

③ [荷兰]阿金·伯恩、保罗·特哈特、[瑞典]埃瑞克·斯特恩等:《危机管理政治学——压力之下的公共领导能力》,赵凤萍、胡杨、樊红敏译,河南人民出版社2010年版,第3页。

严重社会危害,需要采取应急处置措施予以应对的自然灾害、事故灾难、公共卫生事件和社会安全事件"。实际上,这里的突发事件界定涵盖了学术文献中风险、危机、灾害等多重含义。童星和张海波认为在灾害管理的概念逻辑体系中,突发事件与灾害概念内涵存在重叠,但扩展了灾害内涵,而风险、突发事件(灾害)、危机之间呈现出从风险历经突发事件(灾害)再到危机的连续统①。本书中拟从另一个角度来界定这些概念之间的关系:即"风险"意味着存在威胁,但是损失未然;"危机"意味着威胁迫近或者损失初步产生,亟须采取措施防范威胁或者防止损失扩大;而"灾害"意味着损失已然(如图7-1所示);而"突发事件"在风险—危机—灾害这个连续统中可能处于危机阶段也可能处于灾害阶段。而公众之于灾害采取的行为,可能发生在风险阶段、危机阶段也可以能发生在灾害阶段。

图 7-1 风险、危机和灾害之间的关系

(资料来源:作者自制)

7.2 风险感知研究

有关风险感知的研究可追溯到 20 世纪 40 年代,某种程度上,可以认为吉尔伯特·怀特的《人类洪水灾害调适》②是风险感知研究的源起之作,因该书指出人们面对洪水灾害威胁时,其既往的洪水经验

---

① 童星、张海波:《基于中国问题的灾害管理分析框架》,《中国社会科学》2010 年第 1 期。

② Gilbert White, "Human Adjustment to Floods", Department of Geography Research Paper No. 29, University of Chicago, 1945.

和灾害意识等会直接影响他们对洪水灾害的调适行为,并首次将灾害主观风险维度引入灾害管理研究当中[①]。20 世纪 60 年代之后,有关风险感知的讨论逐步多了起来,但大都是针对技术或者人为活动的风险感知研究,因为高风险感知被认为是公众反对核技术等一些彼时新兴技术的主要因素[②]。此后,众多学者对风险的主观维度展开研究,初步形成心理测量范式和风险文化理论等不同研究流派或者范式,而近几年来亦呈现出两者融合趋势。

7.2.1 心理测量范式

20 世纪 70—80 年代,率先进入工业化社会的欧美发达国家中,不断出现的新的技术致灾因子使得越来越多的公众感觉到他们不是技术发展的受益者而是技术风险的潜在受害者,对于普通大众而言,究竟"多大程度的安全才是足够安全?"成为政策制定者们迫切需要知道答案的理论和现实之问[③]。在这样一个背景下,欧洲和美国的一些研究小组致力探讨公众风险评估的心理和认知维度[④]。这些研究主要关注以下三个维度:一是了解当人们描述某项事务具有风险的时候意味着什么,什么因素影响了人们对于风险的感知;二是

---

① Wim Kellens, Teun Terpstra, and Philippe De Maeyer, "Perception and Communication of Flood Risks: A Systematic Review of Empirical Research", *Risk Analysis*, 2013, 33(1), pp.24-49.

② Ibid.

③ Paul Slovic, Baruch Fischhoff, and Sarah Lichtenstein, "Why Study Risk Perception", *Risk Analysis*, 1982, 2(2), pp.83-93; Baruch Fischhoff et al., "How Safe Is Safe Enough? A Psychometric Study of Attitudes Towards Technological Risks and Benefits", *Policy Sciences*, 1978, 9(2), pp.127-152.

④ ÅSA Boholm, "Comparative Studies of Risk Perception: A Review of Twenty Years of Research", *General Information*, 1998, 1(2), pp.135-163; Paul Slovic, Baruch Fischhoff, and Sarah Lichtenstein, "Why Study Risk Perception", *Risk Analysis*, 1982, 2(2), pp.83-93.

致力于建构关于风险感知的理论以便能够预测公众对于一些新出现的致灾因子和规制政策的反应；三是发展能够用来评估公众风险感知的工具①。早期的心理学家开发了揭示偏好（revealed preference）②和表达偏好（expressed preference）③两种方法用以开展相应研究。揭示偏好法的认识论基础为社会在发展过程中已对各种风险活动进行了反复选择，即社会现实中蕴含着各种风险活动或技术（比如汽车和飞机）的最佳风险-收益平衡状态，我们通过一些社会历史数据，比如通过相关风险活动的致死率和社会从相关活动获得的经济利益的比较，粗略地估计社会对某项活动或者技术的可接受风险水平④。表达偏好法则认为公众对于相关活动或技术风险和收益的态度可以通过问卷调查的方式测量⑤。

美国俄勒冈大学决策研究小组（Decision Research Group）在表达偏好方面研究成果卓然，并逐步形成了卓有影响力的风险感知心理测量范式（psychometric paradigm）。心理测量范式下的风险感知研究致力于将客观风险和主观风险加以区分，其基本观点认为：风险感知是可以量化和预测的，通过测量受访者的表达偏好可以获知公众对于特定风险事物的判断和态度；不同人对于风险有不同的

① Paul Slovic, Baruch Fischhoff, and Sarah Lichtenstein, "Why Study Risk Perception", *Risk Analysis*, 1982, 2(2), pp.83-93.

② Chauncey Starr, "Social Benefit Versus Technological Risk", *Science*, 1969, 165(3899), pp.1232-1238.

③ Baruch Fischhoff et al., "How Safe Is Safe Enough? A Psychometric Study of Attitudes Towards Technological Risks and Benefits", *Policy Sciences*, 1978, 9(2), pp.127-152.

④ Chauncey Starr, "Social Benefit Versus Technological Risk", *Science*, 1969, 165(3899), pp.1232-1238.

⑤ Baruch Fischhoff et al., "How Safe Is Safe Enough? A Psychometric Study of Attitudes Towards Technological Risks and Benefits", *Policy Sciences*, 1978, 9(2), pp.127-152.

含义解读①。在此基础上,后续一些风险感知研究试图探讨沟通、媒体、政治体系以及诸如性别、民族等社会身份要素对于风险感知的影响②。

风险感知心理测量范式研究发现,专家和普通大众对于何为风险存在不同的建构方式,当专家们来判断某项危险事物风险的时候,他们通常会将事物的风险与其每年的致死人数相联系,而之于普通大众而言,他们的判断则更多将风险与危险事物本身的特征相联系,比如某项危险事物是否会影响到后代子孙③。风险的主观特征可能包含了很多维度,比如巴鲁克·菲舒夫(Baruch Fischhoff)等人对美国公众的风险感知开展研究,他们从自愿性、可控性等 9 个方面探索公众关于 30 项活动(比如吸烟、游泳)或技术风险(比如 X 射线、核电)的风险主观特征④(参见表 7-1)。研究相继发现,风险自身的很多特征存在相互关联,比如自愿性特征和可控性特征,并通过因子分析可以将风险的诸多特征要素合成恐惧风险和未知风险两个因子,前者涉及了低控制感、恐惧、灾难性后果、致命后果、风险-收益不均衡等特征,后者包含了风险的不可知、新兴的以及负面后果缓慢显现等特征⑤。风险感知研究认为普通大众之所以会相对漠视一些每年导致很多死亡的高风险行为(比如吸烟、饮酒),但是对一些专家认为

① Paul Slovic, "Perception of Risk", *Science*, 1987, 236(4799), pp.280-285; Paul Slovic, Baruch Fischhoff, and Sarah Lichtenstein, "Why Study Risk Perception", *Risk Analysis*, 1982, 2(2), pp.83-93.

② ÅSA Boholm, "Comparative Studies of Risk Perception: A Review of Twenty Years of Research", *General Information*, 1998, 1(2), pp.135-163.

③ Paul Slovic, "Perception of Risk", *Science*, 1987, 236(4799), pp.280-285.

④ Baruch Fischhoff et al., "How Safe Is Safe Enough? A Psychometric Study of Attitudes Towards Technological Risks and Benefits", *Policy Sciences*, 1978, 9(2), pp.127-152.

⑤ Paul Slovic, "Perception of Risk", *Science*, 1987, 236(4799), pp.280-285.

不会造成重大伤害的现象持谨慎态度(比如手机辐射),其中部分原因在于不同的风险主观特征会引发公众的不同响应①。比如"恐惧"特征意味着低控制感、灾难性后果等,"未知"特征意味着风险的难预测等,这些特征更容易导致公众"非自愿"态度,手机辐射风险则具有较高的恐惧和未知特征,因而更容易引发公众的非自愿风险暴露(involuntary exposure)态度②。

表 7-1　风险感知的测量维度

维度	含义
风险的自愿性	人们自愿参与某项风险活动的程度
负面后果的即时性	负面后果(比如死亡)是即时的,还是可能会延时在以后某个时段发生
公众关于风险的知识	暴露于风险中的普通大众对于某种风险的了解程度
专家关于风险的知识	当前科学研究对于某种风险的了解程度
风险的可控性	通过个人采取行为避免事件负面后果发生的程度
风险的新颖性	某种风险是一种全新的风险还是一种旧的、人们熟悉的风险
慢性-灾难性	某种风险事件是一次能够致死很多人的灾难性风险还是一次只能致死一人的缓发性风险
恐惧程度	某项风险是一种人们已经学会与之共存并能够冷静思考的风险还是一种令人极度恐惧的风险
后果的严重性	当风险最终导致的事故或者疾病发生时,严重(比如致死性)程度

资料来源:Baruch Fischhoff et al., "How Safe Is Safe Enough? A Psychometric Study of Attitudes Towards Technological Risks and Benefits", *Policy Sciences*, 1978, 9(2), pp.127-152。

---

① Michael Siegrist and Joseph Árvai, "Risk Perception: Reflections on 40 Years of Research", *Risk Analysis*, 2020, 40(S1), pp.2191-2206.

② Ibid.

普通公众在评估风险时不仅仅依靠概率信息①,在不确定性情境下,还依赖心理启发式认知机制(heuristic cognitive mechanism)来对风险进行判断并作出相应的行为决策②。心理启发式认知机制意味着人们会依赖其记忆中那些容易记起经历(可得性启发机制)、依赖当下不确定性情景具有类似特征的情景或事件(代表性启发机制)以及依赖主观参考点(锚定效应)对预判事项作出评估,哪怕这个主观参考点与当下不确定情景不存在逻辑关联③。俄勒冈决策研究小组的研究发现人们会倾向于高估一些诸如洪水、龙卷风等不常见的灾害风险,却低估像癌症、中风和心脏病等常见疾病的风险,并把这一现象归因于人们决策机制中启发图式(heuristic schemes)的作用,即越是严重的、不常见的灾害事件越容易被人们记住,这些事件的高认知可获得性(cognitive availability)导致了人们倾向于高估不常见灾害风险④。

---

① ÅSA Boholm, "Comparative Studies of Risk Perception: A Review of Twenty Years of Research", *General Information*, 1998, 1(2), pp.135-163.

② 尽管在本部分中将启发式认知机制作为心理测量范式下的内容予以引述和讨论,但是需要指出的是也有学者把心理测量范式和启发式认知机制作为不同的风险感知研究理论基础。比如 Amos Tversky and Daniel Kahneman, "Availability: A Heuristic for Judging Frequency and Probability", *Cognitive Psychology*, 1973, 5(2), pp.207-232。

③ Amos Tversky and Daniel Kahneman, "Availability: A Heuristic for Judging Frequency and Probability", *Cognitive Psychology*, 1973, 5(2), pp.207-232; Daniel Kahneman and Amos Tversky, "Prospect Theory: An Analysis of Decision under Risk", *Econometrica*, 1979, 47(2), pp.263-291; Amos Tversky and Daniel Kahneman, "Judgment under Uncertainty: Heuristics and Biases", *Science*, 1974, 185(4157), pp.1124-1131.

④ ÅSA Boholm, "Comparative Studies of Risk Perception: A Review of Twenty Years of Research", *General Information*, 1998, 1(2), pp.135-163; Sarah Lichtenstein et al., "Judged Frequency of Lethal Events", *Journal of Experimental Psychology: Human Learning and Memory*, 1978, 4, pp.551-578.

人们可能通过两种基本方式来感知风险,即分析系统(analytic system)和经验系统(experimental system)①。这与史蒂文·斯洛曼(Steven Sloman)认为人们的行为决策受到两种思维模式——基于规则的逻辑思维模式(rule-based processing)和基于联想的关联思维模式(associative processing)——的观点相类似。其中,逻辑思维模式是指人们对信息进行有意识的加工后,基于与任务相关的既有的逻辑规则和证据做出决策;关联思维模式是指人们基于与其他事物相似性及时间关联性来做出决策②。而在风险感知过程中,分析系统使用计算和规范规则,比如概率计算、逻辑和风险评估方法来感知风险,过程相对较慢,且需要有意识地进行控制;而经验系统是快速的,自动的,感知过程并不容易被察觉,依赖于感知对象的形象和联想,通过与情绪和情感(对某物好坏的感觉)体验相联系,也即风险感知是一种感觉(risk as a feeling)③。这两种风险感知模式彼此联系,无法相互替代。理解上述模式的差异对于我们理解公众针对风险的响应行为至关重要。

情感启发式(affect heuristic)属于利用经验系统或者关联思维模式感知风险的一种重要方式。按照保罗·斯洛维奇等学者的观点,人们的心智模型中的所有意象(image)都以不同程度标注了情感,人们的情感池(affect pool)中包含了所有与这些意象相关的正面和负面标记,当人们在进行风险判断过程中,会查阅或者"感知"情感池,

---

① Paul Slovic et al., "Risk as Analysis and Risk as Feelings: Some Thoughts About Affect, Reason, Risk and Rationality", *Risk Analysis*, 2004, 24(2), pp.311-322.

② Steven Sloman, "The Empirical Case for Two Systems of Reasoning", *Psychological Bulletin*, 1996, 119(1), pp.3-22.

③ Paul Slovic et al., "Risk as Analysis and Risk as Feelings: Some Thoughts About Affect, Reason, Risk and Rationality", *Risk Analysis*, 2004, 24(2), pp.311-322.

就像是可得性和代表性启发式一样,这些与意象关联的情感也将为个体的风险判断提供线索,而且很有可能这种依赖情感意象的启发式决策比理性推理决策、可得性和代表性启发式决策模式更为高效①。

除了可得性启发机制和情感启发式机制外,自然优先启发式(natural-is-better heuristic)也是众多风险感知研究者关注的重要启发式机制②。西方国家公众可能存在强烈的自然性(naturalness)偏好,"自然的"通常与积极情感关联,而人类干预则意味着降低自然性,比如认为天然的食物是更加安全和健康的③。公众对气候变化不同的归因方式(是人为活动导致还是自然过程的)会导致公众对2017 年美国飓风的灾后损失认知和伤亡痛苦感知不同,人为活动归因者的灾后损失认知和伤亡痛苦感知更为严重④。因此,自然优先启发式风险感知机制所带来的认知偏差表明:哪怕本质上灾害损失结果相同,但由于人为活动归因意味着自然性的降低,进而在自然优先启发式机制作用下,公众会感知到更为严重的后果⑤。值得注意的是,这种自然优先启发式的风险感知机制目前并没有得到国内样本的验证。

---

① Paul Slovic et al., "Risk as Analysis and Risk as Feelings: Some Thoughts About Affect, Reason, Risk and Rationality", *Risk Analysis*, 2004, 24(2), pp.311-322.

② Michael Siegrist and Joseph Árvai, "Risk Perception: Reflections on 40 Years of Research", *Risk Analysis*, 2020, 40(S1), pp.2191-2206.

③ Michael Siegrist and Christina Hartmann, "Consumer Acceptance of Novel Food Technologies", *Nature Food*, 2020, 1(6), pp.343-350.

④ Gea Hoogendoorn, Bernadette Sütterlin, and Michael Siegrist, "The Climate Change Beliefs Fallacy: The Influence of Climate Change Beliefs on the Perceived Consequences of Climate Change", *Journal of Risk Research*, 2020, 23(12), pp.1577-1589.

⑤ Michael Siegrist and Joseph Árvai, "Risk Perception: Reflections on 40 Years of Research", *Risk Analysis*, 2020, 40(S1), pp.2191-2206.

7.2.2 风险文化理论

风险文化理论(cultural theory of risk)试图从文化背景角度回答"什么人害怕什么,为什么"这一风险感知的经典问题①。1970年,英国人类学家玛丽·道格拉斯(Mary Douglas)在其《自然符号》(*Natural Symbols*)一书中首次提出了风险文化理论的基础——格群图式学说(grid-group typology),并用其将人群划分为不同的文化类型②。根据格群图式学说,特定的社会关系会培育人们特定的世界观或文化倾向(cultural bias)。在格群图式学说中,"格"(grid)是个体与他人互动过程中所受外在规则约束的程度,"群"(group)是个体与其所属群体的联系程度;根据人们的格群特征,可以将人群划分为个人主义者(individualist)、宿命论者(fatalist)、等级主义者(hierarchist)和平等主义者(egalitarians)四种不同文化类型③。之后,玛丽·道格拉斯和艾伦·维尔达夫斯基(Aaron Wildavsky)等又将格群图式学说发展成为风险文化理论,进而从文化观念差异的角度来探讨人们风险感知的差异。风险文化理论主张④:风险感知是文化建构的结果,认为风险感知与文化依附(cultural adherence)和社会学习密切相关;不同

---

① Mary Douglas and Aaron Wildavsky, *Risk and Culture: An Essay on the Selection of Technological and Environmental Dangers*, University of California Press, 1982.

② Mary Douglas, *Natural Symbols: Explorations in Cosmology*, Barrie and Rockliff, 1970.

③ 迈克尔·汤普森等在之前的人们文化类型划分基础上,又增加了一个在社会生活中不属于上述四种类型中任何一种的文化类型:隐士(hermit)。参见 Michael Thompson, Richard Ellis, and Aaron Wildavsky, *Cultural Theory*, Westview Press, 1990, pp.1-38。

④ 风险文化理论、心理测量范式、风险的社会放大理论中所讨论的风险,均不仅仅针对自然灾害造成的风险。作为风险研究的传统或经典理论(范式),其研究对象涉及环境变化、自然和人为灾害、疫病等一切可能造成风险的事物。

文化类型的人拥有不同的世界观或文化倾向,不符合其世界观或破坏其所拥护社会关系的行为均被视为危险行为①。自风险文化理论提出以来,围绕其理论和实际意义、解释问题的能力和适用范围等已开展了一系列研究。如艾伦·维尔达夫斯基和卡尔·戴克(Karl Dake)指出:风险文化理论能够较好地解释和预测哪类人群容易感知到何种风险、感知到什么程度等②。不过,也有学者不完全支持上述结论,甚至质疑该理论对风险感知的解释与预测能力。例如一项针对法国民众对水污染、自然灾害、交通事故等 20 种事物的风险感知的调查研究指出:法国民众的世界观(个人主义、宿命论、等级主义和平等主义)与其实际风险感知情况的相关性很低,世界观最多只能解释 6% 民众的风险感知差异③。同样,另一项针对美国民众风险感知情况的调查研究也指出:风险文化理论对于民众风险感知差异的解释能力很低(方差解释率不足 10%)④。

　　自风险文化理论提出以来,对于风险文化理论有效性的检验层出不穷。拥护者有之⑤,批判者亦有之⑥,但至少风险文化理论给

① Mary Douglas and Aaron Wildavsky, *Risk and Culture: An Essay on the Selection of Technological and Environmental Dangers*, University of California Press, 1982; Aaron Wildavsky and Karl Dake, "Theories of Risk Perception: Who Fears What and Why?", *Daedalus*, 1990, 119(4), pp.41-60.

② Aaron Wildavsky and Karl Dake, "Theories of Risk Perception: Who Fears What and Why?", *Daedalus*, 1990, 119(4), pp.41-60.

③ Jean Brenot, Sylviane Bonnefous, and Claire Marris, "Testing the Cultural Theory of Risk in France", *Risk analysis*, 1998, 18(6), pp.729-739.

④ Lennart Sjöberg, "World Views, Political Attitudes and Risk Perception", *Risk*, 1998, 9, pp.137-152; Lennart Sjöberg, "Factors in Risk Perception", *Risk Analysis*, 2000, 20(1), pp.1-12.

⑤ Michael Thompson, Richard Ellis, and Aaron Wildavsky, *Cultural Theory*, Westview Press, 1990.

⑥ Jean Brenot, Sylviane Bonnefous, and Claire Marris, "Testing the Cultural Theory of Risk in France", *Risk analysis*, 1998, 18(6), pp.729-739.

我们提供了一个从"世界观"角度理解公众风险感知的视角，加深了我们对于风险感知的认识。

7.2.3 风险社会放大框架和文化认知理论

心理测量和风险文化是风险感知研究中两条重要的研究路径，风险社会放大框架（social application of risk framework，SARF）和文化认知理论（cultural cognition of theory）试图将二者融合。

风险社会放大框架由罗杰·卡斯帕森、奥特温·雷恩（Ortwin Renn）、保罗·斯洛维克等学者提出，其将风险研究的社会学、心理学等不同学科视角系统地联系起来，认为社会、心理、文化因素之间的互动会导致风险放大（amplification）或者衰减（attenuation）[1]。所谓风险放大具体指的是一种社会现象，经由风险信息传播过程和风险承担者（个体、政府组织和社会团队等）及其行为共同塑造的有关风险的社会体验，进而影响了风险事件的后果[2]。SARF 中包含了两个重要过程：风险信息的传播过程和社会响应过程（如图 7-2 所示）。传播风险信号的个体或者社会组织称为信号站，传播风险信息的个体可能是专家、意见领袖等，社会组织可能是新闻媒体、某个文化群体、风险管理组织、政府机构或者个体的社会网络，各信号站通过多种信息渠道（如媒体、电话、直接沟通、互联网等）传播或者生产风险相关信息。感知到风险的个体会采取相应的响应行为，继而产生次级影响或者涟漪效应（ripples）[3]。需要指出的是，风险的放大或衰减不仅仅是风险感知的放大或衰减，也包括实际风险影响或后果的

---

[1] Roger Kasperson et al., "The Social Amplification of Risk: A Conceptual Framework", *Risk Analysis*, 1988, 8(2), pp.177-187.

[2] Ibid.

[3] Roger Kasperson, "A Perspective on the Social Amplifications of Risk", *The Bridge*, 2012, 42(3), pp.23-27.

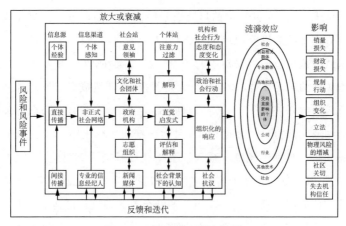

图 7-2　风险社会放大框架

［资料来源：Roger Kasperson, "A Perspective on the Social Amplifications of Risk", *The Bridge*, 2012, 42(3), pp.23-27］

放大或衰减。社会信息系统可以通过影响风险信号的"质"和"量"两种方式来影响风险事件,其中"质"的方式通过加强或减弱个体和社会群体获取的与风险相关的信息中的信号强度,"量"的方式依靠过滤有关风险属性和其重要性的信号①。风险信息的放大环节包括信号的过滤(实际上只有接受的一小部分风险信号会被实际处理);对风险信号进行解码和重构;依赖认知机制来处理风险信息;给信息附加社会价值以作为风险管理政策制定的依据;与文化和相关团体互动,解释和确认风险信号;行为动机或意愿的形成,比如是接受风险、采取行动应对风险或者管理风险;集体或者个人采取行动接受风险、漠视风险、容忍风险或者改变风险②。

① Roger Kasperson, "A Perspective on the Social Amplifications of Risk", *The Bridge*, 2012, 42(3), pp.23-27.

② Roger Kasperson, "A Perspective on the Social Amplifications of Risk", *The Bridge*, 2012, 42(3), pp. 23 - 27; Roger Kasperson et al., "The Social Amplification of Risk: A Conceptual Framework", *Risk Analysis*, 1988, 8(2), pp.177-187.

SARF 认为危险事物的风险信号经由受众心理、社会、文化以及政治等诸多因素影响,会产生风险放大或者衰减效应,使得原本一些专家认为低风险的事物却引起公众的广泛关注,而一些专家认为需重点关注的风险事物,却被社会大众忽视,也即造成专家风险评估和公众风险感知差异[①]。SARF 为政策制定者、专家和社会公众之间的风险沟通实践提供了理论依据,因为该框架实际上暗示了公众的风险感知水平是可以经由一系列社会文化或社会心理过程干预的,是可以改变的,之于个体而言其风险感知表现为一种心理现象,而非一种稳定的心理特质[②]。当前,风险的社会放大理论已得到了不少具体应用。比如有学者以加拿大埃德蒙顿(Edmonton)民众对当地一项生态工业发展项目的风险感知为例,基于风险的社会放大理论,在分析了地方[③]、文化与风险放大之间的关系后指出:当地民众是夸大还是低估该项目的风险,取决于他们的文化观念——对当地持有深厚依赖情感的人更在乎当地是否安全宜居,因而往往会夸大可能存在的风险;而对于持"当地应谋求经济发展"观点的人来讲,他们更看重生态工业发展带来的利益,因而其对可能风险的感知程度往往较低[④]。

来自耶鲁大学法学院的学者丹·卡亨(Dan Kahan)和同事试图融合风险感知心理测量范式和风险文化理论观点,提出了文化认知

[①] Roger Kasperson et al., "The Social Amplification of Risk: A Conceptual Framework", *Risk Analysis*, 1988, 8(2), pp. 177 – 187; Ortwin Renn et al., "The Social Amplification of Risk: Theoretical Foundations and Empirical Applications", *Journal of Social Issues*, 1992, 48(4), pp.137–160.

[②] 伍麟、张璇:《风险感知研究中的心理测量范式》,《南京师大学报(社会科学版)》2012 年第 2 期。

[③] 地方是文化地理学的核心概念之一。地方是与空间相对应的一个概念,是承载人们主观性的区域,空间被赋予文化意义的过程就是空间变为地方的过程。

[④] Jeffrey Masuda and Theresa Garvin, "Place, Culture, and the Social Amplification of Risk", *Risk Analysis*, 2006, 26(2), pp.437–454.

理论,以解释公众的风险感知形成机制①。文化认知理论强调个体倾向于将他们的风险感知及风险相关信念与他们用于评价危险活动依据的道德标准相适应,也即个体具有形成与其价值观念相一致的风险感知倾向②。长久以来,基于美国样本的风险感知研究发现,相对于女性和少数族裔,美国白人男性对于很多风险的感知水平要低,在一些文献中这种现象被称为"白人男性效应"(white male effect)③。一些观点认为出现这种现象的原因在于女性和少数族裔群体与白人男性群体在教育、知识、政治赋权、风险敏感性等方面存在差异。但是也有研究指出风险感知中的性别差异即便是在科学家群体中依然存在,这有力地挑战了资源差异导致风险感知性别差异的观点④。文化认知理论则对这一现象提出了新的解释。卡亨等人认为,之所以出现这种情况,正是因为相较于女性和少数族裔群体,白人男性更多地表现出等级主义和个人主义的价值观倾向,因此在对一些环境问题和技术活动评价时,感知到风险就意味着他们的精英特权或能力受到挑战;因此在面对这些环境问题或技术活动时,白人男性群体会因存在一种文化身份保护认知(Cultural-identity-protective cognition)倾向,而从心理上对这些活动表现出风险怀疑(risk skepticism)⑤。

---

① Dan M Kahan, Hank C Jenkinssmith, and Donald Braman, "Cultural Cognition of Scientific Consensus", *Journal of Risk Research*, 2010, 14(2), pp.147–174.

② Ibid.

③ Anna Olofsson and Saman Rashid, "The White (Male) Effect and Risk Perception: Can Equality Make a Difference?", *Risk Analysis*, 2011, 31(6), pp.1016–1032; Melissa Finucane et al., "Gender, Race, and Perceived Risk: The White Male' Effect", *Health, Risk & Society*, 2000, 2(2), pp.159–172.

④ Paul Slovic, "Trust, Emotion, Sex, Politics, and Science: Surveying the Risk-Assessment Battlefield", *Risk Analysis*, 1999, 19(4), pp.689–701.

⑤ Dan Kahan et al., "Culture and Identity-Protective Cognition: Explaining the White-Male Effect in Risk Perception", *Journal of Empirical Legal Studies*, 2007, 4(3), pp.465–505.

7.3 灾害风险感知与灾害行为的关系

7.3.1 灾害风险感知的测量方法

尽管风险感知研究的存在心理测量、风险文化等不同理论流派或者范式,但是在灾害行为或者灾害风险感知研究领域,大部分针对灾害风险感知的界定和测量方式还是主要依据心理测量方式展开,也即通过问卷量表的方式获取受访者对灾害风险的主观判断、感受、情绪响应或者看法。

威姆·凯伦斯(Wim Kellens)等梳理了既有文献中公众洪水灾害风险感知测量的不同题目类型:意识相关题目,比如"您知道您生活在一个易受洪水影响的地区吗?";情绪响应(担忧、恐惧和关心)相关题目,比如"您是否感受到了洪水灾害的威胁?";概率感知,比如"您认为未来十年,您所在社区遭受洪水灾害侵袭的可能性多大?";后果感知或者脆弱性感知,比如主观评价洪水灾害对自己及家人造成负面后果的严重性;成因或者来源认知,比如"您知道您所在社区存在洪水灾害风险的原因吗?"[①]。凯伦斯等进一步指出,大多数洪水风险感知研究者通常基于自己设计的调查问卷或者对他人研究的调查问卷进行修订后开展研究,在这些调查问卷中概率感知和后果感知是洪水风险感知测量中最为常用的方式[②]。在公众地震风险感知测量方面,距离(社会距离、时间距离、空间距离)、概率和可控性是常见的测量方式,比如:通过测量地震风险的"社会距离",即询问

---

① Wim Kellens, Teun Terpstra, and Philippe De Maeyer, "Perception and Communication of Flood Risks: A Systematic Review of Empirical Research", *Risk Analysis*, 2013, 33(1), pp.24-49.

② Ibid.

受访者地震风险会威胁到自己、周围的亲朋好友、周围其他普通大众还是完全陌生者;聚焦时间维度,询问受访者地震灾害会或早还是或晚发生;空间维度,询问受访者地震会在什么地方发生;影响方面,地震造成的破坏是大还是小;情感方面,即地震灾害会引起受访者情绪响应的强度;概率维度,询问受访者地震灾害可能还是不可能发生;可控性方面,即地震灾害影响将是可控的还是会超过受访者防范能力[1]。

　　表 7-2 梳理了既有研究中对几种常见灾害风险感知的测量方式。第一,灾害风险感知并没有统一的量表和方式,主要偏向于通过受访者"表达偏好"这一心理测量方式获取受访者的灾害风险认知特征和结构,其中可能性和后果严重性是常见的测量维度。第二,风险作为一种情绪(Risk-as-feeling)的理论观点已经被一些灾害风险感知实证研究者接受,在具体测量时通过询问受访者是否对某种风险事件担忧、害怕、恐惧等"情绪维度"来体现。第三,整体性测量是一种常见的灾害风险感知测量方式,即直接询问受访者对灾害风险的整体性感知,比如对"我认为在接下来的 3 年里,我居住的地方有很高的自然灾害风险"的认同[2],而不对风险的不同维度或者主观特征做进一步区分。第四,有学者使用心理距离测量方式来测量公众的灾害风险感知,包括与风险事件的时间距离、空间距离、社会距离和情绪距离。第五,承灾体的易损性或脆弱性感知、安全感有时候也被一些研究者作为灾害风险感知的测量维度。

---

[1]　Christian Solberg, Tiziana Rossetto, and Helene Joffe, "The Social Psychology of Seismic Hazard Adjustment: Re-Evaluating the International Literature", *Natural Hazards and Earth System Science*, 2010, 10(8), pp.1663-1677.

[2]　Sandra Appleby-Arnold et al., "Applying Cultural Values to Encourage Disaster Preparedness: Lessons from a Low-Hazard Country", *International Journal of Disaster Risk Reduction*, 2018, 31, pp.37-44.

表7-2　灾害风险感知测量

灾种	测量方式	条目
火山[1]	整体	在未来5年内,我的财产将受到火山爆发的严重威胁。 在未来5年内,我和我家人的安全将受到火山爆发的严重威胁。
地震[2]	整体	如果发生地震,你觉得在你房子里会有多安全?
	可能性、 负面后果、 情感维度	您觉得当地(您所在地)未来的地震灾害风险有多大? 您觉得在未来10年内,你所在的地方发生地震可能性有多大? 大体而言,你担心当地(您所在地)将来发生地震吗? 一旦当地(您所在地)发生地震,您觉得您家的财产(比如房屋、家具)受到破坏的可能性有多大? 一旦当地(您所在地)发生地震,您认为您自己受到伤害的可能有多大?
洪水[3]	可能性单条目	洪水对您居住区造成严重破坏的可能性是多少
	可能性、 情感维度	假设未来5年内会发生洪水灾害及次生的滑坡,那么您认为以下每一项事情发生的可能性有多大? 或者您对以下每一项事情的担心程度? ● 供电、通信和供水等系统会中断 ● 一些财产(不包括房屋)会受到严重破坏或毁坏 ● 居住房屋会受到严重破坏或毁坏 ● 您或者您的一些亲人会受伤(或死亡)
野火[4]	可能性、 脆弱性、 严重性	未来几年内社区发生火灾的可能性; 自己房屋或者财产对于火灾的脆弱性; 附近发生火灾的话,影响的严重性程度; 当地发生火灾并对受访者房屋或者财产造成损失的可能性。
灾害[5]	整体、情感	我担心我居住的地方会发生灾害。 当我想到我居住的地方的灾害时,我感到害怕。 我认为在接下来的3年里,我居住的地方有很高的自然灾害风险。 我认为在接下来的3年里,我居住的地方有很高的人为灾害风险。

（续表）

灾种	测量方式	条目
气候 变化[6]	地理距离、 社会距离、 时间距离、 不确定性和 情感距离	我们当地可能会受到气候变化的影响。 气候变化将主要影响其他距离本地较远的地方。 气候变化主要会影响发展中国家。 气候变化可能会对我这样的人产生重大影响。 如果有影响的话,你认为何时英国会感受到气候变化的影响? 关于气候变化的原因,以下哪种观点最符合您的看法(完全是自然过程—完全是人类活动造成的,我认为没有气候变化这种事) • 我不确定气候变化是否真的在发生。 • 气候变化的严重性被夸大了。 • 大多数科学家都认为人类正在引起气候变化。 • 我不确定气候变化的影响会是什么。 您对气候变化,有时候也被称作"全球变暖"的担忧程度。 考虑到气候变化可能对您个人产生的任何潜在影响,您的担忧程度。 考虑到气候变化可能对社会产生的任何潜在影响,您的担忧程度。

注：

1. Ronald Perry and Michael Lindell, "Volcanic Risk Perception and Adjustment in a Multi-Hazard Environment", *Journal of Volcanology and Geothermal Research*, 2008, 172(3-4), pp.170-178.

2. Helene Joffe et al., "Social Representations of Earthquakes: A Study of People Living in Three Highly Seismic Areas", *Earthquake Spectra*, 2013, 29(2), pp.367-397; Xingyu Liu and Lei Sun, "Examining the Impact of Fatalism Belief and Optimism Orientation on Seismic Preparedness: Considering Their Roles in the Nexus between Risk Perception and Preparedness", *Journal of Contingencies and Crisis Management*, 2021, 30(4), pp.412-426; Lei Sun and Lan Xue, "Does Non-Destructive Earthquake Experience Affect Risk Perception and Motivate Preparedness?", *Journal of Contingencies and Crisis Management*, 2020, 28(2), pp.122-130.

3. Michael Siegrist and Heinz Gutscher, "Flooding Risks: A Comparison of Lay People's Perceptions and Expert's Assessments in Switzerland", *Risk Analysis*, 2006, 26(4), pp.971-979; Renato Miceli, Igor Sotgiu, and Michele Settanni, "Disaster Preparedness and Perception of Flood Risk: A Study in an Alpine Valley in Italy", *Journal of Environmental Psychology*, 2008, 28(2), pp.164-173.

4. Troy Hall and Megan Slothower, "Cognitive Factors Affecting Homeowners' Reactions to Defensible Space in the Oregon Coast Range", *Society & Natural Resources*, 2009, 22(2), pp.95-110.

5. Sandra Appleby-Arnold et al., "Applying Cultural Values to Encourage Disaster Preparedness: Lessons from a Low-Hazard Country", *International Journal of Disaster Risk Reduction*, 2018, 31, pp.37-44.

6. Alexa Spence, Wouter Poortinga, and Nick Pidgeon, "The Psychological Distance of Climate Change", *Risk Analysis*, 2012, 32(6), pp.957-972.

7.3.2 灾害风险感知对公众灾害行为的影响

公众对于风险的主观判断和感受在很大程度上可以解释其调适行为或者灾害撤离行为的差异,即相较于风险感知水平较低的公众而言,灾害风险感知水平高的公众更加可能采取灾害调适行为,更可能在接到灾害预警信息后,及时撤离危险区。一个基本的理论假设逻辑起点就是,人们感知到风险后,降低风险则会成为人们最主要的行为动机[1],且基本上遵循理性的成本-收益决策模型[2]。比如我们可以把公众决定采取灾害调适行为看作是一种风险决策。在风险情境下,人们会评估风险决策产生不同后果的可能性,尽管主观评估上会存在认知偏误或者错误,但人们会把相关评估的信息整合到某种基于期望的理性计算中,进而做出漠视、积极响应还是规避风险的最终决定;乔治·洛温斯坦(George Loewenstein)把这种观点——人们的风险行为决策取决于对潜在行为后果评估的理论主张——称为结果主义(consequentialist)行为视角[3]。在此基础上,甚至有学者认为风险感知是任何外在因素引起灾民灾害行为的关键中介变量[4]。

"为什么风险感知会影响公众的灾害行为?"这一问题可以在多种理论视角下得到进一步解释[5],比如在认知评价理论视角下,灾害

---

[1] Neil Weinstein and Mark Nicolich, "Correct and Incorrect Interpretations of Correlations between Risk Perceptions and Risk Behaviors", *Health Psychology*, 1993, 12(3), pp.235-245.

[2] Dennis Mileti and John Sorensen, "Natural Hazards and Precautionary Behavior", in Neil D. Weinstein ed., *Taking Care: Understanding and Encouraging Self-Protective Behavior*, Cambridge University Press, 1987, pp.189-207.

[3] George Loewenstein et al., "Risk as Feelings", *Psychological Bulletin*, 2001, 127, pp.267-286.

[4] 朱华桂:《突发灾害情境下灾民恐慌行为及影响因素分析》,《学海》2012年第5期。

[5] 本书第3章提及的认知评价理论、事件相对理论、保护动机理论、平行扩展模型、防护行为决策模型、社会认知模型等都可以用来解释风险感知对公众灾害调适、撤离等行为的影响。

风险意味着一个压力刺激,当公众面对灾害风险时,会启动相应的认知评价过程来判断灾害是否发生,是否会带来负面影响,也即进行风险感知。在进行风险感知后,公众会进一步判断自己是否拥有应对这种灾害压力刺激的资源,倘若认为自己拥有足够的资源时,就会改变既有的行为模式,采取问题聚焦(problem-focused coping)策略,做出灾害准备或者撤离危险区的行动①。再如在防护行为决策模型中,个体防护行为决策心理过程和情景因素(situational facilitators)共同导致个体最终的行为响应,环境信号、社会信号和预警信息将启动一系列决策前信息处理流程,进而引起公众对环境威胁的感知(也即风险感知)、对可选择防护行为的感知和对其他利益相关者的感知,最终促使公众做出信息寻求、防护行为和情绪应对等不同行为响应策略②。

"公众的灾害调适和撤离等行为受到风险感知的影响",这一发现对于减灾具有非常重要的指导意义,因为它预示着防灾减灾实务者可以通过培养公众的灾害风险意识和风险沟通来促进他们对一些潜在的灾害风险主动做出响应,比如提前做一些准备工作。不同的灾害案例都表明,增强公众的灾害风险意识和备灾水平对于提高全社会的灾害韧性而言非常重要。此外,公众的灾害风险感知水平也被认为是影响其接受或者支持相关灾害管理政策和倡议的重要因素。比如从心理距离的角度来分析英国公众对气候变化的风险感知,那些对气候变化心理距离较近,亦即认为自己、认为自己所在地、

---

① Richard Lazarus, *Psychological Stress and the Coping Process*, McGraw-Hill, 1966; Richard Lazarus, *Emotions and Adaptation*, Oxford University Press, 1991; Richard Lazarus and Susan Folkman, *Stress. Appraisal, and Coping*, Springer-Verlag, 1984.

② Michael Lindell and Ronald Perry, "The Protective Action Decision Model: Theoretical Modifications and Additional Evidence", *Risk Analysis*, 2012, 32 (4), pp.616-632.

自己国家受气候变化影响程度越大的公众，对关于节能减排应对气候变化的政策和倡议支持度也就越高[①]。

7.3.3　实证研究的挑战

尽管，很多实证研究都发现公众的灾害风险感知与灾害调适、撤离等行为之间存在正相关关系。但是近些年来，这一影响关系却不断遭受来自实证研究结果的挑战，一些洪水和地震灾害领域的公众灾害行为研究给出了风险感知不会影响公众灾害行为的实证证据（参见表 7-3）。甚至一些综述类研究直接断言公众的风险感知不是影响其灾害行为的因素。例如有学者指出：既有实证研究中发现的地震风险感知与地震灾害调适行为的关系强度较小，且主要与某些灾害响应阶段和灾后恢复阶段发生的调适应行为相关[②]。有关洪水风险感知和洪水减灾行为的综述研究亦发现——把洪水风险感知作为解释公众洪水减灾行为的变量或促进公众采取洪水减灾行为的因素无论是在理论上还是实证上都得不到支持[③]。在一篇针对包括地震、洪水、飓风、滑坡、火山爆发等自然灾害风险感知的研究综述中，研究者也明确提出了，很多实证研究都发现，灾害风险感知与灾害防护行为之间并不存在显著的相关性[④]。

---

① Alexa Spence, Wouter Poortinga, and Nick Pidgeon, "The Psychological Distance of Climate Change", *Risk Analysis*, 2012, 32(6), pp.957-972.

② Christian Solberg, Tiziana Rossetto, and Helene Joffe, "The Social Psychology of Seismic Hazard Adjustment: Re-Evaluating the International Literature", *Natural Hazards and Earth System Science*, 2010, 10(8), pp.1663-1677.

③ Philip Bubeck, Wouter Botzen, and Jeroen Aerts, "A Review of Risk Perceptions and Other Factors That Influence Flood Mitigation Behavior", *Risk Analysis*, 2012, 32(9), pp.1481-1495.

④ Gisela Wachinger et al., "The Risk Perception Paradox-Implications for Governance and Communication of Natural Hazards", *Risk Analysis*, 2013, 33(6), pp.1049-1065.

表 7-3　灾害风险感知与灾害行为的不显著关系

灾害	风险感知	行为	关系
火山爆发、地震和野火[1]	财产风险感知人身安全风险感知	购买保险、知晓预警、固定家具、准备防护工具、制订逃生计划、知晓避难场所等	不显著
洪水、滑坡[2]	事件发生概率、财产影响、对于未来洪水风险的担忧情况	参加应急培训、购买保险、寻求相关信息、存储应急食物等	风险感知的概率维度：不显著风险感知的情绪维度：显著
洪水[3]	洪水负面后果可能性	受访者是否知晓防御或减轻洪水灾害损失的举措等	不显著
地震[4]	财产损失和人员伤亡的可能性	存储食物、水、收音机、学习关闭电器设备、制定家庭应急预案等调适行为	不显著
地震[5]	地震发生可能性、遭受地震灾害破坏和损失的预期	受访者是否已经或者计划采取措施应对潜在的地震灾害	不显著
野火[6]	火灾发生的可能性、家庭财物针对火灾的脆弱性、火灾后果的严重性	针对野火风险规划可防御空间（defensible space）的意愿；免费参与针对火灾风险的应急管理培训项目的兴趣	前者不显著（规划意愿）；后者显著（参与兴趣）
不区分特定灾种[7]	居住地发生自然灾害和人为灾害的整体风险、对发生灾害的担忧害怕程度	灾害准备意愿	弱联系（weak links）
地震[8]	—	—	弱关系

注：

1. Ronald Perry and Michael Lindell, "Volcanic Risk Perception and Adjustment in a Multi-Hazard Environment", *Journal of Volcanology and Geothermal Research*, 2008, 172(3-4), pp.170-178.

2. Renato Miceli, Igor Sotgiu, and Michele Settanni, "Disaster Preparedness and Perception of Flood Risk: A Study in an Alpine Valley in Italy", *Journal of Environmental Psychology*, 2008, 28(2), pp.164-173.

3. Michael Siegrist and Heinz Gutscher, "Flooding Risks: A Comparison of Lay People's Perceptions and Expert's Assessments in Switzerland", *Risk Analysis*, 2006,

26(4), pp.971-979.

4. Michael Lindell and David Whitney, "Correlates of Household Seismic Hazard Adjustment Adoption", *Risk Analysis*, 2000, 20(1), pp.13-25.

5. 本研究中，作者在相关分析中发现地震风险感知变量与灾害备灾变量存在显著正相关关系，但是这两个变量的正相关关系在回归模型中不再显著。据此作者推测风险感知对准备行为变量之间的影响作用受到其他变量的中介效应影响。参见 Ahmet Rüstemli and A. Nuray Karanci, "Correlates of Earthquake Cognitions and Preparedness Behavior in a Victimized Population", *Journal of Social Psychology*, 1999, 139(1), pp.91-101。

6. Troy Hall and Megan Slothower, "Cognitive Factors Affecting Homeowners' Reactions to Defensible Space in the Oregon Coast Range", *Society & Natural Resources*, 2009, 22(2), pp.95-110.

7. Sandra Appleby-Arnold et al., "Applying Cultural Values to Encourage Disaster Preparedness: Lessons from a Low-Hazard Country", *International Journal of Disaster Risk Reduction*, 2018, 31, pp.37-44.

8. Helene Joffe et al., "Social Representations of Earthquakes: A Study of People Living in Three Highly Seismic Areas", *Earthquake Spectra*, 2013, 29(2), pp. 367-397.

　　大体而言，笔者倾向于认为公众的灾害风险感知是其是否会采取相应调适、避险等行为的重要因素。而针对当前诸多实证研究中，风险感知与灾害行为之间不相关或者弱相关的研究发现的原因，可以归结为以下几个方面。

　　第一，忽视了情绪的重要作用。结果主义视角下的风险决策行为理论模型认为人们在进行风险决策时，行为后果期望和事件概率感知是认知评价的重要过程，而由决策情景和风险引发的感觉（feelings）被认为是一种伴生现象，而不是行为决策过程的组成部分，因此他们认为风险决策本质上是一种认知活动（如图7-3所示）①。

　　两种类型情绪响应被认为与风险决策密切相关：预先情绪（anticipatory emotion）和预期情绪（anticipated emotion）。前者指的是个体在风险决策过程中，对风险和不确定性产生的害怕、焦虑和恐惧等即时响应情绪；而后者则指个体并未即时表现出的但是预期在

────────────

① George Loewenstein et al., "Risk as Feelings", *Psychological Bulletin*, 2001, 127, pp.267-286.

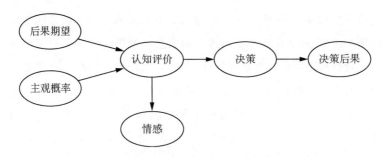

图 7-3　结果主义视角下的风险行为决策理论机制

（资料来源：George Loewenstein et al.，"Risk as Feelings"，*Psychological Bulletin*，2001，127，pp.267-286）

未来会产生的情绪响应[①]。洛温斯坦等整合了两派文献——"情绪影响风险决策"和"风险决策情景下的情绪响应（预先情绪）独立于认知评价"提出，很多情况下个体的预先情绪和认知评价共同影响了风险决策。但是有时候个体的预先情绪会与其认知评价过程相背离，这种情况下，预先情绪可能会对个体行为决策产生决定性影响。洛温斯坦等把这种理论观点或假设称为"风险作为情感假设"（risk-as-feelings hypothesis），具体而言，该理论模型认为：个体认知评价对风险决策行为的影响作用部分是通过影响"风险情绪"进而影响行为实现；风险情绪和认知评价过程相互影响；风险刺激因素可以不用依赖个体的认知评价过程而直接导致个体产生情绪响应[②]。上述观点实际上对风险感知和相关行为之间的机制提出了另一种理论解释视角——人们对于风险情景的认知评价和对风险情景的情绪响应是不同的过程，当人们启动了情绪响应时，情绪响应进而会导致相关行为的发生。面对风险，人们可能是通过认知功能评价风险，但进行情绪

① George Loewenstein et al.，"Risk as Feelings"，*Psychological Bulletin*，2001，127，pp.267-286.

② Ibid.

化的响应(如图 7-4 所示)①。尽管人们对风险的认知评价和情绪响应相互影响,但是却具有不同的影响因素。风险认知评价主要取决于风险的可能性和后果期望特征,人们对风险的情绪响应会受到其对风险评价的影响,但是也可能仅涉及很小的一部分认知过程,比如人们可能会感受到害怕情绪但是他们有可能不知道他们在害怕什么。

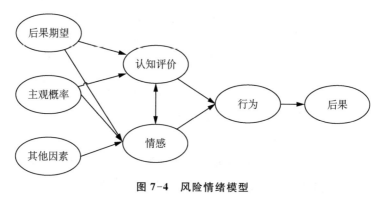

图 7-4 风险情绪模型

(资料来源:George Loewenstein et al., "Risk as Feelings", *Psychological Bulletin*, 2001, 127, pp.267-286)

忽视情绪维度可能是导致当前很多实证研究中"灾害感知-灾害行为"不相关或者弱相关的重要原因。比如有学者认为,既有研究通常是基于理性人视角,从受访者对风险事件可能性和负面损失后果的主观判断入手测量风险感知的,而公众的风险感知除了认知维度(cognitive)维度外,还包括了情感(affective)维度;正是由于既有研究中的很多测量方式没有将公众风险感知中的情感组分(比如之前对于风险事件的情绪体验和当前的情感等)加入进来,才导致了很多

---

① George Loewenstein et al., "Risk as Feelings", *Psychological Bulletin*, 2001, 127, pp.267-286.

关于灾害备灾实证研究中发现风险感知与具体行为之间没有显著关系[①]。根据洛温斯坦等学者的观点，公众对风险情景或事件的情绪响应在风险感知（可能性和后果维度）和行为之间发挥了中介作用[②]，也就是说很多情况下，风险感知对行为的影响是间接的，所以既有一些单纯基于可能性和后果感知维度测量的灾害风险感知发现对灾害行为的影响不显著。

第二，采取调适行为不是人们应对风险的唯一机制。一些学者试图基于保护动机理论对当前一些风险感知-灾害行为不相关或弱相关实证研究结果进行解释。即个体针对感知到的灾害风险可能进行积极响应，比如积极采取一些防护性行为，但也可能通过启动宿命论特点的灾害认知观念、不切实际的想法（wishful thinking）或者拒绝风险存在的态度来消极应对风险[③]。把灾害归结为"天谴"等超自然现象尽管有可能导致公众应对灾害的宿命态度，但是对于那些缺少足够资源来应对灾害的灾民而言，这未尝不是一种文化意义的保护机制[④]。基于保护动机理论，高风险感知是否会导致积极的风险防护行为可能取决于个体的应对评价（比如是否有足够资源去应对）过程，在高风险感知-低应对评价的情境下，个体可能会通过采取一些类似上述消极应对策略来减轻高风险感知导致的负面

---

① Renato Miceli, Igor Sotgiu, and Michele Settanni, "Disaster Preparedness and Perception of Flood Risk: A Study in an Alpine Valley in Italy", *Journal of Environmental Psychology*, 2008, 28(2), pp.164-173.

② George Loewenstein et al., "Risk as Feelings", *Psychological Bulletin*, 2001, 127, pp.267-286.

③ Philip Bubeck, Wouter Botzen, and Jeroen Aerts, "A Review of Risk Perceptions and Other Factors That Influence Flood Mitigation Behavior", *Risk Analysis*, 2012, 32(9), pp.1481-1495.

④ Hanna Schmuck, "'An Act of Allah'. Religious Explanations for Floods in Bangladesh as Survival Strategy", *International Journal of Mass Emergencies and Disasters*, 2000, 18(1), pp.85-95.

情绪①。因此，在一些灾害风险感知研究中，研究者只测量了风险感知和积极防护行为等关键变量，而忽略了同样是高风险感知状态下的应对评价差异，所以会发现风险感知无法预测或促进个体的防护行为。

第三，方法论层面的原因。有学者②曾经总结了在不同研究中会得出公众风险感知和风险防护行为关系不一致的原因。首先，变量选取、界定和测量方式会影响到两者的定量关系，比如尽管都测量了"行为"这一变量，但是在一些研究中可能测量的是当前行为，在有些研究中研究者可能把"行为"界定为"行为变化"。又如同样都是测量的"风险感知"，但是有的人测量是特定事件发生的风险感知（比如某地发生山洪灾害风险），有个人测量的是某种行为会带来的风险（比如上山劳作遭遇山洪灾害的风险），有的人测量的是对风险变化的感知（比如某地植树种草、退耕还林后发生山洪灾害的风险变化）③。其次，该研究指出风险感知与风险相关行为之间的关系是动态的，会随着时间推移而发生变化，比如当个体知晓了并采取了一项新的风险防护措施之后，其风险感知水平会与其采取新的防护行为之后的状态相适应，从而风险感知-风险防护行为之间的关系也会发生相应变化④。也就是说变量选取、界定和测量方式以及研究的时机有可能是

---

① Philip Bubeck, Wouter Botzen, and Jeroen Aerts, "A Review of Risk Perceptions and Other Factors That Influence Flood Mitigation Behavior", *Risk Analysis*, 2012, 32(9), pp.1481-1495.

② Neil Weinstein and Mark Nicolich, "Correct and Incorrect Interpretations of Correlations between Risk Perceptions and Risk Behaviors", *Health Psychology*, 1993, 12(3), pp.235-245.

③ 括号中的相关例子为本书作者添加。

④ Neil Weinstein and Mark Nicolich, "Correct and Incorrect Interpretations of Correlations between Risk Perceptions and Risk Behaviors", *Health Psychology*, 1993, 12(3), pp.235-245.

造成某些研究中风险感知-灾害行为不相关的重要原因。

　　第四,灾害风险感知与灾害行为之间,其他变量可能发挥了重要中介作用。灾害经历和动机、信任和责任归属认知以及个体能力等相关变量可能在灾害风险感知与调适行为之间发挥了中介作用,这导致了风险感知-调适行为在一些研究中并没有表现出的显著的影响关系[①]。具体而言这些中介作用机制表现为以下三个方面:其一,个体虽然感知到了风险,但是认为当前的风险状态带来的收益可能超过了潜在的负面影响,因此选择接受风险;其二,个人虽然感知到了风险,但是没有认识到自己的主观能动性,因此认为其他人或机构应该承担采取相应措施的责任;其三,个人虽然感知到了风险,但是也意识到自己没有足够的资源去改变局面[②]。道格拉斯·帕顿等学者也认为一旦个体感知到了风险,则其是否采取相关的风险降低行为是行为结果期望、自我效能、应对风格、过去经历和社区规范共同作用的结果[③]。比如尽管个体感知到了灾害风险,但是其认为相关致灾因子负面后果是不可控的(低行为结果期望)或者自己没有相关能力去降低风险(低效能感知),则相应个体就不会采取相关行为;再比如作者如果认为其并没有采取相应措施所具备的技能、时间和经济基础或者认为他们不应该承担采取降低风险措施的责任(低责任感知)都会导致个体即便感知到了风险但是仍不会采取相关降低风险的行为[④]。相似地,海伦娜·约菲等学者关于地震调适行为的研究也

① Gisela Wachinger et al., "The Risk Perception Paradox-Implications for Governance and Communication of Natural Hazards", *Risk Analysis*, 2013, 33(6), pp.1049-1065.

② Ibid.

③ Douglas Paton, Leigh Smith, and David Johnston, "Volcanic Hazards: Risk Perception and Preparedness", *New Zealand Journal of Psychology*, 2000, 29(2), pp.86-91.

④ Ibid.

支持上述观点，研究强调灾害行为不仅仅受到个体有意识、理性决策驱动，情感和社会文化因素也会在人们风险相关行为中发挥关键作用[①]。

7.4 小结

风险可以看作是灾害的固有属性，存在客观和主观两个维度。专家们可以通过历史数据或者成灾机理的物理模型给出未来灾害发生的概率和损失值，进而指导减轻灾害风险的工作。但是这并不意味着普通大众或者非灾害风险专家们也是这样看待或者判断风险，也就是说"什么是风险"或者"风险是什么"包含了个体的主观认知成分，在集体层面也可以说风险是一种社会建构。尽管灾害风险专家们从概率和影响维度对客观风险进行评估和计算，但是专家们会去选择什么风险进行计算体现的是一种社会共识，比如当前少有专家针对城市高温发生的概率和负面后果进行判断，这在某种程度上反映了城市高温尚未被社会集体认为一种独立的灾害种类，再如专家在进行风险评估时，主要针对灾害可能造成的建筑物破坏和人员伤亡进行评估，而对生态环境破坏等较少估计，尽管部分原因是缺乏科学的评估模型，但某种意义上这也体现了专家们对于何种潜在损失构成了风险的主观认知。公众对于风险的认识、判断和态度可能与专家对于风险的评估或认知大相径庭，这可能是由于普通大众在灾害风险感知过程中，在可得性启发式、情感启发式或者自然优先启发式等风险

---

① Helene Joffe et al., "Social Representations of Earthquakes: A Study of People Living in Three Highly Seismic Areas", *Earthquake Spectra*, 2013, 29(2), pp.367-397.

感知心理机制的作用下带来的认知偏误。当然,社会、文化等因素也会影响公众的灾害风险感知,关于这点我们可以从风险文化理论、风险的社会放大框架以及文化认知理论中找到依据。

心理测量范式下的方法论认为研究者可以通过问卷询问公众对于不同风险维度的认识或判断来测量公众的灾害风险感知情况,比如灾害事件发生的可能性、灾害后果的严重性、灾害的可控性等,受到"风险作为情感假设"观点的影响,情绪响应(比如是否担忧、恐惧或害怕某项灾害)也被作为测量公众灾害风险感知的维度。整体上,笔者认为多数情况下,"灾害风险感知是影响公众灾害调适和避险行为的重要因素",只不过这种影响可能是直接影响也可能是间接效应,而之所以当前很多研究中没有发现灾害风险感知和灾害行为之间存在正相关关系可能是由于多种概念建构层面或者方法论层面的原因导致的。当然,"消极应对或者漠视风险是否也是一种风险防护机制"以及"灾害风险感知与灾害行为之间是否存在其他关键中介变量"等问题未来也非常值得进一步探索。

第 8 章

文化、地震灾害「认知——行为」与韧性：一项针对玉树地震灾区的质性考察本文部分内容已发表，参见 Lei Sun and Wenhua Qi, "Tibetan Buddhist Belief and Disaster Resilience: A Qualitative Exploration of the Yushu Area, China", *Disasters*, 2023, 47(3), pp.788-805.

　　社会科学家对"什么是灾害"以及"灾害是如何产生的"这两个问题展开了旷日持久的争论,至今未有定论。虽然普通公众没有像学者那般论争他们对于"何为灾害"建构的合理性,但是他们针对灾害所采取的行为逻辑却可能深刻蕴含在他们对于"灾害成因"的社会文化建构中。格雷格·班科夫直言道,灾民的一些在外部组织或者救援者看来不恰当或者不合逻辑的行为,当从灾民自身的操作情景去理解时,可能就会变得完全合乎逻辑和充满理性[①]。这一观点对基层的灾害管理和减灾实践者们充满启示,因为一个来自社区外部的减灾实践者通常会想当然地去影响社区居民固有的灾害意识和行为,但有时候这种看似"科学"的减灾策略却会事倍功半。

　　全面提升全社会抵御自然灾害的综合防范能力是防灾减灾工作的重要目标。民族地区的防灾减灾能力是全社会灾害综合防范能力的重要组成部分,但长久以来我国民族地区由于受其自然生境和经

---

① Greg Bankoff, "In the Eye of the Storm: The Social Construction of the Forces of Nature and the Climatic and Seismic Construction of God in the Philippines", *Journal of Southeast Asian Studies*, 2004, 35(1), pp.91–111.

济基础等条件所限,防灾减灾能力建设相对滞后,与此同时,其独特的地域文化对灾害管理策略的地方针对性和文化适宜性则提出了更高的要求。在研究方面,我国灾害管理研究中,文化维度的研究存在长久缺位[①]。在具体管理实践层面,我国当前以自上而下为主导模式的灾害管理实践活动,缺乏对于公众认知体系和价值观念等地域文化潜在影响的仔细考量。近年来,作为一种以提高能力为目标的治理模式,韧性治理逐渐被学界提倡[②]。在此背景下,本章所展示的研究拟以玉树地区为例,以公众灾害认知与行为为主要研究视角,结合玉树地震案例尝试探讨宗教文化与民族地区灾害社会韧性的潜在理论关联机制,以期扩展我国民族地区灾害管理研究的理论视野,亦希望能为我国宗教信仰地区开展灾害宣教等减灾实践活动提供一定参考。与此同时,也为灾害行为研究和灾害文化研究提供一个具体的研究案例示范。

8.1 韧性视角下的防灾减灾

"韧性"是一个舶来学术概念,译自英文概念"resilience",来源于拉丁语词汇"*resilio*",原意为"跳回"或"反弹"[③]。近年来,其渐成为一个在自然科学、社会科学和工程技术领域都会经常使用的跨学科术语。自第二次世界减灾大会审议通过《2005—2015 兵库行动框架》以来,"韧性"已成为灾害管理研究中继"脆弱性"后最引人注目的

---

① 孙磊、苏桂武:《自然灾害中的文化维度研究综述》,《地球科学进展》2016 年第 9 期。

② 朱正威、刘莹莹:《韧性治理:风险与应急管理的新路径》,《行政论坛》2020 年第 5 期。

③ Siambabala Bernard Manyena et al., "Disaster Resilience: A Bounce Back or Bounce Forward Ability?", *Local Environment*, 2011, 16(5), pp.417-424.

学术概念；与此同时，在气候变化、可持续发展、减轻灾害风险等重要国际议题大背景下[①]，韧性研究已逐渐成为国内外学界共同关注的热点，提升韧性则成为众多灾害管理者和减灾实践者致力于实现的目标。

　　当前既有灾害和应急管理研究已从韧性概念意涵[②]、韧性评估策略[③]、研究议题[④]等多方面展开了相关探讨。由于研究视角、研究问题和学科背景的差异，学界对韧性概念内涵缺乏共识[⑤]。但整体而言，韧性可以概念化为一种吸收、抵御和恢复扰动的能力[⑥]。灾害韧性指暴露于致灾因子下的系统、社区或社会及时有效地抵御、吸纳和承受灾害的影响，并从中恢复的能力[⑦]。韧性灾害话语体系是一种新

---

① "Sustainable Development Goals", United Nations, https://www.un.org/sustainabledevelopment/, accessed by April 20th, 2024; UNISDR, "Sendai Framework for Disaster Risk Reduction 2015-2030," Sendai Japan: UN World Conference on Disaster Risk Reduction, 2015.

② Siambabala Bernard Manyena et al., "Disaster Resilience: A Bounce Back or Bounce Forward Ability?", *Local Environment*, 2011, 16(5), pp.417-424.

③ Michel Bruneau et al., "A Framework to Quantitatively Assess and Enhance the Seismic Resilience of Communities", *Earthquake Spectra*, 2003, 19(4), pp.733-752; Allyson E. Quinlan et al., "Measuring and Assessing Resilience: Broadening Understanding through Multiple Disciplinary Perspectives", *Journal of Applied Ecology*, 2016, 53(3), pp.677-687.

④ Anne Tiernan et al., "A Review of Themes in Disaster Resilience Literature and International Practice since 2012", *Policy Design and Practice*, 2018, pp.1-22.

⑤ 曼耶纳、张益章、刘海龙：《韧性概念的重新审视》，《国际城市规划》2015 年第 2 期。

⑥ Fran H. Norris et al., "Community Resilience as a Metaphor, Theory, Set of Capacities, and Strategy for Disaster Readiness", *American Journal of Community Psychology*, 2008, 41(1-2), pp.127-150; N. Adger W., "Social and Ecological Resilience: Are They Related?", *Progress in Human Geography*, 2000, 24(3), pp.347-364.

⑦ UNISDR, *UNISDR Terminology on Disaster Risk Reduction*, UNISDR, 2009, p.24.

的灾害应对文化[①]，甚至是一种新的灾害管理范式[②]，其为公共管理视角下的复合型灾害治理研究提供了全新理论资源[③]。评估和测量韧性方法包括参与式评估、统计分析、建模和指标测量等不同方式[④]。

脆弱性视角下的灾害认识论中，灾害是致灾因子和承灾体脆弱性相互作用的产物[⑤]，在该认识框架下减轻致灾因子危险性和减低承灾体脆弱性是主要的防灾减灾理念。韧性提升理念的提出，将防灾减灾理念从降低社会脆弱性向提升能力层面进一步拓展。与此同时，灾害研究者对于灾害韧性提升理念的推动也暗合了近年来我国风险管理者们对风险管理关口前移的呼吁[⑥]。在一定程度上，韧性理念突破了传统的预防减缓、备灾、应急响应和恢复的阶段性划分框架，而强调一种相对综合的能力。近年来，提升韧性已被写进我国政府的相关政策文本中，比如《北京城市总体规划（2016 年—2035 年）》提出："建立健全包括消防、防洪、防涝、防震等超大城市综合防灾体系……提高城市韧性，让人民群众生活得更安全、更放心。"

---

① Siambabala Bernard Manyena, "The Concept of Resilience Revisited", *Disasters*, 2006, 30(4), pp.434-450.

② David A McEntire et al., "A Comparison of Disaster Paradigms: The Search for a Holistic Policy Guide", *Public Administration Review*, 2002, 62(3), pp.267-281; Siambabala Bernard Manyena et al., "Disaster Resilience: A Bounce Back or Bounce Forward Ability?", *Local Environment*, 2011, 16(5), pp.417-424.

③ 朱正威、刘莹莹：《韧性治理：风险与应急管理的新路径》，《行政论坛》2020 年第 5 期。

④ Allyson E. Quinlan et al., "Measuring and Assessing Resilience: Broadening Understanding through Multiple Disciplinary Perspectives", *Journal of Applied Ecology*, 2016, 53(3), pp.677-687.

⑤ Ben Wisner et al., *At Risk: Natural Hazards, People's Vulnerability and Disasters*, 2nd edition, Routledge, 2004.

⑥ 薛澜、刘冰：《应急管理体系新挑战及其顶层设计》，《国家行政学院学报》2013 年第 1 期。

作为一个复杂多维概念，韧性强调的不仅仅是基础设施的性能和功能，整个社会系统风险感知情况、社会信任、社会凝聚力等社会建构层面的因素同样重要[①]。然而既有灾害规划及减灾实践中，对于韧性提升更多的是注重建筑物、生命线工程等物理韧性，对于社会韧性重视不够。比如中国地震局发布的《新时代防震减灾事业现代化纲要(2019—2035 年)》中亦提出要实施"韧性城乡"计划，但主要强调"研发和推广先进抗震防灾技术，提高城乡的地震灾害韧性"，对于减灾意识、备灾行为、灾害文化培育等方面少有涉及[②]。宗教文化是民族地区地域文化的重要组成部分，当地公众看待灾害的角度、减灾实践中的行为选择与认同、灾害风险情境下彼此互动的方式等都不可避免地烙上宗教文化的烙印[③]。较之于其他地区，民族宗教信仰地区的灾害治理有着更为明显的本土语境和文化背景，文化取向是新时代民族地区灾害韧性研究的应有之义。

8.2　宗教文化与灾害韧性：一个探索性的理论框架

从宗教社会功能角度看，宗教文化作为一种与超自然力量信仰

---

① Dmitry Leykin et al., "Conjoint Community Resiliency Assessment Measure-28/10 Items (Ccram28 and Ccram10): A Self-Report Tool for Assessing Community Resilience", *American Journal of Community Psychology*, 2013, 52(3-4), pp.313-323; Odeya Cohen et al., "The Conjoint Community Resiliency Assessment Measure as a Baseline for Profiling and Predicting Community Resilience for Emergencies", *Technological Forecasting and Social Change*, 2013, 80(9), pp.1732-1741.

② 中国地震局规划财务司：《新时代防震减灾事业现代化纲要(2019—2035 年)》(2019 年 4 月 12 日)，中国地震局网站，https://www.cea.gov.cn/cea/zwgk/5500823/5502360/index.html，最后浏览日期：2020 年 5 月 1 日。

③ Lei Sun, Yan Deng, and Wenhua Qi, "Two Impact Pathways from Religious Belief to Public Disaster Response: Findings from a Literature Review", *International Journal of Disaster Risk Reduction*, 2018, 27, pp.588-595.

密切相关的信念和实践统一体,具有心理调适、规训教化等社会功能①,同时在潜移默化中,宗教文化形塑了信众的世界观,为信众提供了一种看待生死和认识世界的特殊方式。灾害具有不确定性、破坏性和区域性等特征,灾害造成物理破坏的同时也带来心理创伤,这正好为宗教文化影响社会韧性以及宗教社会功能的发挥提供了具体情景。在形塑世界观、心理调适和规训教化等宗教社会功能视角下,宗教文化可能通过影响公众的灾害意识,调节灾害情境下的心理,规范或整合社区成员灾害行为等路径与灾害社会韧性产生关联,影响地域社会抵御、吸收、适应及恢复灾害破坏的能力(如图 8-1 所示)。

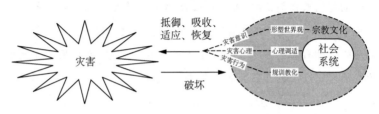

图 8-1　宗教文化与灾害韧性关系理论框架

(资料来源:作者自制)

8.2.1　影响灾害意识

灾害意识与人们应对灾害的意愿和行为选择都密切相关②,提高公众的灾害意识可作为灾害管理的起点。宗教文化作为一种与超自然力量密切相关的价值观与信念体系,其叙事话语无可避免地会赋予自然灾害事件以超自然属性。比如受宗教文化影响,

---

① 戴康生、彭耀:《宗教社会学》,社会科学文献出版社 2000 年版,第 160—198 页。

② M. K. Lindell, S. Arlikatti, and C. S. Prater, "Why People Do What They Do to Protect against Earthquake Risk: Perceptions of Hazard Adjustment Attributes", *Risk Analysis*, 2009, 29(8), pp.1072-1088.

灾害的发生常会被解释为"神的惩罚""上天行为""上帝旨意"等超自然现象[1]。早期美国灾害研究学者曾认为公众之所以会把灾害归结为"神或上帝行为"等超自然现象是因为其缺乏现代科学知识[2]。然而，新近的一些灾害调查研究则发现，即便公众知晓了洪灾、飓风等自然灾害事件的科学成因，这并不意味着他们会完全摒弃对于相关灾害事件的神学解释，也即公众对于自然灾害的超自然的、宗教性的认知可能与基于科学理性的、世俗化的认知共存[3]。

在宗教信仰地区，宗教文化作为当地共享的文化资源，它为公众提供了理解或解释灾害为什么会发生、祈祷等宗教实践活动减灾意义的认知资本，而公众以何种方式建构灾害是其呈现何种灾害心理特征、采取何种减灾行为的重要基础，因而是灾害韧性大小的重要

[1] Erin P. Joakim and Robert S. White, "Exploring the Impact of Religious Beliefs, Leadership, and Networks on Response and Recovery of Disaster-Affected Populations: A Case Study from Indonesia", *Journal of Contemporary Religion*, 2015, 30(2), pp.193-212; Sherry Adomah Bempah and Arne Olav Øyhus, "The Role of Social Perception in Disaster Risk Reduction: Beliefs, Perception, and Attitudes Regarding Flood Disasters in Communities Along the Volta River, Ghana", *International Journal of Disaster Risk Reduction*, 2017, 23, pp.104-108; Lei Sun et al., "Religious Belief and Tibetans' Response to Earthquake Disaster: A Case Study of the 2010 Ms 7.1 Yushu Earthquake, Qinghai Province, China", *Natural Hazards*, 2019, 99, pp.141-159; 仵焕杰等：《青海玉树地区小学生认知地震灾害现状的描述统计特点》，《地震地质》2012年第14期。

[2] Russell Dynes and Daniel Yutzy, "The Religious Interpretation of Disaster", *Topic 10: A Journal of the Liberal Arts*, 1965, pp.34-48.

[3] Judith Schlehe, "Anthropology of Religion: Disasters and the Representations of Tradition and Modernity", *Religion*, 2010, 40(2), pp.112-120; Sherry Adomah Bempah and Arne Olav Øyhus, "The Role of Social Perception in Disaster Risk Reduction: Beliefs, Perception, and Attitudes Regarding Flood Disasters in Communities Along the Volta River, Ghana", *International Journal of Disaster Risk Reduction*, 2017, 23, pp.104-108; Erin P. Joakim and Robert S. White, "Exploring the Impact of Religious Beliefs, Leadership, and Networks on Response and Recovery of Disaster-Affected Populations: A Case Study from Indonesia", *Journal of Contemporary Religion*, 2015, 30(2), pp.193-212.

中介变量。也有学者曾强调，对于信众而言，灾害的宗教性解释避免了灾民去花费过多的时间和精力去追问为什么灾难发生在他们身上而不是他人①，从这个意义上讲，宗教性的灾害认知本身也是当地社会灾害韧性的一种体现。

8.2.2 调节灾害情境下的心理

大量实证研究指出，宗教信仰可作为人们应对灾害时的重要精神支持来源（spiritual support）②。对于许多宗教而言，宗教仪式和实践是架起信仰者和信仰对象之间沟通的重要桥梁③，因此宗教实践/仪式往往作为信仰者从信仰对象（上帝/神等）获取支持的重要媒介。正如有学者强调，"宗教可以作为人们应对灾害的重要策略，宗教信仰者理所当然地会利用其宗教信仰来应对由灾害而带来的焦虑和不确定性"④。我国学者蓝李焰也指出宗教信仰可以作为"信仰主体与

---

① Hanna Schmuck, "'An Act of Allah'. Religious Explanations for Floods in Bangladesh as Survival Strategy", *International Journal of Mass Emergencies and Disasters*, 2000, 18(1), pp.85-95.

② D. M. Pollock, "Therefore Choose Life: The Jewish Perspective on Coping with Catastrophe", *Southern Medical Journal*, 2007, 100(9), pp.948-949; Cecil Bradfield, Mary Lou Wylie, and Lennis G. Echterling, "After the Flood: The Response of Ministers to a Natural Disaster", *Sociology of Religion*, 1989, 49(4), pp.397-407; Jerry T Mitchell, "Prayer in Disaster: Case Study of Christian Clergy", *Natural Hazards Review*, 2003, 4(1), pp.20-26; D. M. Pollock, "Therefore Choose Life: The Jewish Perspective on Coping with Catastrophe", *Southern Medical Journal*, 2007, 100(9), pp.948-949; Anto P. Rajkumar, Titus S. Premkumar, and Prathap Tharyan, "Coping with the Asian Tsunami: Perspectives from Tamil Nadu, India on the Determinants of Resilience in the Face of Adversity", *Social Science & Medicine*, 2008, 67(5), pp.844-853.

③ Jerry T Mitchell, "Prayer in Disaster: Case Study of Christian Clergy", *Natural Hazards Review*, 2003, 4(1), pp.20-26.

④ Margaret S. Gibbs, "Factors in the Victim That Mediate between Disaster and Psychopathology: A Review," *Journal of Traumatic Stress*, 1989, 2(4), pp.489-514.

环境压力之间的一个缓冲器，是特定族群对待环境变化的传统心理防御机制"[1]。同样，宗教心理学学者肯尼斯·帕格曼（Kenneth Pargament）强调，当面对生活压力时候，一般的宗教信仰会转化为特定的调适策略[2]。而在国外一些具体的灾害案例中，如美国 1985 年西弗吉尼亚州洪灾[3]、2004 年印度洋海啸[4]研究中，研究者发现新教信仰、佛教信仰对于当地灾民减轻痛苦和提供希望方面发挥了至关重要的作用。也就是说，宗教文化可以作为一种心理调适机制，为信众提供心理慰藉，同时给灾民提供了"自然灾害为什么发生？""灾害为什么会造成伤亡？"等问题的答案，使得灾民能够快速地适应灾时灾后情境，提高了灾害韧性。

8.2.3　规范或整合社区成员灾害行为

社会网络、互惠性规范和由此产生的可信任性可被认为是一种社会资本[5]。宗教文化可以通过构建宗教社会网络、通过增进人际信任和内化交往规范等不同途径来强化宗教信仰者的社会资本[6]。社会资本在公众灾害应对和适应中可发挥重要作用，如：公众自愿组成

① 蓝李焰：《论藏传佛教心理调节功能与灾后心理危机干预》，《宗教学研究》2011 年第 3 期。

② Kenneth Pargament, Bruce Smith, Harold Koenig, et al., "Patterns of Positive and Negative Religious Coping with Major Life Stressors", *Journal for the Scientific Study of Religion*, 1998, 37(4), pp.710-724.

③ Cecil Bradfield, Mary Lou Wylie, and Lennis G. Echterling, "After the Flood: The Response of Ministers to a Natural Disaster", *Sociological Analysis*, 1989, 49(4), p.397.

④ Monica Lindberg Falk, "Recovery and Buddhist Practices in the Aftermath of the Tsunami in Southern Thailand", *Religion*, 2010, 40(2), pp.96-103.

⑤ Robert Putnam, *Bowling Alone: The Collapse and Revival of American Community*, Simon & Schuster, 2000.

⑥ 林瑜胜：《社会资本、宗教信仰与社会关系——以曲阜市农村老年人宗教信仰调查为例》，《世界宗教研究》2018 年第 3 期。

的公民组织、人际信任以及合作与利他的社会规范可以使受灾社区及受灾居民更积极地参与到灾害应对活动中①。而从宗教文化角度看,宗教信仰及与其密切相关的宗教仪式、风俗和习惯等能够培育普通信众及神职人员对于自身文化身份、对于所在居住地的一种认同感(sense of identity),维系一种基于相同信仰的社会网络②。例如在一项关于美国1985年西弗吉尼亚洪灾的研究中指出,新教牧师作为一种"强大的催化剂"在当地生产、运输和组织必要救灾资源中发挥了关键作用③。有关2004年印度洋海啸的调研亦发现,海啸发生后,斯里兰卡大量的佛教僧侣立即加入灾民的救援当中,为当地救灾发挥了重要作用④。

在宗教信仰地区,宗教文化可以同时以外显和内化的方式深刻影响着灾害响应行为,从而影响了地域社会的灾害应对能力。具体而言,宗教团体作为一种不可忽视的重要社会力量深度嵌入整个地域社会灾害应对当中,而共同的宗教信念、教义或价值理念则为整个

---

① 赵延东:《自然灾害中的社会资本研究》,《国外社会科学》2007年第4期。

② E. Lisa and F. Schipper, "Religion as an Integral Part of Determining and Reducing Climate Change and Disaster Risk: An Agenda for Research", in M Voss, ed., *Climate Change: The Social Science Perspective*, VS-Verlag, 2010; Jennifer Sherry and Allan Curtis, "At the Intersection of Disaster Risk and Religion: Interpretations and Responses to the Threat of Tsho Rolpa Glacial Lake", *Environmental Hazards*, 2017, 16(4), pp.314-329; Erin P. Joakim and Robert S. White, "Exploring the Impact of Religious Beliefs, Leadership, and Networks on Response and Recovery of Disaster-Affected Populations: A Case Study from Indonesia", *Journal of Contemporary Religion*, 2015, 30(2), pp. 193-212.

③ Cecil Bradfield, Mary Lou Wylie, and Lennis G. Echterling, "After the Flood: The Response of Ministers to a Natural Disaster," *Sociological Analysis*, 1989, 49(4), p.397.

④ Padmal De Silva, "The Tsunami and Its Aftermath in Sri Lanka: Explorations of a Buddhist Perspective", *International Review of Psychiatry*, 2006, 18(3), pp.281-287.

地域共同体形成提供了强大的黏合剂和催化剂，使得由信众-神职人员和信众-信众组成的宗教社会网络在灾时灾后情境下可迅速转变为应对和适应灾害的重要力量，增加了具有相同宗教信仰区域作为一个地域共同体的集体应对灾害能力。

8.3　宗教文化与灾害韧性：玉树地震案例

2010 年 4 月 14 日，青海省玉树藏族自治州玉树市发生 Ms7.1 强烈地震，此次地震波及玉树州玉树、称多、治多、杂多、囊谦、曲麻莱 6 个县和 19 个乡镇，受灾面积 30 445 平方千米，受灾人口 223 176 人。地震造成 2 600 余人遇难，大量房屋倒塌，生命线系统严重受损①。玉树地区是典型的藏传佛教信仰区域，宁玛、萨迦、噶举、格鲁等教派齐全。当地藏传佛教源远流长，距今已经有 800 多年的历史，现州境内有各类藏传佛教寺院 192 座（约占青海省藏传佛教寺院总数的 29.23%）②。在局部范围内，寺院分布更为密集，宗教生活成为当地藏族群众的主要生活方式③，藏传佛教的"缘起性空""因果循环""生死轮回"等观念或教义等早已深植藏民的意识形态和思想体系当中④。在此背景下，本章将以玉树地震案例，基于上文提出的理论框架，探讨藏传佛教文化与玉树地区灾害社会韧性的关联路径的具体

---

① 齐文华、苏桂武、魏本勇等：《2010 年青海玉树 MS7.1 地震灾害的综合特征》，《地震地质》2011 年第 3 期。

② 《玉树：宗教信仰》（2010 年 4 月 15 日），中国政府网，https://www.gov.cn/ztzl/yushu/content_1581703.htm，最后浏览日期：2024 年 5 月 6 日；齐文华、苏桂武、魏本勇等：《2010 年青海玉树 MS7.1 地震灾害的综合特征》，《地震地质》2011 年第 3 期。

③ 陈玮、鲁顺元：《玉树灾后重建与藏族传统文化保护》，《中国藏学》2010 年第 3 期。

④ 刘俊哲：《藏传佛教哲学思想对藏区社会和谐稳定的功用探析》，《民族学刊》2016 年第 7 期。

体现。相关质性资料包含两部分:笔者 2018 年 9 月在玉树地区的访谈资料以及玉树地震响应和重建恢复中宗教参与相关的报道及文献。

8.3.1 灾害认知:地震灾害为什么会发生? 祈祷有用吗?

8.3.1.1 成因认知

在本书作者先前的一项针对玉树地震灾民的问卷调查中,有21%的受访者把地震灾害归结为神或者上天的惩罚[①]。笔者通过在当地的访谈也发现,玉树当地公众的地震灾害超自然认知受到了藏传佛教中的因果循环观念影响。比如,一受访者这样给笔者讲述地震灾害为什么会发生和人类行为之间的关系:

> "地震的发生跟人类不好的行为绝对有关系。宇宙、天上的飞碟、外星人,现在科学家、群众都不知道他们是干啥的,外星人从我们宗教的角度来说,在一个大的空间里,有好几个外星球,外星球特别多,不是说只有一个星球。从我们佛教上讲,有好几个外星球,你死了之后,极乐世界是在一个外星球上,你的灵魂经过上万次祈祷之后,做了善事之后,你的灵魂死了之后会到外星球上生活"。(受访者:退休职工)

在上述受访者的谈话中我们可以清楚地看到访谈者这样的叙事逻辑:灵魂进入极乐世界这样的善果需要有做善事的善因,而地震的发生(恶果)自然和人类不好的行为(恶因)存在关系。

同样,对于那些没有地震灾害超自然现象归因倾向的公众而言,他们对于灾害成因解释仍然可能存在宗教文化的烙印,比如另一位

---

① Lei Sun et al., "Religious Belief and Tibetans' Response to Earthquake Disaster: A Case Study of the 2010 Ms 7.1 Yushu Earthquake, Qinghai Province, China", *Natural Hazards*, 2019, 99, pp.141-159.

当地受访者这样解释地震如何发生：

> "地震的发生是一件自然而然的事情，不是神或者上天对人类的惩罚。佛说：地球是个圆球，最上面的是土，下面依次是水、风和火。地底下的气喷上来了，喷到土上面就发生了地震。"（受访者：酒店前台）

这位受访者通过生动地描述土、水、火、风四种物质的相互关系来描述地震发生，这在某种程度上契合了藏传佛教中所说的"世界万物是由地、水、火、风、空、识'六大'合成"[①]的佛教教义。

8.3.1.2　效能认知

宗教文化对于灾害意识的影响还体现在公众对于宗教实践活动的减灾效能认知上，比如当笔者问到诵经、祈祷等宗教实践活动的防灾减灾的意义时[②]受访者这样讲：

> "可以的，转经、祈祷、诵经可以让我们今世平安，来世更好的。而且，我们去祈祷、诵经和跳神舞等活动，不是为了自己。我们信佛之人，做这些事情，都是为了众生考虑。"（受访者：酒店前台）

> "相信这一点的。我们去祈祷、诵经等慢慢地会有回响。佛教都流传几百年了，要是他是假的东西，不可能走到现在。"（受访者：农牧民）

> "从我们佛教的角度来看，当时我就在念经，在祈祷我信仰

---

① 杨文法：《论藏传佛教信仰对藏族社会心理与行为的影响》，《西南民族大学学报（人文社会科学版）》2011 年第 2 期；齐文华、苏桂武、魏本勇等：《2010 年青海玉树 MS7.1 地震灾害的综合特征》，《地震地质》2011 年第 3 期。

② 访谈时笔者根据受访者谈话情景，笔者采用了不同的问法，比如：我们能通过祈祷、诵经等方式来减轻地震灾害带来的损失吗？您相信祈祷、诵经等方式能减轻地震灾害带来的损失吗？您觉得您能顺利地逃生，跟您当时在祈祷念经有关系吗？

的佛,把我给救了。"(受访者:退休职工)

"会的。有啊,就是比如说地震后的第二天晚上就是我们家就是。就睡在一个帐篷里,晚上就是大概念了两个多小时的经。"(受访者:博物馆安保人员)

通过上述分析可以发现,在玉树地区,藏传佛教文化为当地灾民提供了理解地震灾害成因、祈祷等宗教实践活动减灾意义的一种文化解释,为灾民认识和适应灾害提供了重要的认知资本。

8.3.2 灾害心理:如何面对伤亡?

玉树灾民获取心理支持可以直接源于信仰的神灵对象和自身的宗教信念,亦可源于僧侣等神职人员,比如相关报道这样描述玉树当地灾民通过参与活佛诵经活动来缓释亲人逝去的悲痛:

今日(4 月 17 日)清晨,青海玉树藏族自治州地震灾区近千名遇难者的遗体在寺院安放三天后集体火葬,上千名家属来到现场含泪送别亲人,数百位僧侣在活佛带领下为亡灵诵经超度,给逝者以尊严,给生者以安慰[1]。

"灾难的突然降临,更印证了佛法所讲的'人生无常',无论是谁都要面对这个现实。"结古寺小堪布索南说"……有了法师的帮助,妈妈可以到极乐世界了。"在连日的悲伤和期盼后,玉树县[2]14 岁的藏族少年尼玛旦周终于实现了心愿[3]。

笔者从实地访谈中发现,藏传佛教文化中的"人生无常"教义在

---

[1] 李志晖等:《玉树地震首批近千名遇难者遗体火葬 众僧超度》(2010 年 4 月 17 日),中国新闻网,https://www.chinanews.com.cn/gn/news/2010/04 - 17/2232442.shtml,最后浏览日期:2024 年 5 月 6 日。

[2] 2013 年,玉树县撤销,设立县级玉树市。

[3] 吕雪莉、马千里:《玉树:僧侣行动》,《瞭望》2010 年第 19 期。

灾民平静接受灾难的突然降临和震后心理恢复中发挥了重要作用,当地一位受访者这样描述当地灾民震后的心理状态:

> "到现在,已经地震之后八年了,我们这边人谈起地震的话,是没有什么太大的心理阴影,只是说失去亲人的那些痛苦肯定有吧。基本上大的心理阴影根本就没有。"(受访者:个体工商从业者 1)

在笔者继续追问地震过后没留下心理阴影是不是跟他们的宗教信仰有关系的时候,受访者这样回答:

> "这肯定跟我们信仰佛教有关系啊,如果说是跟我们信仰佛教没关系的话我们内心可能不是那么强大。应该说是我们对无常观有了一定的初步的认识和了解。这边的喇嘛经常讲经说法,所以我们认识到了生命的无常呗,可能说是有那样的一个观点和信仰。"(受访者:个体工商从业者 1)

从上述分析中可以看出:在玉树地区,面对玉树地震带来的破坏和伤亡,"无常"等藏传佛教教义帮助当地灾民适应灾时灾后情境。此外,当地灾民通过超度等集体性宗教活动或者祈祷等个体性宗教实践及自身宗教信念获取了强大的精神支持。从心理调适意义上讲,宗教文化增加了灾民应对和适应灾害的能力,而这对于那些暂时缺乏充足经济能力和物质资源来缓解灾害情境下生活和心理压力的灾民尤为重要。

8.3.3 灾害行为:集体应对中的宗教支持

在玉树地区,僧俗关系已成为当地最为重要的社会关系之一。当地灾民与当地佛教僧侣、与周边僧侣已经无形中建立起了强大的宗教社会网络。这种以共同信仰为纽带的社会网络有别于熟人社会网络,已然跨越了亲缘地缘限制。在地震发生后,无须过多社会动员,当地及周围省市宗教团体或者通过当地统战部门或者自发组织成为响应地震灾害的重要力量,在某些受灾社区,宗教团队甚至比政府正式的救援力量更先到达灾区。无论是震后的相关新闻报道和笔者实地访谈,都提到了这一点:

> "玉树州广大僧人在第一时间积极行动起来,主动跟当地统战民宗部门联系,自发组织救援队伍,投身抗灾自救,发挥了宗教界人士的特有作用……地震发生后,玉树具龙西寺……1 300 余名僧人自发组织起来,组成抢险救援队,加入抗震救灾大军。四川省石渠县色须寺、帮尼寺也派出了 1 000 余名僧人……前来灾区救援。"[①]

> "那天下午五六点钟,我们这边寺院里的和尚就来了,到处救人。他们离得也比较近,一些近一点的和尚也都过来了。到第二天十一点时候,对面那个上坡上,红红的,全都是和尚。为啥子嘛,他们有救人的心愿,再说他们离得也近。十五号下午,部队才来的,坐飞机来的。当初和尚救了好多人,也不知道他们救出的人多少。"(受访者:退休职工)

僧侣在藏族社会中享有较高的社会地位和声望,同时众多信众中获得了相应的社会权威。这种权威也由日常生活延续到了灾害危机情境,对于维护灾后社会响应秩序发挥了重要作用。比如遗体处置是重大突发事件善后处置的重要方面,对于不同社区不同公众不同民族而言,不同丧葬模式承载着不同的意涵、信仰、观念主张和价值取向。较之于汉族和其他少数民族,藏族的丧葬习俗呈现出了更为多元化的

---

① 韩萍:《青海玉树地震后,广大僧人积极投身抗震救灾》(2010 年 4 月 19 日),峨眉山佛教网,http://www. emsfj. com/news/a/52d6a271d327917147afcc1cf5c779e5ae2b. html,最后浏览日期:2024 年 5 月 6 日。

特征，通常而言，藏族地区民众会以天葬方式处理死难者遗体，但是由于玉树地震遇难人数众多，天葬方式难以及时处理众多遗体，为避免疫情等次生灾害，在充分尊重遇难者家属意愿的基础上，玉树灾区采用了更为妥当和高效的集体火葬方式。这对于灾民则意味着需要在坚持旧有仪式和顺应政府倡议之中作出抉择，而僧侣们不仅利用自己在信众中的权威去维护灾后响应秩序，还去说服遇难者家属响应政府号召。如：

> "周边藏区的僧侣将大量的食品和物资运往灾区，并配合其他救援人员向受灾民众分发物资，僧侣利用在灾区信众中的威望维护分发秩序……结古寺僧侣说服遇难者家属，将遗体集体火化，为灾民安置及防止发生次生疫情灾害作出贡献。"①

宗教信仰与亲社会行为之间的正相关关系已经得到很多证据支持②，同样，在玉树地震响应中，藏传佛教信仰表现出了很好的亲社会效应。此外，有相关研究表明宗教信仰启动的亲社会倾向可能在相同信仰的教内群体和不同信仰或没有信仰的教外群体之间存在差异，也即对内群体存在偏好对外群体存在偏见③。而在玉树地震中，这种信仰启动的亲社会效应没有表现出内外群体差异。灾民的助人意愿和行为没有因民族差异、信仰差异而有所区别，这可能与佛教教义中强调的"众生平等"观念相关，比如在涉及震后互救时候，受访者和相关报道这样阐述：

> "当时玉树地震发生的时候，我自己在家，准备要去转经，忽然就晃动了起来，那种感觉就像是奥特曼打地球。我没有展开

---

① 齐文华、苏桂武、魏本勇等：《2010 年青海玉树 MS7.1 地震灾害的综合特征》，《地震地质》2011 年第 3 期。

② 董梦晨、嵩吴、朱一杰等：《宗教信仰对亲社会行为的影响》，《心理科学进展》2015 年第 6 期。

③ Luke Galen, "Does Religious Belief Promote Prosociality? A Critical Examination", *Psychological Bulletin*, 2012, 138(5), pp.876-906.

什么自救行为,蹲在墙角。停止晃动之后,我就听到了外面有各种声音,比如说房子倒塌声音等。我们家姑姑被压着了,姑爷(姑父)也是,差点死掉。我们家人亲朋好友,还有一些不认的人都帮着挖。我们信佛之人,不管认识的人、不认识的人都会去帮助他们。震后,看到一些小孩子没有衣服穿,光着脚,大人们都会把自己的衣服脱下给他们穿。我们是有信仰的人,不管是藏族还是不是藏族的,只要是有需要帮助的,我们都会去帮助他们。"(受访者:酒店前台)

"我们信仰佛教,认为众生平等,人们之间彼此信任。遇见他人有困难了,我们能够帮助的尽量都会去帮助。"(受访者:个体工商从业者2)

"从佛教上讲,众生都是平等的,没有民族之分,也不分高低贵贱。只要是有爱心的人,不管什么民族,都是要做善事的。灾难发生了,让众生脱离苦难,这是一个机会,所以要放下一切,去救人!"[①]

从上述案例资料中可以看出,宗教文化形塑了当地集体应对地震灾害的行为模式。首先,在僧俗关系层面,僧侣团体作为当地灾害应急救援中一支重要的非政府组织力量,加入灾后救援当中,并且一些僧侣基于自身权威,维护了当地灾后社会响应秩序。在一些丧葬习俗、遗体处置等涉及文化层面的实践中,僧侣亦发挥了独特作用。在信众—信众关系层面,佛教中的"因果循环"和"众生平等"等教义成为当地不同灾民灾害响应灾害的重要价值规范,提高集体在灾时灾后互助水平。

8.4　发现与讨论

本章提出的宗教文化与灾害韧性关系理论框对于灾害研究者

---

① 吕雪莉、马千里:《玉树:僧侣行动》,《瞭望》2010 年第 19 期。

而言可能是一个有用的分析工具,可以用来辨识宗教文化体系中利于一个地域社会防灾减灾救灾以及促进灾民恢复的因素。基于这个理论框架,本章以青海玉树地区的玉树地震为特定案例,指出当地佛教信仰通过影响灾民灾害意识、调节灾害情境下的心理以及规范或整合社区成员灾害行为的路径,生成地震灾害韧性。本框架强调了宗教文化可以通过不同途径生成灾害韧性,增进了我们对于宗教文化之于灾害管理作用的理解。

　　灾害管理者和防灾减灾实务者可以从本章研究研究中获得一些研究启示。与前人研究一致,本研究强调宗教信仰地区的灾害管理工作应该整合宗教资源[①]。首先,宗教归因可以帮助人们理解灾害及其相关伤亡的意义。在某种程度上,宗教归因可以被视为信仰社区对灾害的文化适应或一种灾害文化[②]。了解目标社区的文化背景可以成为有效的防灾减灾政策设计的逻辑起点。其次,个体可能会使用一些宗教应对策略来维持在灾时灾后的心理健康。也许将基于现代科学的心理干预策略与传统的宗教应对策略整合在一起可以取得更好的心理干预效果。最后,应注意宗教信仰相关的认知和结构性社会资本对提高灾害韧性的重要性。

　　需要特别提到的一点是,意识到宗教文化中的灾害韧性来源绝不意味着我们选择性忽视其中的脆弱性基因。灾害的超自然归因

① Adisaputri Gianisa and Loic Le De, "The Role of Religious Beliefs and Practices in Disaster: The Case Study of 2009 Earthquake in Padang City, Indonesia", *Disaster Prevention and Management*, 2018, 27(1), pp. 74 – 86; E. Lisa F. Schipper, "Religion as an Integral Part of Determining and Reducing Climate Change and Disaster Risk: An Agenda for Research", in M. Voss, ed., *Climate Change: The Social Science Perspective*, VS-Verlag, 2010.

② Dennis Wenger and Jack Weller, "Disaster Subcultures: The Cultural Residues of Community Disasters", Disaster Research Center Preliminary Paper #9, University of Delaware, 1973.

倾向可能导致较低的灾害风险感知水平和消极的减灾意愿[1],在某种程度上会进一步导致民众消极被动的灾害响应行为。例如有研究发现,民众拥有"生活由上帝掌握"这种宗教信念越强烈,其应对飓风灾害的行为就越消极[2]。而从近年来相关研究成果来看,相较于无神论者,宗教信仰者的低灾害风险感知水平或者不恰当的安全感(sense of security)至少存在三种社会心理驱动因素:一是认为神或者上帝会保护他们[3];二是认为灾害损失都由神或者上帝等超自然力量控制[4];三是

① Thomas R. Paradise, "Perception of Earthquake Risk in Agadir, Morocco: A Case Study from a Muslim Community", *Environmental Hazards*, 2005, 6(3), pp.167-180; E. L. F. Schipper, C. Merli, and P. D. Nunn, "How Religion and Beliefs Influence Perceptions of and Attitudes Towards Risk", in T. Cannon, et al., eds., *World Disasters Report 2014: Focus on Culture and Risk*, International Federation of Red Cross and Red Crescent Societies, 2014; E. Lisa F. Schipper, "Religion as an Integral Part of Determining and Reducing Climate Change and Disaster Risk: An Agenda for Research", in M. Voss, ed., *Climate Change: The Social Science Perspective*, VS-Verlag, 2010; Judith Schlehe, "Reinterpretations of Mystical Traditions: Explanations of a Volcanic Eruption in Java", *Anthropos*, 1996, 91(4/6), pp.391-409.

② John Sims and Duane Baumann, "The Tornado Threat: Coping Styles of the North and South", *Science*, 1972, 176(4042), pp.1386-1392.

③ Thomas R. Paradise, "Perception of Earthquake Risk in Agadir, Morocco: A Case Study from a Muslim Community", *Environmental Hazards*, 2005, 6(3), pp.167-180; E. Lisa F. Schipper, "Religion as an Integral Part of Determining and Reducing Climate Change and Disaster Risk: An Agenda for Research", in M. Voss, ed., *Climate Change: The Social Science Perspective*, VS-Verlag, 2010; Jennifer Sherry and Allan Curtis, "At the Intersection of Disaster Risk and Religion: Interpretations and Responses to the Threat of Tsho Rolpa Glacial Lake", *Environmental Hazards*, 2017, 16(4), pp.314-329; Judith Schlehe, "Reinterpretations of Mystical Traditions: Explanations of a Volcanic Eruption in Java", *Anthropos*, 1996, 91(4/6), pp.391-409.

④ Franck Lavigne et al., "People's Behaviour in the Face of Volcanic Hazards: Perspectives from Javanese Communities, Indonesia", *Journal of Volcanology & Geothermal Research*, 2008, 172(3-4), pp.273-287; Jerry T Mitchell, "Prayer in Disaster: Case Study of Christian Clergy", *Natural Hazards Review*, 2003, 4(1), pp.20-26.

认为灾害事件的发生仅仅是神的日常活动①。较低的灾害风险感知水平或者不恰当的安全感通常会与灾害情境下的灾民的无助、无力(powerlessness)等心理或情绪响应状态相交织②或者导致灾民对其自身的灾害应对能力缺乏信心③。比如,一项基于巴郊伦帆(萨尔瓦多)调查研究发现:当地民众通过两种叙事逻辑对其消极的洪灾和旱灾减灾行为正当化,一种是"因为自然灾害都是上帝的意志,因此面对灾害我们只能听天由命",另一种是"因为自然灾害都是由超自然力量引起,若人类采取一些应对措施可能会干扰'灾害'事件的正常发展"。④ 同样在摩洛哥阿加迪尔社区⑤,加纳沃尔特河沿岸社区⑥,以及一些中东国家社区⑦的调研中也发现了当地在居民存在上述类似

① Michael R. Dove, "Perception of Volcanic Eruption as Agent of Change on Merapi Volcano, Central Java", *Journal of Volcanology & Geothermal Research*, 2008, 172(3-4), pp.329-337.

② David K. Chester, Angus M. Duncan, and Christopher J. L. Dibben, "The Importance of Religion in Shaping Volcanic Risk Perception in Italy, with Special Reference to Vesuvius and Etna", *Journal of Volcanology & Geothermal Research*, 2008, 172(3-4), pp.216-228; H. Joffe, "Cultural Barriers to Earthquake Preparedness", *Risk Management*, 2012, 59(5), pp.21-24.

③ John H Sims and Duane D Baumann, "The Tornado Threat: Coping Styles of the North and South", *Science*, 1972, 176(4042), pp.1386-1392.

④ Lisa Schipper, "Religion as an Integral Part of Determining and Reducing Climate Change and Disaster Risk: An Agenda for Research", in M. Voss, ed., *Climate Change: The Social Science Perspective*, VS-Verlag, 2010, pp.377-393.

⑤ Thomas R. Paradise, "Perception of Earthquake Risk in Agadir, Morocco: A Case Study from a Muslim Community", *Environmental Hazards*, 2005, 6(3), pp.167-180.

⑥ Sherry Adomah Bempah and Arne Olav Øyhus, "The Role of Social Perception in Disaster Risk Reduction: Beliefs, Perception, and Attitudes Regarding Flood Disasters in Communities along the Volta River, Ghana", *International Journal of Disaster Risk Reduction*, 2017, 23, pp.104-108.

⑦ Hoda Baytiyeh and Mohamad Naja, "Can Education Reduce Middle Eastern Fatalistic Attitude Regarding Earthquake Disasters?", *Disaster Prevention and Management*, 2014, 23(4), pp.343-355.

的消极灾害应对逻辑。当然，并不是所有的研究都一致指出灾害的超自然归因对民众灾害意识与减灾意愿存在负作用。例如，尽管沙特阿拉伯当地大部分民众认为"灾害是上帝对人们的惩罚"，但是这种灾害认知并未限制当地人们应对灾害的主观能动性①。尽管在印度尼西亚班达亚齐，大部分受访者认为"灾害是上帝的意志"，他们同时也认同除了祈祷之外，人们应该采取一些备灾措施来减轻灾害风险②。洛尔沃林山脉夏尔巴人往往将祈祷等宗教仪式和一些非宗教措施结合在一起来应对当地发生的洪灾③；居住在意大利埃特纳火山周边的民众一旦面临火山喷发的威胁，会在撤离危险地带的同时举行宗教仪式祈祷奇迹的发生④。这表明：在某种程度上，宗教信仰者也可能会把对自然灾害的宗教性认知和应对方式与世俗化认知和应对方式结合到一起。

也就是说，根据现有研究发现，宗教信仰可能在某些方面导致灾害脆弱性。因此，进一步系统和深入地研究，以探讨如何避免和干预这些潜在的不良影响也是必要的。此外，值得注意的是，不同的宗教可以提供不同的认知、精神和社会资本，以解释和应对灾害。基于

---

① Saud Ali Alshehri, Yacine Rezgui, and Haijiang Li, "Public Perception of the Risk of Disasters in a Developing Economy: The Case of Saudi Arabia", *Natural Hazards*, 2013, 65(3), pp.1813-1830.

② Wignyo Adiyoso and Hidehiko Kanegae, "The Preliminary Study of the Role of Islamic Teaching in the Disaster Risk Reduction (A Qualitative Case Study of Banda Aceh, Indonesia)", *Procedia Environmental Sciences*, 2013, 17, pp.918-927.

③ Jennifer Sherry and Allan Curtis, "At the Intersection of Disaster Risk and Religion: Interpretations and Responses to the Threat of Tsho Rolpa Glacial Lake", *Environmental Hazards*, 2017, 16(4), pp.314-329.

④ David Chester, Angus Duncan, and Christopher Dibben, "The Importance of Religion in Shaping Volcanic Risk Perception in Italy, with Special Reference to Vesuvius and Etna", *Journal of Volcanology & Geothermal Research*, 2008, 172(3-4), pp.216-228.

不同宗教文化之间的比较研究,探讨不同宗教文化中灾害韧性和脆弱性来源的差异也将会是一个重要的研究问题。

8.5 小结

本文指出宗教文化可以通过影响公众的灾害意识,调节灾害情境下的心理,规范或整合灾区社会成员灾害行为三条路径与灾害社会韧性产生关联,并以当地地震为具体案例探讨了藏传佛教文化在灾害意识、灾害心理和灾害行为方面与当地地震灾害社会韧性间的关联路径(如图 8-2 所示)。第一,灾害意识路径下,公众以何种方式建构灾害是灾民如何适应灾害的重要认知基础,宗教文化作为宗教信仰地区共享的文化资源,它为灾民提供了理解灾害成因、宗教实践减灾效能的认知资本。宗教文化通过影响作为个体的社会成员如何认识灾害、如何感知灾害,进而影响整个社会的灾害韧性。第二,灾害心理路径下,宗教文化可以作为或者转化为一种心理调适机制,影响灾害的心理韧性。以藏传佛教信仰为例,这种心理机制可能源于对于诸如"人生无常"等宗教教义的认同或者内化,也可以源于祈祷、诵经等个体或者集体宗教实践活动带来的精神体验,抑或是源于对宗教神职人员以及其代表的超自然神秘力量的信念。在此路径下,宗教文化主要是通过作用于个体层面,进而影响整个社会群体的灾害心理调适能力。第三,灾害行为路径下,宗教能够以其神圣性把社会上不同利益集团、不同利益相关者的价值观综合统一起来,形成一个大家共同遵守的价值规范和互助社会网络[1],增加了社会整体的灾害韧性。在这个互助社会网络当中,宗教团体和神职人员无须过多的社会动员,会以一种直接、外显的方式主动嵌入灾区的灾害响应与

---

[1]　参见戴康生、彭耀:《宗教社会学》,社会科学文献出版社 2000 年版。

恢复。在该路径下，宗教文化可以通过影响个体行为进而影响整个社会群体的灾害韧性，也可以通过增加群体凝聚力、群体互助水平等方式直接调节整个社会群体灾害行为模式影响其灾害社会韧性。

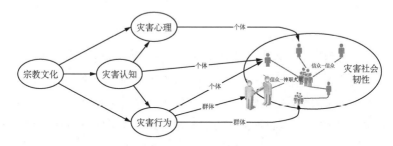

图 8-2　宗教文化-灾害韧性关联路径

（资料来源：作者自制）

宗教文化是我国民族文化的重要组成部分，宗教信仰区域与我国民族地区存在很大程度上的重叠。根据国家宗教事务局有关统计数据显示"中国现有各种宗教信徒 1 亿多人，经批准开放的宗教活动场所近 13.9 万处，宗教教职人员 36 万余人，宗教团体 5 500 多个"①。但是，我国以往自上而下主导的防灾减灾模式以及相关政策制定，欠缺对这种宗教文化的仔细考量。从灾害韧性视角来看，减灾规划、灾害宣教活动及减灾倡议的政策意涵是灾害管理者希望通过宣教、培训等活动来调整公众行为模式，最终实现增强灾害韧性的管理目标。在强调本土性的、文化适宜性的灾害管理策略背景下，鉴于宗教文化对于民族地区公众生产生活的深度嵌入，在提升民族地区灾害社会韧性过程中，考虑地域社会宗教文化势能的释放是民族地区灾害管理研究与实践的应有之义。宗教文化对于灾害社会韧性提升可能

①　宗教局：《中国宗教概况》（2005 年 4 月 2 日），中国政府网，https://www.gov.cn/guoqing/2005-09/13/content_2582714.htm，最后浏览日期：2024 年 4 月 2 日。

存在一些潜在的文化阻滞影响,比如有研究指出灾害超自然认知倾向可能导致不合理的灾害风险感知等,对祈祷等宗教实践减灾效用的笃信可能会延误转移时机等,如何分析相关阻滞影响,合理规避和干预这种影响也是未来相关研究应该予以着力的地方。

主要参考文献

［1］戴康生,彭耀.宗教社会学[M].北京:社会科学文献出版社,2000.

［2］冯仕政.西方社会运动理论研究[M].北京:中国人民大学出版社,2013.

［3］冯亚琳,阿斯特莉特·埃尔.文化记忆理论读本[M].余传玲,译.北京:北京大学出版社,2012.

［4］杰弗里·A.迈尔斯.管理与组织研究必读的40个理论[M].徐世勇,李超平等,译.北京:北京大学出版社,2017.

［5］雷金纳德·戈列奇,罗伯特·斯廷森.空间行为的地理学[M].柴彦威,曹小曙,龙韬等,译.北京:商务印书馆,2013.

［6］李永祥.泥石流灾害的人类学研究——以云南省新平彝族傣族自治县"8.14特大滑坡泥石流"为例[M].北京:知识产权出版社,2012.

［7］任莉颖.用问卷做实验:调查-实验法的概论与操作[M].重庆:重庆大学出版社,2018.

［8］邹其嘉,王子平,陈非比,等.唐山地震灾区社会恢复与社会问题研究[M].北京:地震出版社,1997.

［9］BANDURA A. Social foundations of thought and action:A social cognitive theory[M]. Englewood cliffs:Prentice-Hall,1986.

［10］BLAIKIE P,CANNON T,DAVIS I,et al. At risk:Natural hazards,people's vulnerability and disasters[M]. 2nd edition.,London:Routledge,2004.

［11］BURTON I,KATES R W,WHITE G F. The environment as hazard

[M]. 2nd ed. New York: Guilford Press, 1993.

[12] DEKENS J. Local knowledge for disaster preparedness: A literature review[M]. Kathmandu, Nepal: International Centre for Integrated Mountain Development, 2007.

[13] DOUGLAS M, WILDAVSKY A. Risk and culture: An essay on the selection of technological and environmental dangers[M]. Berkeley, Calif.: University of California Press, 1982.

[14] FISHBEIN M, AJZEN I. Belief, attitude, intention, and behavior: An introduction to theory and research[M]. Reading, Mass: Addison-Wesley, 1975.

[15] HOFFMAN S M, BUTTON G V. Catastrophe & culture: The anthropology of disaster[M]. Santa Fe: School of American Research Press, 2002.

[16] PERRY R W, QUARANTELLI E L. What is a disaster? New answers to old questions[M]. Philadelphia, Pa: Xlibris, 2005.

[17] TIERNEY K J. Disasters: A sociological approach[M]. Cambridge, UK: Polity Press, 2019.

[18] TIERNEY K. Culture and the production of risk[M]//TIERNEY K. The social roots of risk: Producing disasters, promoting resilience. California: Stanford University Press, 2014: 50-81.

[19] 孙磊.民众认知与响应地震灾害的区域和文化差异——以2010玉树地震青海灾区和2008汶川地震陕西灾区为例[D].北京:中国地震局地质研究所,2019.

[20] 叶宏.地方性知识与民族地区的防灾减灾——人类学语境中的凉山彝族灾害文化和当代实践[D].成都:西南民族大学,2012.

[21] WHITE G F. Human adjustment to floods: A geographical approach to the flood problem in the United States[D]. Chicago: The University of Chicago, 1942.

［22］ANDERSON W A. Some observations on a disaster subculture：The organizational response of Cincinnati，Ohio，to the 1964 flood：Research Note ♯6［R］. Columbus Disaster Research Center，The Ohio State University，1965.

［23］DYNES R，QUARANTELLI E. Helping behavior in large scale disasters：A social organizational approach：Preliminary Paper ♯ 48 ［R］. Disaster Research Center，University of Delaware，1977.

［24］戴可景.美国的灾难社会学掠影［J］.社会学研究，1987（5）：116-121,124.

［25］段文婷，江光荣.计划行为理论述评［J］.心理科学进展，2008（2）：315-320.

［26］高恩新.国际灾难研究的概念谱系与未来议程：百年反思［J］.社会学评论，2020,8（6）:113-126.

［27］顾建华，邹其嘉，毛国敏.地震社会学进展综述［J］.国际地震动态，2000,2（2）:14-25.

［28］郭强.对灾害的反应——社会学的考察（之二）［J］.社会，2001（12）:18-21,42.

［29］郭强.对灾害的反应——社会学的考察（之一）［J］.社会，2001（11）:24-27.

［30］胡安宁.主观变量解释主观变量：方法论辨析［J］.社会，2019,39（3）:183-209.

［31］胡安宁.实质认同与图式关联：对文化作用机制的社会学分析［J］.学术月刊，2022,54（11）:134-147.

［32］黄盈盈，潘绥铭.中国社会调查中的研究伦理：方法论层次的反思［J］.中国社会科学，2009（2）:149-162,207.

［33］姜飞月，郭本禹.从个体效能到集体效能——班杜拉自我效能理论的新发展［J］.心理科学，2002（1）:114-115.

［34］吕孝礼.公共危机管理领域的田野工作：灾害冲击下的具身体验、参与

互动和深化理解[J].公共管理评论,2022,4(3):189-197.

[35] 罗祎楠.在田野中发现"质性":回到认识过程的方法论[J].华中师范大学学报(人文社会科学版),2023,62(4):43-52.

[36] 马成立.开展灾害社会学研究的构想[J].社会学研究,1992(1):65-69.

[37] 马宗晋,高庆华.中国自然灾害综合研究60年的进展[J].中国人口·资源与环境,2010,20(5):1-5.

[38] 史培军,刘连友.北京师范大学灾害风险科学研究回顾与展望[J].北京师范大学学报(自然科学版),2022,58(3):458-464.

[39] 苏桂武,马宗晋,王若嘉,等.汶川地震灾区民众认知与响应地震灾害的特点及其减灾宣教意义——以四川省德阳市为例[J].地震地质,2008,30(4):877-894.

[40] 童星,张海波.基于中国问题的灾害管理分析框架[J].中国社会科学,2010(1):132-146,223-224.

[41] 臧雷振,徐榕.方法论危机下的问卷调查:挑战、变革与改进路径[J].社会学评论,2023,11(2):26-48.

[42] 张海波.体系下延与个体能力:应急关联机制探索——基于江苏省1 252位农村居民的实证研究[J].中国行政管理,2013(8):99-105.

[43] 张海波.作为应急管理学独特方法论的突发事件快速响应研究[J].公共管理与政策评论,2021,10(3):42-53.

[44] 赵延东.自然灾害中的社会资本研究[J].国外社会科学,2007(4):53-60.

[45] AJZEN I. The theory of planned behavior[J]. Organizational Behavior and Human Decision Processes, 1991, 50(2): 179-211.

[46] BANKOFF G. In the eye of the storm: The social construction of the forces of nature and the climatic and seismic construction of god in the Philippines[J]. Journal of Southeast Asian Studies, 2004, 35(1): 91-111.

[47] BECKER J S, PATON D, JOHNSTON D M, et al. The role of prior

experience in informing and motivating earthquake preparedness[J]. International Journal of Disaster Risk Reduction, 2017, 22: 179-193.

[48] BUBECK P, BOTZEN W, AERTS J. A review of risk perceptions and other factors that influence flood mitigation behavior [J]. Risk Analysis, 2012, 32(9): 1481-1495.

[49] GAILLARD J, PEEK L. Disaster-zone research needs a code of conduct[J]. Nature, 2019, 575(7783): 440-442.

[50] JOFFE H. Cultural barriers to earthquake preparedness[J]. Risk Management, 2012, 59(5): 21-24.

[51] KAHNEMAN D, TVERSKY A. Prospect theory: An analysis of decision under risk[J]. Econometrica, 1979, 47(2): 263.

[52] KASPERSON R. A perspective on the social amplifications of risk[J]. The Bridge, 2012, 42(3): 23-27.

[53] KATES R W. Natural hazard in human ecological perspective: Hypotheses and models[J]. Economic Geography, 1971, 47(3): 438.

[54] LINDELL M K, ARLIKATTI S, PRATER C S. Why people do what they do to protect against earthquake risk: Perceptions of hazard adjustment attributes[J]. Risk Analysis, 2009, 29(8): 1072-1088.

[55] LINDELL M K, PERRY R W. The protective action decision model: Theoretical modifications and additional evidence[J]. Risk Analysis, 2012, 32(4): 616-632.

[56] LIU X, SUN L. Examining the impact of fatalism belief and optimism orientation on seismic preparedness: Considering their roles in the nexus between risk perception and preparedness [J]. Journal of Contingencies and Crisis Management, 2022, 30(4): 412-426.

[57] LIZARDO O. Improving cultural analysis: Considering personal culture in its declarative and nondeclarative modes [J]. American Sociological Review, 2017, 82(1): 88-115.

[58] MAWSON A. Understanding mass panic and other collective responses to threat and disaster[J]. Psychiatry, 2005, 68(2): 95-113.

[59] PERRY R. Evacuation decision-making in natural disasters[J]. Mass Emergencies, 1979, 4(1): 25-38.

[60] ROGERS R W. A protection motivation theory of fear appeals and attitude change [J]. The Journal of Psychology, 1975, 91(1): 93-114.

[61] SCHLEHE J. Anthropology of religion: Disasters and the representations of tradition and modernity[J]. Religion, 2010, 40(2): 112-120.

[62] SJÖBERG L. Factors in risk perception[J]. Risk Analysis, 2000, 20(1): 1-12.

[63] SLOVIC P. Perception of risk[J]. Science, 1987, 236(4799): 280-285.

[64] SOLBERG C, ROSSETTO T, JOFFE H. The social psychology of seismic hazard adjustment: Re-evaluating the international literature [J]. Natural Hazards and Earth System Sciences, 2010, 10(8): 1663-1677.

[65] SUN L, DENG Y, QI W. Two impact pathways from religious belief to public disaster response: Findings from a literature review[J]. International Journal of Disaster Risk Reduction, 2018, 27: 588-595.

[66] TIERNEY K J. From the margins to the mainstream? Disaster research at the crossroads[J]. Annual Review of Sociology, 2007, 33(1): 503-525.

[67] TVERSKY A, KAHNEMAN D. Availability: A heuristic for judging frequency and probability[J]. Cognitive Psychology, 1973, 5(2): 207-232.

后记

本人于 2021 年 2 月底入职复旦大学国际关系与公共事务学院（以下简称国务学院）公共行政系工作，并参与国务学院应急管理专业的学科和师资团队建设当中。我非常感谢国务学院以及公共行政系提供的优秀平台，这使得我能够在教学工作之余，延续我之前的研究兴趣，也即本书所关注的议题。

2013 年，我结束在北京玉泉路中国科学院研究生院（后更名为中国科学院大学）为期一年的基础课学习后，回到中国地震局地质研究所（以下简称地质所）开始参与具体科研项目。我当时求学的研究室叫"地震应急技术与减灾信息研究室"，前身是我国著名灾害研究专家马宗晋院士牵头成立的原国家科委国家经贸委自然灾害综合研究组。当时地质所是"所—实验室/研究室—学科组"的科研工作模式，每个学科组由一名资深研究员牵头负责建设。我主要在灾害成灾机理与风险分析学科组学习，跟随学科组负责人苏桂武研究员进行公众地震灾害认知与响应行为方面的学习和研究工作。我主要的研究选题是分析 2008 年汶川地震和 2010 年玉树地震中，当地灾民的灾害响应行为特征与规律。又因为玉树地震发生在我国极具民族文化特色的藏传佛教信仰盛行地区，所以我也关注了"灾害文化"这一议题。也因此这么多年来，我一直把"公众灾害认知和行为"和"灾害文化"作为我的研究方向。

我最初开始接触"灾害行为"这一方向的时候，常常感觉文献庞杂、无章法、难下手，且索然无味。而且最让我苦恼的是，我一度非常怀疑这一方向的研究意义。记得开始研读相关文献的时候，我一直有个疑问，为什么研究者要花费那么大的力气去论证类似于"人们的受教育水平越高，其灾害认知水平越高，灾害响应能力就越强"这种看似"理所当然"且"无甚价值"的问题。我大概花了两三年的时间，才慢慢地实现了由这种怀疑到接受再到理解的心态转变，也能深切体会很多灾害研究者会区分灾害和致灾因子，并着重强调灾害社会属性的原因。因时过境迁，已难以详尽其中各种心路历程，但回想起来，我自2012年研究生入学，一直到2016年，才有第一篇中文文章发表，且数易其稿、几经波折，真是心力交瘁。但是，自此之后，一切都好像变得水到渠成。2017年，我发现自己具备了与国外同行交流学术问题和合写英文文章的能力；到地质所博士毕业时，发现自己已经可以独立撰写和发表中英文论文了；而在清华博士后出站时可以独立撰写标书和开展灾害行为相关科研基金项目了。回想这一路走来的时光，真可谓是"个中真味少知音，不是清狂太甚"。

我曾经一度纠结本书要聚焦到我国公众地震认知-响应行为还是致力于建构一个关于公众灾害行为研究的知识谱系。尽管有博士论文作为蓝本，前者对我来说更为容易，但是我最终选择放弃前者。这是因为我发现国内前辈学人针对地震社会学研究已经做了很多有意义的工作，很多工作成果已经出版，但是本人认知范围内，当下学界专门关于公众灾害行为的专著和教材几乎没有。因此相对而言，撰写一本公众灾害行为专著的补缺意味更强，更具抛砖引玉之义。

本书凝结了本人多年来在公众灾害行为这一领域的梳理总结和思考。希望本书的出版能够为推动国内防灾减灾和应急管理研究略尽绵薄之力，也希望本书能够为我国学者在开展具体公众灾害行为研究时提供一些借鉴，亦希望有相同研究兴趣的学者和学生们关注灾害行为这一议题的时候，不用经历我当年的困惑，他们可以通过

后 记

阅读本书做一些文献基础和知识上的入门工作。

中国具有丰富的灾害研究案例,我相信,立足于中国灾害田野的公众灾害行为模式特征、影响因素和形成机制会成为中国应急管理自主知识体系的重要一环。这不仅仅源于灾害行为研究本身之于认识理解社会的理论意义,也在于相应研究的实践启示价值。我还有一个宏愿,就是灾害行为这一方向在未来能够像经济行为、健康行为等其他行为议题一样,成为相应学科发展中的重要基石。

感谢教育部人文社会科学基金青年项目(20YJC630128)和国家自然科学基金青年项目(72204051)的支持,这两项研究基金可以让我安心开展研究和撰写本书,不用为研究经费犯愁。感谢复旦大学出版社张鑫编辑为本书出版付出的辛苦劳动。感谢李宜纯、伍圣、冼颖瑜、杨雨琦四位同学给本书校稿。特别感谢复旦大学国际关系与公共事务学院对本书的出版予以资助,特别感谢公共行政系主任李瑞昌教授对于本人研究工作的鼓励和支持。

当然,限于作者学识,很难全方位地展示公众灾害行为研究图景。尽管作者有意提高灾害行为这一方向的显示度,也投入了很多精力去完善本书,但本书诸多错误纰漏之处还是在所难免。笔者非常欢迎读者能够提出批评和建议。

最后,向那些为中国防灾减灾和应急管理事业作出贡献的学界前辈和实务工作者致以深深的敬意。

孙磊

2024 年 2 月 13 日于上海

图书在版编目(CIP)数据

公众灾害行为:知识谱系与学术进路/孙磊著.
上海:复旦大学出版社,2024.8. --(复旦公共管理
研究丛书 / 李瑞昌主编). -- ISBN 978-7-309-17510-3

Ⅰ. X4

中国国家版本馆 CIP 数据核字第 2024D4R289 号

公众灾害行为:知识谱系与学术进路
GONGZHONG ZAIHAI XINGWEI:ZHISHI PUXI YU XUESHU JINLU
孙 磊 著
责任编辑/张 鑫

复旦大学出版社有限公司出版发行
上海市国权路 579 号 邮编:200433
网址:fupnet@ fudanpress.com http://www.fudanpress.com
门市零售:86-21-65102580 团体订购:86-21-65104505
出版部电话:86-21-65642845
上海崇明裕安印刷厂

开本 890 毫米×1240 毫米 1/32 印张 10.375 字数 260 千字
2024 年 8 月第 1 版
2024 年 8 月第 1 版第 1 次印刷

ISBN 978-7-309-17510-3/X·54
定价:58.00 元